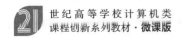

21世纪高等学校计算机类
课程创新系列教材·微课版

U0156592

Python编程与项目开发

微课视频版

肖衡　主编

周显春　龙草芳　汪舜敏　副主编

清华大学出版社

北京

内 容 简 介

本书全面介绍了 Python 语言程序设计的基本知识,按照基础入门、分析入手、应用入心的设想,将案例分为三个层次。先用简单易读的方式介绍基础知识,为每个知识点设置简单易入手的案例来消化基础知识,再设置难度稍高的案例来提升分析问题、解决问题的能力,最后通过实践应用案例来提升实践操作能力。遵循由点到面、知识串联、层层叠加的原则,以问题为导向,提升实践能力为目标,按照启发学生发现问题、分析问题、解决问题的思路进行编写,旨在培养学生自主思考、主动探索的学习习惯,以期达到提升计算思维、工程思维及创新思维能力的目标。

本书适合作为高等院校大数据科学与技术、智能科学与技术等与人工智能相关专业本科生的教材,也可作为对编程有兴趣,入门人工智能相关行业的有志青年、广大科学技术工作者的参考书。

图书在版编目(CIP)数据

Python 编程与项目开发:微课视频版/肖衡主编.—北京:清华大学出版社,2024.6
21 世纪高等学校计算机类课程创新系列教材:微课版
ISBN 978-7-302-66400-0

Ⅰ.①P… Ⅱ.①肖… Ⅲ.①软件工具－程序设计－高等学校－教材 Ⅳ.①TP311.561

中国国家版本馆 CIP 数据核字(2024)第 111273 号

责任编辑:黄 芝 薛 阳
封面设计:刘 键
责任校对:徐俊伟
责任印制:沈 露

出版发行:清华大学出版社
    网   址:https://www.tup.com.cn,https://www.wqxuetang.com
    地   址:北京清华大学学研大厦 A 座   邮   编:100084
    社 总 机:010-83470000   邮   购:010-62786544
    投稿与读者服务:010-62776969,c-service@tup.tsinghua.edu.cn
    质量反馈:010-62772015,zhiliang@tup.tsinghua.edu.cn
    课件下载:https://www.tup.com.cn,010-83470236
印 装 者:涿州汇美亿浓印刷有限公司
经   销:全国新华书店
开   本:185mm×260mm   印   张:17.5   字   数:433 千字
版   次:2024 年 6 月第 1 版   印   次:2024 年 6 月第 1 次印刷
印   数:1～1500
定   价:49.80 元

产品编号:103571-01

前 言

人工智能自诞生以来,相关的理论和技术日益成熟,其应用领域也在不断扩大,就其本质而言,是对人类思维过程的信息模拟。如机器人、语音识别、图像识别、自然语言处理等都是对人类思维行为的模拟实现。而人工智能的核心由"程序设计+算法"来实现,学习编程、掌握编程技术成为对计算机相关行业人员的基本要求。

我国《新一代人工智能发展规划》中明确指出:"人工智能成为国际竞争的新焦点,逐步推广编程教育,建设人工智能学科,培养复合型人才,形成我国人工智能人才高地。"而Python作为开启人工智能大门的钥匙,成为众多学习者的首选。特别是近年随着ChatGPT发布,大语言模型如火如荼地进行,而Python与大语言模型之间的关系非常紧密,而今它的重要性日益凸显,在众多编程语言中脱颖而出,连续在TIOBE全球编程语言排行榜中领跑。

作为人工智能与大数据领域应用最广的Python语言在今天变得如此重要,主要原因在于它能更方便地为人们的工作及生活创造智能的特性。Python作为一种通用编程语言,具有易学易用、功能强大、应用广泛等特点,尤其在科学计算、物联网、大数据及人工智能等领域,展现了它强大的生命力。曾经震惊全球的阿尔法狗(AlphaGo)的部分核心代码就是用Python实现的,而今火爆全球的ChatGPT也是基于Python开发的。

本书基于两个期望编写:期望读者掌握一门终身受用的程序语言(Python语言),期望读者掌握利用程序设计语言解决实际问题的过程和思路。本书按照基础知识简单易读,案例应用从基础应用到分析应用再到实践应用,遵循由点到面、知识串联、层层叠加的原则,以问题为导向,提升实践能力为目标,按照启发学生发现问题、分析问题、解决问题的思路进行编写,旨在培养学生自主思考、主动探索的学习习惯,以期达到提升计算思维、工程思维及创新思维能力的目标。

本书内容以零基础为起点,带领读者开启Python学习之旅。通过通俗易懂的语言、流行有趣的案例,详细介绍了使用Python进行程序开发时需要掌握的知识与技术。全书分为10章,包括Python语言概述、Python基本语法、Python数据类型、组合数据类型、程序控制结构、函数、文件、面向对象程序设计、多线程及图形化用户界面等。书中所有知识都按照问题导向、知识导图、实践应用进行讲解。每个案例给出了完整的程序代码和详细的注释,帮助读者轻松领会Python语言的精髓,快速开发出优秀的代码,提高工程应用能力。

本书以学生成绩管理系统案例贯穿基础知识的章节,以便于读者更好地理解和掌握一个系统开发的流程,逐渐养成工程迭代思维习惯。同时,在每个知识点后都佐以具有现代气息的案例应用,帮助读者快速地掌握基础知识,更好地在案例分析与实现过程中巩固所学知识,提升实践能力,快速从入门迈向实践应用,达到举一反三的能力拓展效果。每个章节的习题是对本章节知识的巩固,也是对学生自我思考与创新思维的引导。最后以图形化用户界面的实际项目进行开发实践,让读者从需求分析开始,体会整体架构的设计、模块的划分、平台设计,在实践中提升工程开发能力。本书配套全部案例的详细开发流程、规范代码、PPT课件及视频学习材料,实现立体化、全方位的教学模式,力求让读者快速掌握Python语言,跨入程序开发领域进行工程实践和创新设计。

全书由三亚学院肖衡负责内容规划和统稿编写,周显春、龙草芳和汪舜敏进行设计和修订,共同实现特色课程立体化教学资源建设项目。还有很多的教师和学生对本书提出了许多宝贵的意见,在此一并向他们表示衷心的感谢。本书的出版得到了2022年度海南省高等学校教育教学改革研究一般项目(Hnjg2022-102)、三亚学院优势专业建设项目(SYJZUS202203)、三亚学院一流本科专业特色建设资助项目(SYJZZZ202212)的资助。

因编者水平有限,书中难免存在不足之处,恳请读者批评指正。

肖　衡

2024年2月

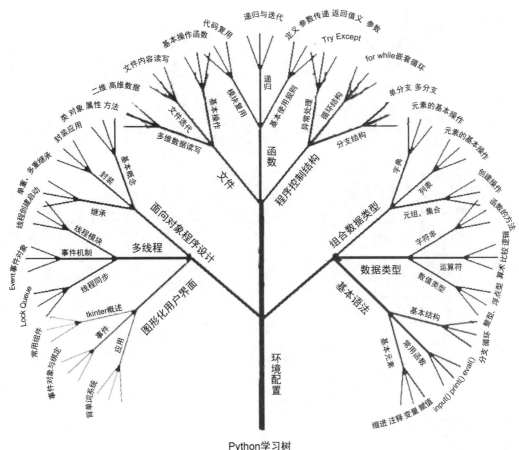

递归与迭代

代码复用

定义 参数传递 返回值义 参数

基本操作函数

文件内容读写

Try Except

二维 高维数据

递归

模块复用

for while嵌套循环

类 对象 属性 方法

文件遍历

基本使用规则

循环结构

封装应用

基本操作

异常处理

单分支 多分支

单重、多重继承

多维数据读写

分支结构

元素的基本操作

线程创建与启动

封装

基本概念

函数

文件

程序控制结构

字典

元素的基本操作

继承

面向对象程序设计

列表

创建操作

线程模块

元组，集合

函数的方法

Evernt事件对象

事件机制

多线程

组合数据类型

字符串

算术比较逻辑

Lock Queue

线程同步

数据类型

运算符

常用组件

tkinter概述

数值类型

图形化用户界面

基本结构

事件对象与绑定

事件

基本语法

分支 循环 整型、浮点型 input() print() eval()

简单词系统

应用

基本元素

常用函数

环境配置

缩进 注释 变量 赋值

Python学习树

目 录

下载源码

第1章 Python语言概述

知识导图

本章知识导图如图 1-0 所示。

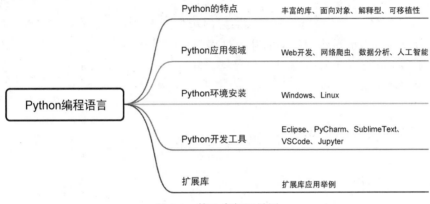

Python的特点	丰富的库、面向对象、解释型、可移植性
Python应用领域	Web开发、网络爬虫、数据分析、人工智能
Python环境安装	Windows、Linux
Python开发工具	Eclipse、PyCharm、SublimeText、VSCode、Jupyter
扩展库	扩展库应用举例

图 1-0　第 1 章知识导图

问题导向

- 如何安装配置 Python 运行环境？
- 如何编写运行程序？
- 选择什么样的编辑器？

重点与难点

- 掌握 Python 编辑器的安装。
- 掌握程序运行的方式。

近年来，网络上流传着"人生苦短，我用 Python"的说法。随着大数据和人工智能的迅猛发展，Python 也成为当前火爆的编程语言。让我们一起随着信息大潮，开启智能时代的 Python 之旅吧。

1.1　Python 简介

Python 语言诞生于 1990 年，由 Guido van Rossum 设计并领导开发。1989 年 12 月，

观看视频

Guido 为打发无趣的圣诞节，决定开发一个新的脚本解释程序，作为他正参与设计的一种 ABC 语言的解释器。而 Python 的命名则源于 Guido 对当时一部英剧 *Monty Python's Fliying Circus* 的极大兴趣。Python 语言的诞生是一个偶然事件，但 30 多年的持续发展将这个偶然事件变成了计算机技术发展过程中的一件大事。

Python 语言是开源项目的优秀代表，其解释器的全部代码都是开源的，可以在 Python 语言的主网站（http://www.python.org）免费下载。

2000 年 10 月，Python 2.0 正式发布，标志着 Python 语言完成了自身涅槃，解决了其解释器和运行环境中的诸多问题，开启了 Python 广泛应用的新时代。2010 年，发布了 Python 2.7，终结了 2.x 系列的发展。

2008 年 12 月，Python 3.0 正式发布，在语法层面和解释器内容方面都做了很多重大改进，解释器内部采用完全面向对象的方式实现。当然，这种改变也付出了很大代价，即 3.x 系列版本无法向下兼容 2.x 版本。

Python 语言经历了一个痛苦但令人期待的版本更迭过程，从 2008 年开始，用 Python 编写的几万个函数库也开始了版本的升级过程。至今，绝大多数 Python 函数库和 Python 程序员都采用 Python 3.x 系列语法和解释器。"Python 2.x 已经是遗产，Python 3.x 是这个语言的现在和未来"。

1.2　Python 的特点

1.2.1　Python 的优点

Python 是一种面向对象的、解释型的、通用的、开源的脚本编程语言，具有非常多的优点。

1. 简单易学

Python 是一种代表极简主义的编程语言，阅读一段排版优美的 Python 代码，就像在阅读一个英文段落，非常贴近人类语言，所以人们常说，Python 是一种具有伪代码特质的编程语言。

和传统的 C/C++、Java、C♯ 等语言相比，Python 对代码格式的要求没有那么严格，这种宽松使得用户在编写代码时比较舒服，不用在细枝末节上花费太多精力。例如，Python 不要求在每个语句的最后写分号，当然写上也不会报错；同时定义变量时不需要指明类型，甚至可以给同一个变量赋值不同类型的数据。这两点也是 PHP、JavaScript、MATLAB 等常见脚本语言都具备的特性。

一件事情一旦简单了，就会变得很纯粹；在开发 Python 程序时，可以专注于解决问题本身。在简单的环境中做一件纯粹的事情，简直是一种享受。

2. 开源

开源，也即开放源代码，意思是所有用户都可以看到源代码。

Python 的开源体现在以下两方面。

（1）程序员使用 Python 编写的代码是开源的。

例如，我们开发了一个 BBS 系统，放在互联网上让用户下载，那么用户下载到的就是该系统的所有源代码，并且可以随意修改。这也是解释型语言本身的特性，想要运行程序就必须有源代码。

（2）Python解释器和模块是开源的。

官方将Python解释器和模块的代码开源，是希望所有Python用户都参与进来，一起改进Python的性能，弥补Python的漏洞，代码被研究得越多就越健壮。

3. 高级语言

Python是一种高级语言。高级是指Python封装较深，屏蔽了许多底层细节，无须再考虑如何管理程序使用的内存之类的细节。Python语言提供了一套完善的内存管理机制和垃圾处理机制，将程序员从烦琐易错的内存管理工作中解放出来，专注于程序的逻辑实现，从而大大提高了开发效率，减少了错误率。

4. 可移植性

Python可以跨操作平台运行，即Python程序的核心语言和标准库可以在Linux、Windows及其他带有Python解释器的平台上无差别地运行。其原因有如下三个方面。

（1）Python发行时自带的标准库和模块在实现上也都尽可能地考虑到了跨平台的可移植性。

（2）Python程序自动编译成可移植的字节码，这些字节码在已安装兼容版本的Python上运行的结果是一样的。

（3）Python的标准实现是由可移植的ANSI C编写的。

5. 解释型

解释型是指Python代码是通过Python解释器来将代码"解释"为计算机硬件能够执行的芯片语言。而C编写的代码，则需要通过编译、链接、生成EXE文件，才能变成计算机能运行的芯片语言。因此，Python语言与C语言在转换成芯片语言的方式上有着本质的不同，Python语言写的程序不需要编译成二进制机器指令，可以直接从源代码运行程序。在计算机内部，运行Python程序时，Python解释器把源代码翻译成字节码指令的中间形式，然后再根据字节码指令执行对应的机器的二进制代码。Python语言的这种特性称为解释型。

6. 面向对象

面向对象是现代编程语言一般都具备的特性，否则在开发中大型程序时会显得捉襟见肘。

Python既支持面向编程，也支持面向对象，不强制使用面向对象。Java是典型的面向对象的编程语言，但是它强制必须以类和对象的形式来组织代码。在面向过程语言中，程序开发是以实现执行过程为设计思想，使用函数为程序主体构建起来的。在面向对象的语言中，程序开发是以描述执行人即对象的特征及其相互作用为主要设计思想，使用由属性和方法组成的对象为程序主体构建起来的。

7. 丰富的库

Python的标准库非常庞大，基本实现了所有常见的功能，从简单的字符串处理，到复杂的3D图形绘制，借助Python的标准库都可以轻松完成。

除了标准库以外，还有许多其他高质量的扩展库，如NumPy（数值计算）、Twisted（网络工具）、Pillow（图像处理）等。

8．可扩展性和可嵌入性

Python 的可扩展性体现在它的模块，Python 具有脚本语言中最丰富和强大的类库，这些类库覆盖了文件 I/O、GUI、网络编程、数据库访问、文本操作等绝大部分应用场景。

这些类库的底层代码不一定都是 Python，还有很多 C/C++的身影。当需要一段关键代码运行速度更快时，就可以使用 C/C++语言实现，然后在 Python 中调用它们。还可以将 Python 程序嵌入到 C 或 C++程序中，从而提供脚本功能。由于 Python 能把其他语言"粘"在一起，也被称为"胶水语言"。

Python 依靠其良好的扩展性，在一定程度上弥补了其运行效率慢的缺点。

1.2.2　Python 的缺点

除了上面提到的各种优点，Python 也是有缺点的。

1．运行速度慢

运行速度慢是解释型语言的通病，Python 也不例外。

Python 速度慢不仅是因为一边运行一边"翻译"源代码，还因为 Python 是高级语言，屏蔽了很多底层细节。这个代价也是很大的，Python 要多做很多工作，有些工作是很消耗资源的，如管理内存。

Python 的运行速度几乎是最慢的，不但远远慢于 C/C++，还慢于 Java。

但是速度慢的缺点往往也不会带来什么大问题。首先是计算机的硬件速度越来越快，多花钱就可以堆出高性能的硬件，硬件性能的提升可以弥补软件性能的不足。

其次是有些应用场景可以容忍速度慢，例如网站，用户打开一个网页的大部分时间是在等待网络请求，而不是等待服务器执行网页程序。服务器花 1ms 执行程序和花 20ms 执行程序，对用户来说是毫无感觉的，因为网络连接时间往往需要 500ms 甚至 2000ms。

2．代码加密困难

不像编译型语言的源代码会被编译成可执行程序，Python 是直接运行源代码，因此对源代码加密比较困难。

1.3　Python 的应用领域

1．Web 应用开发

由于 Python 是一种解释型的脚本语言，开发效率高，所以非常适合用来做 Web 开发。例如，通过 mod_wsgi 模块，Apache 可以运行用 Python 编写的 Web 程序。

Python 有上百种 Web 开发框架，有很多成熟的模板技术，选择 Python 开发 Web 应用，不但开发效率高，而且运行速度快。定义了 WSGI 标准应用接口来协调 HTTP 服务器和基于 Python 的 Web 程序之间的调用。

Python 常用的 Web 开发框架有 Django、Flask、Tornado、web2py 等，可以让程序员轻松地开发和管理复杂的 Web 程序。

许多知名的互联网企业将 Python 作为主要开发语言，如豆瓣、知乎、果壳网、Google、NASA、YouTube、Facebook 等。

由于后台服务器的通用性,除了狭义的网站之外,很多 App 和游戏的服务器端也同样用 Python 实现。

2. 网络爬虫

网络爬虫是 Python 比较常用的一个场景,国际上,Google 在早期大量地使用 Python 语言作为网络爬虫的基础,带动了整个 Python 语言的应用发展。以前国内很多人用采集器搜刮网上的内容,现在用 Python 收集网上的信息比以前容易多了。例如,从各大网站爬取商品折扣信息,比较获取最优选择;对社交网络上的发言进行收集分类,生成情绪地图,分析语言习惯;爬取网易云音乐某一类歌曲的所有评论,生成词云;按条件筛选获得豆瓣的电影书籍信息并生成表格等。通过爬虫可以做很多好玩、有趣、有用的事。

3. 科学计算

NumPy、SciPy、Matplotlib 可以让 Python 程序员编写科学计算程序。与科学计算领域最流行的 MATLAB 相比,Python 是一门通用的程序设计语言。Python 比 MATLAB 所采用的脚本语言的应用更广泛,并有更多程序库的支持。虽然 MATLAB 中许多高级功能和工具箱目前还无法替代,但在日常的科研开发之中仍然有很多的工作是可以用 Python 来代替的。

4. 数据分析

数据分析处理方面,Python 有很完备的生态环境。"大数据"分析中涉及的分布式计算、数据可视化、数据库操作等,Python 中都有成熟的模块可以选择完成其功能。对于 Hadoop-MapReduce 和 Spark,都可以直接使用 Python 完成计算逻辑,这无论是对于数据科学家还是对于数据工程师而言都是十分便利的。

5. 自动化运维

Python 对于服务器运维而言也有十分重要的用途。由于目前几乎所有 Linux 发行版中都自带了 Python 解释器,使用 Python 脚本进行批量化的文件部署和运行调整都成了 Linux 服务器上很不错的选择。Python 中也包含许多方便的工具,从调控 SSH/SFTP 用的 paramiko,到监控服务用的 supervisor,再到 Bazel 等构建工具,甚至 Conan 等用于 C++ 的包管理工具,Python 提供了全方位的工具集合,而在这基础上,结合 Web,开发方便运维的工具会变得十分简单。

1.4 Python 语言开发环境的安装

Python 语言解释器是一个轻量级的小尺寸软件,可以在 Python 语言主网站上下载,网址为 https://www.python.org/downloads/。主网站下载界面如图 1-1 所示。

在下载界面可根据自己的操作系统版本选择相应的 Python 3.x 系列进行安装。Python 的解释器会逐步发展,对于初学者来说,建议采用 3.6 或之后的版本。

在 Window 平台下安装 Python 开始环境的步骤如下。

(1) 在主网站选择 Windows 平台的安装包,如图 1-2 所示。此处以 Python 3.6.3 为例。

(2) 双击下载的程序安装包 python-3.6.3.exe。注意要勾选 Add Python 3.6 to PATH,单击 Customize installation 按钮进入下一步(自定义安装路径),如图 1-3 所示。如

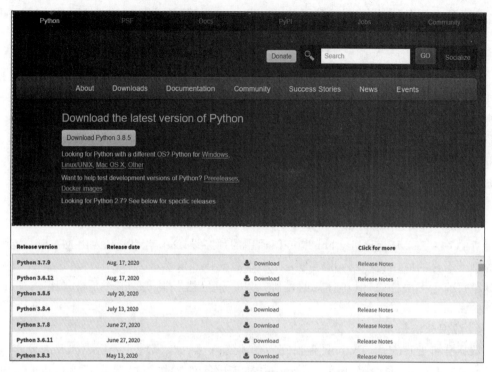

图 1-1   下载界面

- Download Windows x86 embeddable zip file
- Download Windows x86 executable installer
- Download Windows x86 web-based installer
- Python 3.6.6 - June 27, 2018

  Note that Python 3.6.6 *cannot* be used on Windows XP or earlier.

- Download Windows help file
- Download Windows x86-64 embeddable zip file
- Download Windows x86-64 executable installer ← 64位系统选用
- Download Windows x86-64 web-based installer
- Download Windows x86 embeddable zip file
- Download Windows x86 executable installer ← 32位系统选用
- Download Windows x86 web-based installer
- Python 2.7.15 - May 1, 2018
- Download Windows debug information files
- Download Windows debug information files for 64-bit binaries
- Download Windows help file
- Download Windows x86-64 MSI installer
- Download Windows x86 MSI installer

- Download Windows x86-64 executable installer
- Download Windows x86-64 web-based installer
- Download Windows x86 embeddable zip file
- Download Windows x86 executable installer
- Download Windows x86 web-based installer
- Python 3.6.8rc1 - Dec. 11, 2018
- Download Windows help file
- Download Windows x86-64 embeddable zip file
- Download Windows x86-64 executable installer
- Download Windows x86-64 web-based installer
- Download Windows x86 embeddable zip file
- Download Windows x86 executable installer
- Download Windows x86 web-based installer
- Python 3.7.1rc2 - Oct. 13, 2018
- Download Windows help file
- Download Windows x86-64 embeddable zip file
- Download Windows x86-64 executable installer
- Download Windows x86-64 web-based installer
- Download Windows x86 embeddable zip file

图 1-2   选择下载版本

果不勾选 Add Python 3.6 to PATH 复选框，则需要手动设置环境变量，如图 1-4 和图 1-5 所示。安装完成界面如图 1-6 所示。

查看版本信息，检验环境变量是否配置成功。单击"开始"→在搜索框中输入"cmd"→回车，启动命令提示符→输入"Python"。安装成功的控制台输出如图 1-7 所示。

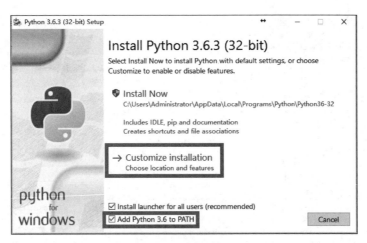

图 1-3　安装设置

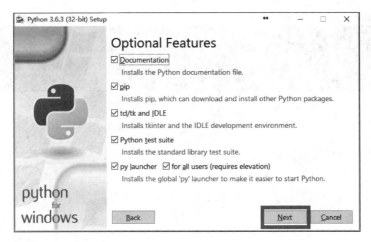

图 1-4　可选特性

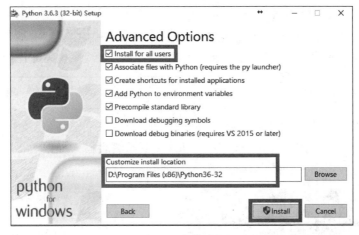

图 1-5　安装路径

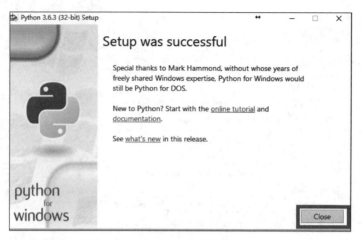

图 1-6　安装完成界面

图 1-7　安装成功的控制台输出

1.5　运行 Python

运行 Python 程序有两种方式：交互式和文件式。交互式是指 Python 解释器即时响应用户输入的每一条代码，给出输出结果，一般用于调试少量代码。文件式，也称为批量式，用户将 Python 程序写在一个或多个文件中，然后启动 Python 解释器批量执行文件中的代码，是最常用的编程方式。

1. 在 Windows 系统中运行 Python 程序

在 Windows 平台启动交互式的常用方式：单击"开始"→在搜索框中输入"cmd"→回车，启动命令提示符→输入"Python"。在命令提示符>>>后面输入程序代码，如输入如下代码：

```
>>> print("hello world")
```

回车，即会输出结果"hello world!"，如图 1-8 所示。

打开 Python 自带的 IDLE，选择 File→New File。然后输入如图 1-9 所示源代码。然后选择 File→Save 保存到硬盘中，如 d:/python/mypy01.py。

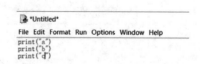

图 1-8　交互式运行程序　　　　　　　　　　图 1-9　文件式运行程序

执行代码：在 IDLE 中按 F5 键或者选择 Run→Run Module 执行这个源程序。

2．在 Linux 和 macOS 系统中运行 Python 程序

在 Linux 和 macOS 系统中，从终端运行 Python 程序的方式相同。在终端会话中，可使用终端命令 cd(change directory，切换目录)在文件系统中导航。命令 ls(list 的简写)显示当前目录所有未隐藏的文件。

为了运行 Python 文件夹中的 hello.py 程序，先打开一个新的终端窗口，并执行下面的命令。

```
~ $ cd Python/
~/Python $ ls
hello.py
~/Python $ python hello.py
hello world!
```

1.6 集成开发环境

集成开发环境(Integrated Development Environment，IDE)是专用于软件开发的程序。顾名思义，IDE 集成了几款专门为软件开发而设计的工具。这些工具通常包括一个专门为了处理代码的编辑器(例如，语法高亮和自动补全)；构建、执行、调试工具和某种形式的源代码控制。

大部分的集成开发环境兼容多种编程语言并且包含更多功能，因此一般来说体积较大，需要时间去下载和安装并且为了正确使用需要较高深的知识。

相比之下，一款特制的代码编辑器可以像带有语法高亮和代码格式化功能的文本编辑器一样简单。大多数优秀的代码编辑器都可以执行代码和控制调试器，并且也可以和源码控制系统进行更好的交互。与集成开发环境相比，出色的专用代码编辑器往往体积更小更快捷，但同时功能更少。

优秀的 Python 编程环境一般满足以下要求。

(1) 保存和重载代码文件。

如果一款集成开发环境或者编辑器不允许保存现有工作，并在之后重新打开时不能保持离开时的相同状态，那么它就不是集成开发环境。

(2) 在环境内运行代码。

类似地，如果必须退出编辑器来运行 Python 代码，那么它也就是一个普通的文本编辑器。

(3) 支持调试。

在程序运行时支持逐步运行代码是所有集成开发环境和大多数优秀代码编辑器必备的核心功能。

(4) 语法高亮。

支持对代码中的关键词、变量和符号快速标识，可以让阅读和理解代码更为轻松。

(5) 自动补充代码格式。

任何一个引人注目的编辑器或者集成开发环境都会在一个"while"或者"for"语句末端识别冒号，并且知道下一行应该缩进。

常用的 IDE 有以下几种。

1. Eclipse＋PyDev

Eclipse 实际上是一款面向 Java 开发的兼容 Linux、Windows 和 macOS 的集成开发环境。它拥有丰富的插件和扩展功能市场，这使得 Eclipse 适用于各种各样的开发项目。

PyDev 是 Python IDE 中使用最普遍的，它是免费的，同时还提供很多强大的功能来支持高效的 Python 编程。它是一个运行在 Eclipse 上的开源插件，支持 Python 调试、代码补全和交互式 Python 控制台。在 Eclipse 中安装 PyDev 非常便捷，只需从 Eclipse 中选择 Help→Eclipse Marketplace 然后搜索"PyDev"，单击安装，必要的时候重启 Eclipse 即可。

Eclipse 可以在它的官方网站 Eclipse.org 找到并下载，选择适合自己的 Eclipse 版本，例如 Eclipse Classic。下载完成后解压到想安装的目录中即可。

运行 Eclipse 之后，选择 Help→Install New Software，如图 1-10 所示。

图 1-10　安装 PyDev 步骤 1

单击 Add 按钮，添加 PyDev 的安装地址 http://pydev.org/updates/，如图 1-11 所示。

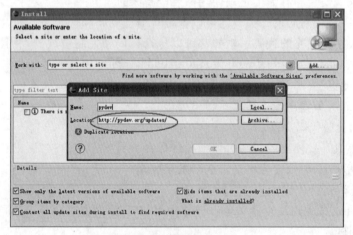

图 1-11　安装 PyDev 步骤 2

完成后单击 OK 按钮，接着单击"Pydev"左侧的"＋"，展开"Pydev"的结点，要等一小段时间，让它从网上获取 PyDev 的相关套件，当完成后会多出 PyDev 的相关套件在子结点里，勾选它们然后单击 Next 按钮进行安装。

安装完成后，还需要设置一下 PyDev。选择 Window→Preferences 来设置 PyDev。要设置 Python 的路径，可在 Pydev→Interpreter - Python 页面单击 New 按钮，如图 1-12 所示。

会弹出一个对话框，选择安装 Python 的位置。完成之后 PyDev 就设置完成，可以开始使用了。

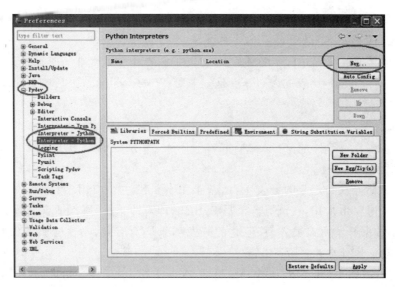

图 1-12　安装 PyDev 步骤 3

2．PyCharm

PyCharm 是最好的商业 Python IDE，也是唯一一个专门面向于 Python 的全功能集成开发环境。同样拥有付费版（专业版）和免费开源版（社区版）。PyCharm 不论是在Windows、macOS 系统中，还是在 Linux 系统中都支持快速安装和使用。

开箱即用，PyCharm 直接支持 Python 开发环境，打开一个新的文件后就可以开始编写代码。也可以在 PyCharm 中直接运行和调试 Python 程序，并且它支持源码管理和项目。

PyCharm 最受欢迎的特性是它支持很多第三方 Web 开发框架，如 Django、Pyramid、web2py、Google App Engine 和 Flask，这些也使得它成为一个完整的快速应用集成开发环境。

3．Sublime Text

Sublime Text 是一款非常流行的代码编辑器，其开发者是一名 Google 的工程师，其梦想是使之成为更好的文本编辑器。Sublime Text 支持 Python 代码编辑同时兼容所有平台，并且丰富的插件（称为"包"）扩展了语法和编辑功能。

安装额外的 Python 扩展可能会比较棘手，Sublime Text 中所有的包都是用 Python 写成的，并且安装社区扩展往往需要直接在 Sublime Text 中执行 Python 脚本。

4．Spyder

Spyder 是一款为了数据科学工作流做了优化的开源 Python 集成开发环境。它是附在Anaconda 软件包管理器发行版中的，它兼容 Windows、macOS 和 Linux 系统并且是一个完全开源软件。

Spyder 引人注目的一点是其目标受众是使用 Python 的数据科学家们。举个例子来说，Spyder 很好地集成了一些诸如 SciPy、NumPy 和 Matplotlib 这样的公共 Python 数据科学库。

Spyder 拥有大部分集成开发环境该具备的功能，例如，具备强大语法高亮功能的代码编辑器，Python 代码补全，甚至是集成文件浏览器。

它拥有其他 Python 编辑环境中没有的一个特殊功能，Spyder 具有"变量浏览器"功能，它会以表格形式出现在集成开发环境界面右侧来展示数据。Spyder 对 IPython 或者说 Jupyter 的集成也做得非常好。

　　Spyder 比其他的集成开发环境更基本，可以把它看作一款专业工具而不是日常使用的编辑环境。关于 Spyder 比较优秀的一点是它兼容 Windows、macOS 和 Linux 系统并且是一个完全开源软件。

5. VSCode

　　PyCharm 适合做项目开发，或者平常写写脚本，算是全能型 IDE。但 PyCharm 体积大，对硬件消耗厉害，不够轻便。

　　Jupyter 是近年流行起来的开发工具，基于 IPython，主要应用于数据分析、机器学习。它实质上是一个 Web 应用，在浏览器上写 Python，即写即运行，所以适合做数据探索分析。虽然 Jupyter 数据开发模式很方便，但它的开发场景毕竟有限，不适合脚本编写和项目开发，debug 等功能也处在改善阶段。

　　VSCode 是微软主推的轻量级代码编辑器，安装 Python 插件后可以编译代码。之所以说 VSCode 能替代 PyCharm 和 Jupyter，是因为它既可以写 Python 脚本项目，也可以运行 Jupyter Notebook，还支持各种文档浏览编辑，以及有大量的插件。

　　用 VSCode 写 Python 主要有以下 5 个优点：①支持 IDE 开发；②支持 Jupyter Notebook；③拥有 Python 和 Jupyter 的各类插件；④轻量、简单、易上手；⑤自定义程度高。

　　当然，VSCode 也有不足的地方，它加插件有时候会出现延缓和错误。而且由于插件过多，需要使用者有很好的技术能力去配置，才能达到 PyCharm 的功能。

　　下载 VSCode 的步骤如下。

　　第一步：VSCode 官网下载 https://code.visualstudio.com/。

　　第二步：安装 VSCode，如图 1-13 所示。

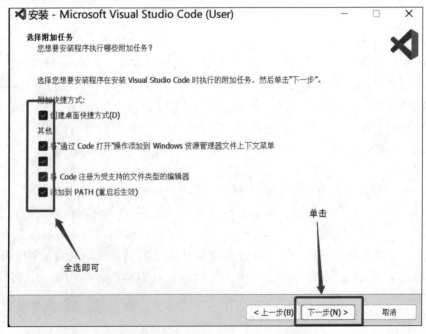

图 1-13　安装 VSCode

第三步：在 VSCode 中配置 Python 环境。打开 VSCode 软件，按 Ctrl＋Shift＋P 组合键打开命令窗口，找到 Python 解释器配置，选择已安装好的 python.exe 程序，如图 1-14 所示。

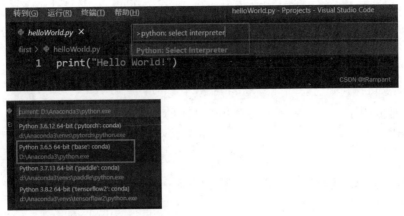

图 1-14　在 VSCode 中配置 Python 环境

1.7　扩展库的安装与使用

1．扩展库的安装

扩展库的安装有很多种方式，如使用源码安装、二进制安装、easy_install 以及 pip 工具安装等。其中，pip 工具安装是管理和安装 Python 扩展库最常用的方式。使用 pip 不仅可以查看本机已安装的 Python 扩展库列表，还支持 Python 扩展库的安装、升级和卸载等操作。

使用 pip 工具管理 Python 扩展库只需要保证计算机联网的情况下输入几个命令即可完成，极大方便了用户。常用 pip 命令的使用方法如表 1-1 所示。

表 1-1　常用 pip 命令的使用方法

pip 命令示例	说　　明
pip download 库命［＝＝version］	下载扩展库的指定版本，不安装
pip freeze	以 requirements 的格式列出已安装模块
pip list	列出当前已安装的所有模块
pip install 库名［＝＝version］	在线安装某个模块库的指定版本
pip install 库名.whl	通过.whl 文件离线安装扩展库
pip install 库1 库2 …	依次在线安装库1、库2等扩展模块
pip install -r requirements.txt	安装 requirements.txt 文件中指定的扩展库
pip install － upgrade 库名	升级指定模块
pip uninstall 库名［＝＝version］	卸载模块库的指定版本

在网站 http://pypi.python.org/pypi 中可以获得 Python 扩展库的综合列表，可以根据需要下载源码进行安装或者使用 pip 工具进行在线安装，也有一些扩展库还提供了.whl 文件和.exe 文件，大幅度简化了扩展库的安装过程。

有些扩展库安装时要求本机已安装相应版本的 C/C++编译器，或者有些扩展库暂时还没有与本机 Python 版本对应的官方版本，则可以从 http://www.lfd.uci.edu/~gohlke/pythonlibs 下载相应的 .whl 文件，然后在命令提示符环境中使用 pip 命令进行安装。

2. 扩展库的导入

Python 默认安装仅包含核心模块和基本模块，启动时也仅加载了基本模块。如果要使用标准库或第三方扩展库，需要显式地导入。这种方式可以减少程序运行的压力，并且具有很强的可扩展性。

显式调用标准库或第三方扩展库的方法常用以下三种格式。

1) import 模块名

使用这种方式导入模块后，每次在使用模块中的方法时，需要在对象前面加上模块名作为前缀，格式为

模块名.方法名

例如，导入海龟画笔画半径为 100 的圆：

```
import turtle
turtle.circle(100)
turtle.done()
```

如果模块名字较长，或是使用频率较高，可以在导入模块时给它设置一个别名，格式为

import 模块 as 别名

再用"别名.方法名"的格式来使用。例如，导入画笔画圆：

```
import turtle as t
t.circle(100)
t.done()
```

2) from 模块 import 方法名

使用这种方式仅导入明确指定的方法。这种导入方式可以减少查询次数，提高访问速度，同时也可以减少程序员需要输入的代码量，不需要使用模块名为前缀。例如，导入画笔画圆，只用到画圆的方法：

```
from turtle import circle
circle(100)
```

3) from 模块 import *

*号是通配符，代表任意多个。这种方法是第二种方法的极端情况，能一次导入模块中所有的方法，即通过 __ all __ 变量指定了所有的方法。例如，导入画笔画圆：

```
from turtle import *
circle(100)
done()
```

这种方法比较简单粗暴，写起来很省事，可以直接使用模块中的所有方法而不需要使用模块名作前缀。但是一般并不推荐这样使用，原因有二。一是会降低代码的可读性，有时很

难区分自定义函数和从模块中导入的方法（函数）；二是这种导入对象的方式将会导致命名空间的混乱。如果多个模块中有同名的方法，只有最后一个导入的模块中的方法是有效的，而之前导入的模块中的同名方法都将无法访问，不利于代码的理解与维护。

3. 扩展库的应用示例

【案例 1-1】 Python 抓取屏幕生成图像。

```
from time import sleep
from PIL import ImageGrab
m = int(input("请输入想抓屏几分钟:"))
m = int(m * 60)
n = 1
while n < m:
    sleep(0.02)
    im = ImageGrab.grab()
    local = (r"% s.jpg" % (n))
    im.save(local, 'jpeg')
    n = n + 1
```

【案例 1-2】 Python 生成 GIF 动态图。

```
from PIL import Image
im = Image.open("scissors.jpg")
images = []
images.append(Image.open('paper.jpg'))
images.append(Image.open('rock.jpg'))
im.save('gif.gif', save_all = True, append_images = images, loop = 1, duration = 1, comment = b"aaabb")
```

【案例 1-3】 有声读物。

```
import pyttsx3
text = open('fileresult.txt','r',encoding = 'utf - 8').read()
speaker = pyttsx3.init()
voices = speaker.getProperty('voices')
speaker.setProperty('voice',voices[0].id)
rate = speaker.getProperty('rate')
speaker.setProperty('rate',150)
volume = speaker.getProperty('volume')
speaker.setProperty('volume',1)
speaker.say(text)
speaker.save_to_file(text, 'T1.mp3')
speaker.runAndWait()
```

【案例 1-4】 人脸检测。

```
import face_recognition
import cv2
from matplotlib import pyplot as plt
imagePath = 'girl.jpg'
image = face_recognition.load_image_file(imagePath)
```

```
face_landmarks_list = face_recognition.face_landmarks(image)
for each in face_landmarks_list:
  for i in each.keys():
    for any in each[i]:
      image = cv2.circle(image, any, 2, (0, 255, 0), 3)
plt.imshow(image)
plt.show())
```

【案例 1-5】 Python 实现为视频添加字幕。

```
import moviepy.editor as mp
video = mp.VideoFileClip("video.mp4")                          # 加载视频文件
subtitle = mp.SubtitlesClip("subtitle.srt")                    # 加载字幕文件
result = mp.CompositeVideoClip([video, subtitle.set_pos(('center', 'bottom'))])
                                                               # 将字幕添加到视频上
result.write_videofile("output.mp4")                           # 保存输出结果
```

【案例 1-6】 Python 实现提取视频字幕的代码。

```
import moviepy.editor as mp
video = mp.VideoFileClip("video.mp4")                          # 加载视频文件
subtitle = video.subclip().caption                             # 提取字幕
print(subtitle)                                                # 输出字幕文本
```

第**2**章

Python基本语法

知识导图

本章知识导图如图 2-0 所示。

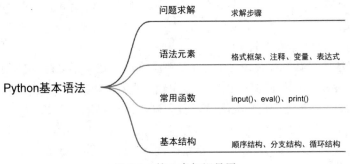

图 2-0　第 2 章知识导图

问题导向

- Python 编程要遵循什么规则？
- 基本的输入输出如何实现？
- 用 Python 编程解决实际问题的流程是什么？

重点与难点

- IPO 分析解决问题的方法。
- Python 程序的结构框架。
- 变量与表达式的应用。
- 常用的基本函数。

　　"不以规矩，不能成方圆"，在 Python 的世界里，同样制定了许多的规则来规范程序，必须遵守它的规则，才能用好这把智能时代的利器。在 Python 程序设计中主要遵循以下几点：首先是使用 Python 编程求解问题的规则，第二是 Python 编写程序的语法规则，第三是程序控制的基本结构。

2.1　用程序实现问题求解

编写程序的目的是"使用计算机解决问题"，可以分为以下6个步骤。

（1）分析问题。分析问题的计算部分，想清楚计算什么。首先必须明确，计算机只能解决计算问题，即解决一个问题的计算部分。对于一个问题中的计算部分，不同理解将产生不同的计算问题，也将产生不同功能和复杂度的程序。如何更好地理解一个问题的计算部分，如何有效地利用计算机解决问题，这不仅是编写程序的问题，而是更重要的思维问题，即计算思维。

观看视频

（2）划分边界。划分问题的功能边界，规划IPO。计算机只能完成确定性的计算功能，因而在分析问题计算部分的基础上，需要精确定义或描述问题的功能边界，即明确问题的输入、输出和对处理的要求。可以利用IPO(Iuput，Process，Output)方法辅助分析问题的计算部分，给出问题的IPO描述。在这一步中只关心问题的功能需求，即明确程序的输入、输出及输入输出之间的总体功能关系。

（3）设计算法。设计问题的求解算法，即关注算法。在明确处理功能的基础上，通过设计算法来实现程序功能。如简单的程序功能中输入与输出间的关系比较直观，结构比较简单，则直接选择或设计算法即可。若程序功能复杂，需要利用程序设计方法将"大功能"划分成许多"小功能"，或将功能中相对独立的部分封装成具有属性和操作的类，并在各功能或类之间设计处理流程。对于"小功能"或类的操作，可将其看成一个新的计算问题。

（4）编写程序。编写问题的计算程序，即编写程序。选择一门编程语言，将程序结构和算法设计用编程语言来实现。原则上，任何计算问题都可以通过编程语言来解决。只是不同的编程语言在程序的运行性能、可读性、可维护性、开发周期和调试等方面有很大不同。Python的运行性能逊于C语言，但在可读性、可维护性和开发周期方面比C语言具有更大的优势。

（5）调试测试。调试和测试程序，更新完善。运行程序，通过单元测试和集成测试评估程序运行结果的正确性。一般来说，程序错误（通过称为Bug）与程序规模成正比。即使经验丰富的优秀程序员编写的程序也会存在Bug，找到并排除Bug十分必要。而当程序正确运行之后，可采用更多的测试来发现程序在各种情况下的特点，如压力测试可获得程序运行速度的最大值和稳定运行的性能边界。安全性测试能够发现程序漏洞、办公室程序安全边界。

（6）升级维护。适应问题的升级维护。任何一个程序都有它的历史使命，在这个使命结束前，随着功能需求、计算需求和应用需求的不断变化，程序将需要不断地升级维护，以适应这些变化。

程序设计需要按照这6个步骤，在开发程序的时候能事半功倍。也可将求解计算问题精简成以下三个步骤。

（1）确定IPO：明确计算部分及功能边界。

（2）编写程序：将计算求解的设计变成现实。

（3）调试程序：确保程序按照正确逻辑能够正确运行。

其中，IPO的含义如下。

I：Input(输入)，即程序的输入。程序的输入包括文件输入、网络输入、用户手工输入、随机数据输入、程序内部参数输入等。输入是一个程序的开始。

P：Process(处理)，即程序的主要逻辑。程序对输入进行处理，输出产生结果。

处理是程序对输入数据进行计算产生输出结果的过程，处理的方法也叫算法，是程序最重要的部分。可以说，算法是一个程序的灵魂。

O：Output(输出)，即程序的输出。程序的输出包括屏幕显示输出、文件输出、网络输出、操作系统内部变量输出等。输出是一个程序展示运算成果的方式。

2.2 Python 程序语法元素

观看视频

程序设计 6 个步骤是利用计算机解决问题的方法步骤，程序设计语言则是解决问题的实现载体。在编写 Python 程序时，需要遵守哪些规则？使用哪些元素呢？下面通过一个程序案例来了解。

【案例 2-1】 温度转换。

```
# 温度转换.py
t = input('请输入带符号的温度值:')          # 用键盘输入温度值
if t[-1] in ['F','f']:
  c = ((eval(t[:-1]) - 32)/1.8)
  print('转换后的温度是{:.2f}C'.format(c))
elif t[-1] in ['C','c']:
  f = eval(t[:-1]) * 1.8 + 32
  print('转换后的温度是{:.2f}F'.format(f))
else:
  print('输入格式错误')
```

1. 程序的格式框架

Python 语言采用严格的"缩进"来表明程序的格式框架。缩进指每一行代码开始前的空白区域，用来表示代码之间的包含与层次关系。不需要缩进的代码顶行编写，不能留空白。需要缩进的代码编写时可用 Tab 键来实现，也可以用多个空格(一般是 4 个空格)实现，如图 2-1 所示。但两者不能混用。

缩进是 Python 语言中表明程序框架的唯一手段，缩进不正确会导致程序运行错误。缩进也是表达代码间包含和层次关系的唯一手段。严格的缩进可以约束程序结构，有利于维护代码结构的可读性。

除了单层缩进，一个程序的缩进还可以"嵌套"从而形成多层缩进。Python 语言对语句之间的层次关系没有限制，可以无限制地嵌套使用。

```
t=input('请输入带符号的温度值:')
if t[-1] in ['F','f']:
  c =((eval(t[0:-1])-32)/1.8)
    print('转换后的温度是C{:.2f}'.
elif t[-1] in ['C','c']:
  f=eval(t[0:-1])*1.8+32
    print('转换后的温度是F{:.2f}'.
else:
    print('输入格式错误')
```

图 2-1 程序缩进

缩进表达了所属关系。单层缩进代码属于之前最邻近一行的非缩进代码，多层缩进代码根据缩进关系决定所属范围。

注意，不是所有代码都可以通过缩进包含其他代码，如图 2-1 所示的缩进代码包含在 if…elif…else 这种判断结构中。一般来说，判断、循环、函数、类等语法形式能够通过缩进包含一批代码,进而表达对应语义。但是如 print()这样的简单语句是不表达包含关系的,不能使用缩进。

2. 注释

在实际的开发中,不管是个人开发还是团队合作开发,为了让别人更容易理解代码的功能,使用注释是非常有效的方法。

注释就是程序员在代码中加入一行或多行信息,用来对语句、函数、数据结构等进行说明,提升代码的可读性。注释是辅助说明的文字,会被解释器略去,不被计算机执行。如案例 2-1 中的第一行代码就是注释。

```
#温度转换.py
```

Python 中有以下两种注释方法:
单行注释:以 # 开头。

```
#这是单行注释,独占一行。
```

多行注释:以三个单引号开头和结尾。
例如,以下代码采用三个单引号开始,三个单引号结束,就是多行注释。

```
'''
这是多行注释
print 语句不会被执行
print('hello world!')
'''
```

Python 程序代码中的非注释语句将按顺序执行,而注释语句则被解释器过滤掉,不会被执行。

注释主要有以下三种用途。

(1) 标明作者和版权信息。在每个源代码文件开始前增加注释,标记编写代码的作者、日期、用途、版权声明等信息,可以用单行注释或多行注释。

(2) 解释代码原理或用途。在程序关键代码附近增加注释,解释关键代码的作用,增加程序的可读性。由于程序本身已经表达了功能意图,为了不影响程序阅读连贯性,程序中的注释一般采用单行注释,标记在关键代码后面。对自定义函数功能介绍的注释说明,则常用多行注释,一般放在函数定义之前。

(3) 辅助程序调试。在调试程序时,可以通过单行或多行注释临时"去掉"一行或连续多行与当前调试无关的代码,帮助程序员找到程序发生问题的可能位置。

3. 变量命名与保留字

现实生活中,人们使用一些名称来标记事物,如每种水果都有名字:苹果、梨等。在Python 程序设计中也使用特定的名称即变量,来保存和表示具体的数据值。为了更好地使用变量等其他程序元素,需要给它们关联一个标识符,关联标识符的过程称为命名。命名用于保证程序元素的唯一性。

Python 的标识符由字母、数字、汉字和下画线相互组合,但是名字的首字符不能是数字,中间不能有空格,长度没有限制。例如,以下均是合法命名的标识符。

python、Python、姓名、Book2、python_is_great、_is_it_a_variable

其中,python 和 Python 是两个不同的变量,因为标识符对大小写敏感。

一般来说,程序员可以为程序元素选择任何喜欢的名字,但是为了程序的可读性,一般以相应的英文单词代替某个变量,如表示姓名、年龄的变量时,常用 name、age。对于多个单词组合的命名一般常用以下三种规范。

(1) 小驼峰法:除第一个单词之外,其他单词首字母大写,这种规则常用于变量,如 myStudentNumber。

(2) 大驼峰法:也称帕斯卡命名法,每一个单词的首字母都采用大写字母,此规则常用于类名、函数名、属性、命名空间等,如 StudentInformation。

(3) 下画线命名法:所有字母均小写,每个单词间以下画线分隔,如 my_student_number。

不管是哪个规则对变量进行命名,都需要遵守一定的规则。

(1) 对大小写敏感,如 Python 和 python 是两个不同的变量名。

(2) 变量的首字符不能是数字,中间不能出现空格。

(3) 不能使用保留字。例如,上面案例中的 if、for 就是保留字,不能作为变量名。

保留字也称为关键字,指被编程语言内部定义并保留使用的标识符。是编程语言的基本单词,大小写敏感,Python 3.x 中共有如下 33 个保留字。

and	continue	except	if	nonlocal	return	True
as	def	finally	import	not	try	False
assert	del	for	in	or	while	None
break	elif	from	is	pass	with	
class	else	global	lambda	raise	yield	

4. 赋值语句

程序中产生或计算新数据值的代码称为表达式,类似数学中的计算公式。表达式以表达单一功能为目的。运算后产生运算结果,运算结果的类型由操作符或运算符决定。

Python 语言中,"="表示赋值,即可将等号右侧的计算结果赋给左侧的变量。包含等号的语句称为赋值语句。基本格式为

变量名 = 表达式

Python 中进行赋值的方式有多种,有单个变量赋值、同步赋值、交换赋值等。

单个变量赋值:先运算右边的表达式,再将表达式的值赋给左侧变量。例如,下列赋值语句是先执行右侧的 5 + 6,得到 11,再将 11 赋给左侧的变量 a。

```
>>> a = 5 + 6
```

同步赋值:Python 中还可以同时给多个变量赋值,这种方式叫同步赋值。在同步赋值中,Python 会先运算右侧的 N 个表达式,同时将表达式的结果赋给左侧的 N 个变量,按照位置顺序将右侧表达式的值赋给左侧变量。基本格式为

变量 1, 变量 2, … = 表达式 1, 表达式 2, …

例如：

```
>>> a, b = 5, 6
```

左侧的变量和右侧的值会按位置一一对应进行赋值。5 会赋给 a,6 会赋给 b。

交换赋值：将两个变量的值进行交换。基本格式为

变量 1,变量 2 = 变量 2,变量 1

```
>>> a, b = 5, 6
>>> a, b = b, a
```

先是对 a 和 b 进行赋值,得到 a = 5,b = 6,再经过交换赋值 a,b = b,a,此时 a 和 b 的值进行了交换,结果是 a = 6,b = 5。

观看视频

2.3　常用函数

1. input()函数

在案例 2-1 中第二行代码就使用了一个 input()函数从控制台获得用户输入,无论用户在控制台输入什么内容,input()函数都以字符串类型返回结果。一般将 input()函数的返回结果赋给一个变量。例如,案例 2-1 中的代码:

```
t = input('请输入带符号的温度值:')
```

这句代码就是利用 input()函数获取用户输入的内容,将获取到的内容作为字符串赋值给变量 t。从这个语句中,可以了解到 input()函数的使用规则。

input()函数括号内引号中的文字是一些提示性文字,如果无须提示,则可省略。使用方法为

变量名 = input(<'提示字符'>)

注意：无论用户在控制台输入的是数字还是字符,input()函数统一按照字符串类型返回。例如,输入 12.34,得到的是字符串"12.34"。如果想得到数值型,可用 eval()函数转换。

2. eval()函数

eval(<字符串>)函数是 Python 语言中一个十分重要的函数,它能够以 Python 表达式的方式解释并执行字符串,得到的结果将去掉字符串前后的引号。

案例 2-1 中的 c = ((eval(t[:-1])-32)/1.8)就用到了 eval()函数,就是将字符串的数值前后的双引号去掉,使得数据类型变成数值型。简单来说,eval(<字符串>)函数的作用是将输入的字符串转变成 Python 语句,并执行该语句。

使用 eval()函数处理字符串时需要注意使用场合,如果函数中的字符串是字母组合,如 eval('Hello'),去掉两个引号,得到的 Hello 将作为一个变量,由于之前并未定义这个变量,将会导致程序报错。故 eval()函数中的字符串最好是纯数字型的。例如,eval('12.3')的结果就是得到数字 12.3。但如果输入的字符串是由双引号和单引号共同包含的,如 eval

('"Hello"'),由 eval()函数去掉最外层的单引号后,内部还有一对双引号,得到"Hello",程序可以将它解释为字符串。

```
>>> eval('"Hello"')
"Hello"
>>> num = eval(input('请输入数值:'))
请输入数值:12.3
>>> print(num)
12.3
```

如果用户想要同时输入数值(小数或负数),并将数值用于计算,则需要使用 eval()函数与 input()函数结合。如果同时输入两个数值并赋值给两个变量,注意输入时要将数字以英文状态的逗号隔开。例如:

```
>>> a, b = eval(input('请用逗号隔开两个数值:'))
请用逗号隔开两个数值:12.34,56.78
>>> print(a, b, a + b)
12.34 56.78 69.12
```

Python 语法允许在表达式内部标记之间增加空格,这些多余的空格将被解释器去掉,例如:

c = ((eval (t [: -1]) - 32) / 1.8)

每个标记之间均有空格,Python 在执行这个语句时,会把空格过滤掉,形成 c=((eval(t[:-1])-32)/1.8)。

适当地增加空格是为了提高代码的可读性,但是不强制要求。

注意:增加空格时,一定不能改变与缩进相关的空格数量,也不能在变量命名的中间增加空格。

3. print()函数

print()函数是 Python 程序中最常用也是最基本的函数,它用于将信息输出到控制台,即在控制台窗口打印信息。下面介绍一下它的几种基本用法。

直接输出字符串:将要输出的字符串或变量直接放在 print()函数中,如以下代码所示。

```
print('hello world!')                      # 直接输出字符串
a = 'Life is too short to learn Python!'    # 定义变量
print(a)                                    # 输出变量对应的值
```

格式化输出:print()函数可以将变量与字符串组合起来,按照一定的格式输出组合后的字符串。常用的组合方式有两种,一种是参照 C 语言的%,另一种是与字符串函数 format()结合。例如,案例 2-1 中的 print('转换后的温度是{:.2f}F'.format(f))。

```
temp = 23.6                                 # 定义变量
print('当前温度为%.1f度'% temp)            # 用%号将变量与字符串组合输出
print('当前温度为{:.1f}度'.format(temp))    # 用format()函数将变量与字符串组合输出
```

不换行输出:print()函数在输出内容到控制台后会自动换行,因为 print()函数在打印字符串时还会打印结束标志：换行符"\n"。光标会自动出现在输出信息的下一行。想要控制输出时不换行，可以使用参数 end=' '来修改结束标志。

```
print('hello world!')                        #直接输出字符串
a = 'Life is too short to learn Python!'     #定义变量
b = 'Hello Python!'
print(a, end = '  ')
print(b)
```

运行结果如下，两次输出信息在同一行中。

```
Life is too short to learn Python! Hello Python!
```

2.4　基本结构

1．顺序结构

顺序结构是最简单的程序结构，也是最常用的程序结构，只要按照解决问题的顺序写出相应的语句就行，它的执行顺序是自上而下，依次执行。例如：

```
length, width = 5, 6
area = length * width
perimeter = 2 * (length + width)
print('长方形的面积是:{}'.format(area))
print('长方形的周长是:{}'.format(perimeter))
```

这段程序代码就是顺序结构的形式，会按照自上而下的顺序一句一句地执行。先给长和宽赋值，再计算面积、周长，最后输出面积和周长的值。

2．分支结构

分支结构是控制程序运行的一类重要结构，它的作用是根据判断条件选择相应的程序语句执行，不满足条件表达式的分支中的语句块不会被执行。它的基本格式如下。

```
if   <条件表达式>:
     <语句块 1>
elif   <条件表达式>:
     <语句块 2>
…
else:
     <语句块 n>
```

if、elif、else 都是保留字，在 if、elif 后面必须给出条件表达式，只有在满足该条件表达式的情况下，即条件表达式的结果为 True，才会执行该语句下面的语句块。else 后面不用放条件表达式，表示不满足 if 和 elif 语句中的所有条件表达式，剩下的其他情况。

案例 2-1 中的代码就使用了选择结构。

```
#温度转换.py
t = input('请输入带符号的温度值:')#用键盘输入温度值
if   t[-1] in ['F', 'f']:
```

```
    c = ((eval(t[:-1]) - 32) / 1.8)
    print('转换后的温度是{:.2f}C'.format(c))
elif  t[-1] in ['C', 'c']:
  f = eval(t[:-1]) * 1.8 + 32
  print('转换后的温度是{:.2f}F'.format(f))
else:
  print('输入格式错误')
```

在这段代码中,当输入的内容以是 F 或 f 结尾时,则会执行语句 c=((eval(t[:−1])−32)/1.8) 所在的语句块,而与之相对的 elif 和 else 及它们包含的语句块均不会被执行。同样地,当输入的内容是以 C 或 c 结尾时,则会执行 f=eval(t[:−1])*1.8+32 所在的语句块,而与之相对的 if 和 else 及它们包含的语句块均不会被执行。当结尾字符既不是 F 或 f,也不是 C 或 c 时,else 中包含的语句 print('输入格式错误') 会被执行,而 if 和 elif 对应的语句块则不会被执行。

3. 循环结构

循环结构也是控制程序运行的一类重要结构,与分支结构控制程序执行相似,它的作用是根据判断条件决定是否将一段程序代码再次重复执行一次或多次。它的基本结构有两种,一种是 while 结构,另一种是 for…in 结构。

1) while 结构的基本格式

```
while <条件表达式>:
    <语句块 1>
<语句块 2>
```

当条件表达式结果为真时,执行语句块 1。每次执行完语句块 1,回到条件表达式再次进行判断,如果仍为真,则继续执行语句块 1,直到条件表达式结果为 False 时,则结束循环,执行语句块 2。

例如,重复画 10 个圆,如图 2-2 所示。

实现代码如下。

图 2-2 多圆成花

```
import turtle
turtle.color('red')
turtle.pensize(5)
n = 0
while n < 10:
  turtle.circle(80)
  turtle.left(36)
  n += 1
turtle.done()
```

n 的初始值是 0,循环的判断条件是 n < 10,只要 n 的值小于 10,则会不停地执行画圆和转向的语句。每画一个圆,n 的值就增加 1,然后再次进行判断。一直到 n 的值等于 10 时,则会结束循环,执行 turtle.done() 语句。

while 循环还有一种特殊的无限循环,在循环体中设置某个条件,当条件被触发时强制退出。例如,绘制五星形,并用红色填充。代码如下。

```
import turtle
turtle.color('red', 'red')
angle = 0
turtle.begin_fill()
while True:                        ♯无限循环
  turtle.fd(200)
  angle += 144
  turtle.right(144)
  if angle % 720 == 0:            ♯设置条件,当条件满足时用 break 强制终止循环
    break
turtle.hideturtle()
turtle.end_fill()
turtle.done()
```

运行结果如图 2-3 所示。

2）for…in 结构的基本格式

for 变量 in 范围:
　　<语句块 1>
<语句块 2>

当变量的值在指定范围内时,就执行语句块 1,每执行一次,变量的值就按指定方式发生改变。当变量的值变化到不在指定范围时,则结束循环,执行语句块 2。例如,使用循环来实现图 2-4 的绘制。

图 2-3　五角星

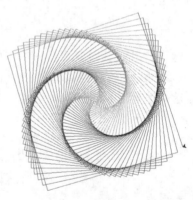

图 2-4　螺旋体

```
import turtle
turtle.speed(0)
colors = ['red', 'green', 'orange', 'blue']
for i in range(200):
  turtle.color(colors[i % 4])
  turtle.fd(2 * i)
  turtle.right(89)
turtle.done()
```

for i in range(200)指的是变量 i 值从 0 开始计数,一直到 199 为止,每次循环增加 1,即循环体运行 200 次。循环体中三个语句的功能分别是选择颜色,画一条长度为 2 * i 的线条,再右转 89°。重复执行 200 次后结束循环。

习题

1. 改写温度的转换程序,将以 F 或 C 结尾的温度值改为以 F 或 C 开头的温度值输入。根据输入的温度进行转换。转换公式为

$$C=(F-32)/1.8$$
$$F=C\times1.8+32$$

2. 仿照温度的转换,编写程序实现人民币与美元的双向兑换。按照 1 美元＝6.5 人民币元的汇率。其中,人民币的数据以 RMB 开头,美元以 USD 开头。

3. 用 turtle 绘制同切圆。效果如图 2-5 所示。

4. 用 turtle 绘制正方形螺旋线,效果如图 2-6 所示。

5. 仿照五角星的画法,用 turtle 绘制太阳花,每一次转向 170°,效果如图 2-7 所示。

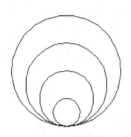

图 2-5 同切圆

图 2-6 正方形螺旋体

图 2-7 太阳花

第 3 章

Python数据类型

知识导图

本章知识导图如图 3-0 所示。

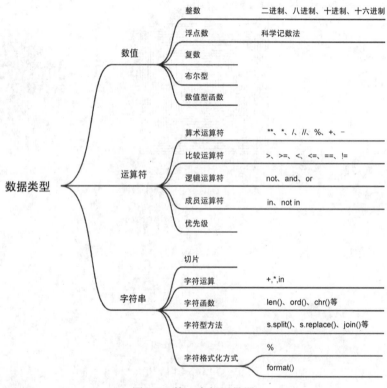

图 3-0　第 3 章知识导图

问题导向

- Python 语言中数据的表现形式有哪几种？
- 每种数据类型有什么特征？
- 数据的运算符号有哪些？如何构成表达式？
- 复杂的数据计算用什么来实现？
- 各种数据类型如何实现相互转换？
- 字符型数据有哪些函数和方法？

重点与难点

- 数据类型的使用。
- 运算符的灵活应用。
- 字符串切片。

"等闲识得东风面,万紫千红总是春",春风成就了春天的绝色,那程序世界中的无限风光又是谁造就的呢?当然非数据莫属了。Python世界有两大原住居民,分别是数值型和字符型。下面通过"三天打鱼,两天晒网"的故事来认识下Python的数据成员。

【案例3-1】 三天打鱼,两天晒网 。

"三天打鱼,两天晒网"是曹雪芹《红楼梦》中第九回:"因此也假说来上学,不过三日打鱼,两日晒网,白送些束修礼物与贾代儒。"现在常用来比喻一个人对学习或工作没有恒心,经常中断,不能长久坚持。下面使用Python来模拟实现。假设最初的能力值为1.0,学习一天,能力会比前一天提高1%;懒散一天,能力会比前一天下降1%。由此可以得知,在"三天打鱼,两天晒网"情况中的能力计算公式为

$$(1+0.01)^3 \times (1-0.01)^2$$

用Python来实现:

```
fish = (1 + 0.01) ** 3
net = (1 - 0.01) ** 2
result = fish * net
print(result)
print(result > (1 + 0.01))
```

运行结果:

```
1.0097980101000001
False
```

从"三天打鱼,两天晒网"的结果1.0097980101000001<1+0.01可以看出,如果一个人不能持之以恒地学习,最终将一无所获。

希望大家每天都不要停止学习的脚步,日积月累,坚持不懈,终有一天会得到回报。

3.1 认识数据类型

观看视频

从案例3-1中可以看到有许多数据,在Python中,将表示数字或数值的类型称为数据类型。而案例中的数据有整数,也有小数,在Python中分别对应数据类型中的整型(int)和浮点型(float)。

在数学中除了整数、小数之外,还有复数,故Python中还有一个数据类型为复数类型(complex)。

除此之外,还有一个比较特殊的整型:布尔型(bool)。值为1时表示真(True),值为0时表示假(False)。

3.1.1　整数

案例中出现的数字 1、2、3 这样的数据称为整型，与数学中整数的概念一致。Python 3 中整型数据的长度不受机器字长的影响，它的取值范围只与计算机的内存有关。也就是说，只要计算机的内存足够大，无论整型的长度为多少，都不用担心溢出问题。

在计算机中，经常用 4 种进制来表示整型：二进制、八进制、十进制、十六进制。默认的是十进制，如果想要用其他进制表示，需要加上引导符号。

二进制：以 0B 或 0b 开头。

八进制：以 0O 或 0o 开头。

十六进制：以 0X 或 0x 开头。

例如：

```
a = 0b101
print('a 的十进制表示 : %d' % a)
b = 0o101
print('b 的十进制表示 : %d' % b)
c = 0x101
print('c 的十进制表示 : %d' % c)
d = 101
print('d 的十进制表示 : %d' % d)
```

运行结果：

```
a 的十进制表示 :5
b 的十进制表示 :65
c 的十进制表示 :257
d 的十进制表示 :101
```

不同的进制之间还可以相互转换。例如：

dec(x)：将数值 x 转换为十进制。

bin(x)：将数值 x 转换为二进制。

oct(x)：将数值 x 转换为八进制。

hex(x)：将数值 x 转换为十六进制。

int(x)：将字符串 x 转换为整数。

```
a = 10
print('a 的二进制为:',  bin(a))
print('a 的八进制为:',  oct(a))
print('a 的十六进制为:',  hex(a))
print('二进制 101 的整数值为:',  int('101',2))
```

运行结果：

```
a 的二进制为 : 0b1010
a 的八进制为 : 0o12
a 的十六进制为 : 0xa
二进制 101 的整数值为 : 5
```

3.1.2 浮点数

像案例 3-1 中出现的 0.01 这样的带小数的数据称为浮点数。Python 的浮点数一般以十进制表示,由整数和小数两部分组成,如 0.0、2.34、0.00000051、3.14159 都是浮点数。

对于非常大或者非常小的浮点数可以用科学记数法表示。例如,0.00000051 可以表示成 5.1e-7,314000 可以表示成 3.14E5。

Python 中的浮点数是双精度的,每个浮点数占 8B(64b),包括 52b 存储尾数,11b 存储阶码,1b 存储符号,故浮点数的取值范围为 $-1.8e308 \sim 1.8e308$。超出这个范围将视为无穷大(inf)或者无穷小($-inf$)。

Python 中最长可以输出浮点数的 17 位数字,但是计算机只能保证 15 位数字的精度,对于超出 17 位的浮点数会产生截断。一旦产生截断,结果就会产生误差。如平时人们都会认为:0.1+0.2 的结果是 0.3,但是实际执行的结果却是 0.30000000000000004。

```
>>> 0.1 + 0.2
0.30000000000000004
>>> 3 * 0.1
0.30000000000000004
```

3.1.3 复数

格式为 2+3j、5.6+7.8j 这样的数据称为复数。一个复数由"实部"和"虚部"两部分组成,实部是一个实数,虚部是一个实数后加 j 或 J 组成,虚部不能单独存在。

获取一个复数实部的方法是调用属性 real,获取虚部的方法是调用属性 imag。

将一个数据转换为复数的函数是 complex()。例如:

```
a = complex(2,4)
b = 6
print(a)
print('a 的实部是:', a.real,  ', a 的虚部是:', a.imag)
print(complex(b))
```

运行结果:

```
(2+4j)
a 的实部是:2.0,  a 的虚部是:4.0
(6+0j)
```

3.1.4 布尔型

布尔型只有 True 和 False 两个值,本质上来说,布尔型其实是一种特殊的整数,True 对应非 0,False 对应 0。

任何对象都具有布尔属性,在 Python 中,以下数据的值均为 False。

(1) None。

(2) False。

（3）任何为 0 的数字类型：0、0.0、0j。

（4）任何空字符、空列表、空字典：""、( )、[ ]、{}。

（5）用户定义的类实例，如果类中定义了__bool__() 或者__len__() 方法，并且方法返回 0 或者布尔值 False。

以下结果均为 False。

```
bool()
bool('')
bool(0)
bool([])
```

观看视频

3.2　运算符

在案例 3-1 中有几种运算符号：＋、－、*、**、＞。通过这些运算符号可以将两个不同的数据组合起来得到一个运算结果。由此可见，运算符是告诉编译程序执行指定运算操作的符号，是针对操作数进行运算。例如，表达式 1＋0.01 中，1 和 0.01 均为操作数，＋是运算符。Python 中运算符非常丰富，功能也很强大。

3.2.1　数值运算符

数值运算符是一类对数值型操作数有效的运算符。按照不同的功能，又可以分成算术运算符、赋值运算符、比较运算符、逻辑运算符等。

1. 算术运算符

以 $x=2$，$y=9$ 为例，对算术运算符进行说明，如表 3-1 和表 3-2 所示。

表 3-1　算术运算符

操作符	描　　述	示　　例
＋	加，$x+y$ 为 x 与 y 之和	$x+y$ 结果为 11
－	减，$x-y$ 为 x 与 y 之差	$x-y$ 结果为 77
*	乘，$x*y$ 为 x 与 y 之积	$x*y$ 结果为 18
/	除，x/y 为 x 除以 y 之商，结果为浮点数	x/y 结果为 0.2222222222222222
//	整数除，$x//y$ 为 x 除以 y 之商的整数部分	$x//y$ 结果为 0
%	取余运算，$x\%y$ 为 x 除以 y 的余数部分	$x\%y$ 结果为 2
**	幂，$x**y$ 为 x 的 y 次方	$x**y$ 结果为 512
	开方运算，当 y 是小数时，如 $10**0.5$ 结果是 $\sqrt{10}$	

表 3-2　二元操作符

操作符	描　　述	操作符	描　　述
$x+=y$	相当于 $x=x+y$，x 的结果为 11	$x*=y$	相当于 $x=x*y$，x 的结果为 18
$x-=y$	相当于 $x=x-y$，x 的结果为－7	$x/=y$	相当于 $x=x/y$，x 的结果为 0.22
$x//=y$	相当于 $x=x//y$，x 的结果为 0	$x\%=y$	相当于 $x=x\%y$，x 的结果为 2
$x**=y$	相当于 $x=x**y$，x 的结果为 512		

Python 中的算术运算符既支持对相同类型的数值进行运算，也支持对不同类型的数值

进行混合运算。在混合运算时,Python 会强制将数值进行临时类型转换。遵循原则是将简单的数据类型转换为相对复杂的那一种数据类型。

布尔类型进行算术运算时,会将值视为 0 或 1。

整型与浮点型进行混合运算时,会将整型转换为浮点型。

其他类型与复数运算时,会将其他类型转换为复数。

```
1 + True          #结果为2
1 * 2.0           #结果为2.0
1 + (2 + 3j)      #结果为(3 + 3j)
```

【案例 3-2】 时间转换。

给定一个以 s 为单位的时间 t,要求用"$<H>:<M>:<S>$"的格式来表示这个时间。$<H>$表示时间,$<M>$表示分钟,而$<S>$表示秒,它们都是整数且没有前导的"0"。例如,若 $t=0$,则输出"0:0:0";若 $t=3661$,则输出"1:1:1"。

案例分析:输入的数字为一个总秒数,需要将总秒数拆成几小时几分钟几秒钟,可通过 $1h=60min$,$1min=60s$ 的规则进行拆分。

输入:

输入只有一行,是一个整数 $t(0 \leqslant t \leqslant 86\ 399)$,如 5436。

输出:

输出只有一行,是以"$<H>:<M>:<S>$"的格式所表示的时间,不包括引号,如 1:30:36。

解题思路:

给定的数字 t 是一个总秒数,所以有

$$t = S + M \times 60 + H \times 60 \times 60$$

反推过来则是:小时 $H=t//3600$,余数是剩下的 $S+M \times 60$,用余数继续可整除 60 得到分钟 $M=$ 余数 $//60$,余数则为秒 S。

可以按照这个顺序:整除→取余→整除→取余。

代码实现:

```
t = eval(input())
H = t // 3600
t = t % 3600
M = t // 60
S = t % 60
print("{}:{}:{}".format(H,M,S))
```

2. 赋值运算符

"="为赋值运算符。案例 3-1 中出现的 fish=(1+0.01)**3 就是一个赋值语句,其作用就是将一个表达式或对象赋给等号左边的变量。所有的运算符都可以与"="组合起来形成一个赋值语句,包括二元操作中,如"+="。

3. 比较运算符

比较运算符是比较符号左右两边的操作数,运算结果是一个布尔值。以 $x=2$,$y=9$

为例,对比较运算符进行说明,如表 3-3 所示。

表 3-3　比较运算符

操 作 符	描 述	示 例
$x == y$	判断 x 与 y 是否相等	$x == y$ 的值为 False
$x != y$	判断 x 是否不等于 y	$x != y$ 的值为 True
$x > y$	判断 x 是否大于 y	$x > y$ 的值为 False
$x < y$	判断 x 是否小于 y	$x < y$ 的结果为 True
$x >= y$	判断 x 是否大于或等于 y	$x >= y$ 的结果为 False
$x <= y$	判断 x 是否小于或等于 y	$x <= y$ 的结果为 True

【案例 3-3】 猜数游戏。

程序中给出一个固定的数字,用户通过键盘输入一个数,如果这个数与程序给出的数字相同,则输出"恭喜你猜对了!";如果比程序给出的数字大,则输出"太大了!";如果比程序给出的数字小,则输出"太小了!"。

案例分析:

输入:用户猜的数字。

处理:将用户猜的数字与程序给出的数字进行大小比较,可使用多分支结构来进行判断。

输出:根据比较结果输出不同的结果。

```python
y = 50
x = eval(input('请输入你猜的数字:'))
if x == y:
    print('恭喜你猜对了!')
elif x > y:
    print('太大了!')
else:
    print('太小了!')
```

运行结果:

```
请输入你猜的数字:40
太小了!
```

4. 逻辑运算符

逻辑运算符可以把多个条件表达式连接起来,形成更为复杂的条件,如表 3-4 所示。

表 3-4　逻辑运算符

操 作 符	描 述
and	与,左操作数为 False 时返回左操作数,否则返回右操作数或计算结果
or	或,左操作数为 True 时返回左操作数,否则返回右操作数结果
not	非,若操作数为 False 返回 True,否则返回 False

例如:

```
>>> 2 + 3  and 3 + 5              ♯左为 True,返回右操作数 3 + 5 的值
8
```

```
>>> 2 - 2 and 3 + 5          # 左为 False,返回左操作数 2 - 2 的值
0
>>> 2 + 3 or 3 + 5           # 左为 True,返回左操作数 2 + 3 的值
5
>>> 2 - 2 or 3 + 5           # 左为 False,返回右操作数 3 + 5 的值
8
>>> not (3 + 5)
False
>>> not False
True
```

【案例 3-4】 "剪刀石头布"游戏。

小明和小红想玩"剪刀石头布"游戏。在这个游戏中,两个人同时说"剪刀""石头"或"布",压过另一方的为胜者。规则是:"布"胜过"石头","石头"胜过"剪刀","剪刀"胜过"布"。

案例分析:通过输入两人的选择,程序自己判断输赢,并输出相应的结果。

输入:两个数,分别代表小明和小红的选择,范围为{0,1,2},用逗号隔开。0 表示石头,1 表示布,2 表示剪刀。这两个数分别表示两个人所选的物品。例如 0,2,则表小明出石头,小红出剪刀。

输出:如果前者赢,输出"小明胜";如果后者赢,输出"小红胜";如果是平局,输出"平局"。

代码实现:

```
a, b = eval(input())
if (a == 0 and b == 1)or (a == 1 and b == 2) or (a == 2 and b == 0) :
  print('小红胜')
elif (a == 1 and b == 0)or (a == 2 and b == 1) or (a == 0 and b == 2) :
  print('小明胜')
elif a == b:
  print('平局')
```

【案例 3-5】 闰年的判断。

从生活常识我们了解到,如果一个年份数字能被 4 整除但是不能被 100 整除,或者这个年份的数字能被 400 整除,那么这一年是闰年,否则是平年。编写程序实现输入一个年份,判断它是否是闰年。

案例分析:

输入:需要判断的年份。

处理:满足两种情况的年份是闰年,第一种是能被 4 整除但是不能被 100 整除,这两个条件需要同时成立,可以用逻辑运算符 and 将两个条件表达式连接。第二种情况是能被 400 整除。这两种情况是只要满足其中的一个,指定年份就是闰年,两种情况可以用逻辑运算符 or 来连接。

输出:输出当前的判断结果。

代码实现:

```
year = int(input('请输入年份:'))
if(year % 4 == 0 and year % 100 != 0) or year % 400 == 0:
  print('{}年是闰年'.format(year))
else:
  print('{}年不是闰年'.format(year))
```

运行结果:

```
请输入年份:2020
2020 年是闰年
```

再次运行,输入数字 2200,运行结果:

```
请输入年份:2200
2200 年不是闰年
```

5. 成员运算符

成员运算符用于判断左操作数是否存在于右侧的序列中。序列可以是字符串、列表、字典等。成员运算符具体描述如表 3-5 所示。

表 3-5　成员运算符

操　作　符	描　　述
in	左操作数是否在右操作数中存在,例如,'ab' in 'abcd' 返回值为 True
not in	左操作数是否不在右操作数中,例如,'ac' not in 'abcd' 返回值为 True

【案例 3-6】 "三天打鱼,两天晒网"周末版。

一年 365 天,一周 5 个工作日,每天都努力打鱼,进步 1%。

一年 365 天,一周 2 个休息日,每天都休息晒网,退步 1%。

初始能力为 1,这种生活方式,一年后的能力如何呢?

案例分析:如何确定一周中的 5 个工作日,2 个休息日?

一周 7 天可以用天数对 7 取余,结果为 0~6,设其中 0 和 6 相当于周六、周日,即休息日,转换为表达式则是,取余运算结果在[0,6]这些值中的天数就是休息日。

```
power = 1                    #初始能力
for i in range(365):
  if i % 7 in [0,6]:         #取余结果为 0 或 6
    power = power * (1 - 0.01)
  else:
    power = power * (1 + 0.01)
print('一年后的能力为:{:.2f}'.format(power))
```

运行结果:

```
一年后的能力为:4.63
```

3.2.2　运算符优先级

对于表达式(2+3)×4−5×2,运算的顺序是什么样的呢? 小学数学告诉我们应该先算括号内的,再算括号外的,先算乘除,再算加减。这种优先顺序就是运算符的优先级,乘、除的优先级高于加、减,括号的优先级高于乘除。

常见运算符优先级由高到低的顺序如下:乘方 $**$,按位取反 $\sim$,正负号 $+x$、$-x$,乘、除、求余 $*$、$/$、$\%$,加减 $+$、$-$,比较 $<$、$<=$、$>$、$>=$、$!=$、$==$,成员判断 not in、in,逻辑运算 not、and、or。

一般来说,同一优先级的运算符在运算时是按照从左往右的顺序结合,如 $2+3-4$ 的运算顺序是:解释器先运算 $2+3$,得到结果 5 再与运算符结合执行 $5-4$。

而赋值运算符的结合则相反,按照从右往左的顺序,如 $x=y=z$,会先将 z 的值赋给 y,再将 y 的值赋给 x。

3.2.3 常用数值函数

常用的数值函数如表 3-6 所示。

表 3-6　常用数值函数

函 数 名	描 述
abs(x)	绝对值函数,x 的绝对值
divmod(x,y)	商余,$(x//y$, $x\%y)$,同时输出商和余数
pow(x, $y[$, $z]$)	幂余,$(x**y)\%z$,$[..]$ 表示参数 z 可省略
round($x[$,$d]$)	四舍五入,d 是保留小数位数,默认值为 0
max(x_1,x_2,$\cdots$,x_n)	最大值,返回 x_1,x_2,$\cdots$,x_n 中的最大值,n 不限
min(x_1,x_2,$\cdots$,x_n)	最小值,返回 x_1,x_2,$\cdots$,x_n 中的最小值,n 不限
int(x)	将 x 变成整数,舍弃小数部分
float(x)	将 x 变成浮点数,增加小数部分
complex(x)	将 x 变成复数,增加虚数部分

例如:

```
>>> abs( - 10.01)
10.01
>>> divmod(10, 3)
(3, 1)
>>> pow(3, pow(3, 99), 10000)
4587
>>> round( - 10.123, 2)
 - 10.12
>>> max(1, 9, 5, 4 3)
9
>>> min(1, 9, 5, 4 3)
1
>>> int(123 - 45)
123
>>> int("123")
123
>>> float(12)
12.0
>>> float("1.23")
1.23
>>> complex(4)
(4 + 0j)
```

3.2.4　math 库

对数字类型的数据不仅可以做简单的基本运算,还可以进行更加复杂的数学运算,如求对数、三角函数、高斯误差等。在 Python 中要实现这些运算需要用到数学模块 math 库。math 库是一个比较成熟的库,不属于 Python,但是可以通过 import 方法将 math 库导入进来。

导入第三方库的方法如下。

方法一: import math

这是直接导入法,使用库的函数时需要加上前缀,如 math.sqrt(x)表示对 x 求平方根。

方法二: import math as m

命别名导入法,导入进来的 math 库赋予新的名字 m,使用库中 sqrt()函数时可用 m.sqrt(x)。

方法三: from math import ∗

从库中导入指定方法,使用库中函数时可直接调用,不需要加别名,如 sqrt(x)。

使用 math 库会使计算效率更高效,math 库中提供了许多数学函数,包含 4 个数学常数(圆周率 pi、自然对数 e、正无穷大 inf、非浮点数标记 nan)和 44 个函数。44 个函数又分为 4 类,其中,16 个数值表示函数、8 个幂对数函数、16 个三角对数函数、4 个高等特殊函数。常见的 math 库函数如表 3-7 所示。

表 3-7　math 库函数

函　　　数	数 学 表 示	描　　　述
sqrt(x)	$\sqrt{x}$	x 的平方根
sin(x)	$\sin x$	x 的正弦
cos(x)	$\cos x$	x 的余弦
tan(x)	$\tan x$	x 的正切
asin(x)	$\arcsin x$	x 的反正弦
acos(x)	$\arccos x$	x 的反余弦
atan(x)	$\arctan x$	x 的反正切
log(x)	$\ln x$	x 的自然对数,以 e 为底数
$\log_{10}$(x)	$\log_{10} x$	x 的常用对数,以 10 为底
exp(x)	e^x	e 的 x 次方
fabs(x)	$|x|$	返回 x 的绝对值
floor(x)	$\lfloor x \rfloor$	向下取整
ceil(x)	$\lceil x \rceil$	向上取整
pow(x,y)	x^y	x 的 y 的幂
gcd(x,y)		x 和 y 的最大公约数

【案例 3-7】　求两点之间的距离。

已知平行线上两点 A 和 B 的坐标,$A(x=22,y=33)$,$B(x=62,y=105)$,编写程序求出 A 和 B 两点之间距离。

案例分析:应用数学的知识可以知道,两点间的距离公式为 $\sqrt[2]{(x_2-x_1)^2+(y_2-y_1)^2}$,编写程序可以先分别给 x_1、x_2、y_1、y_2 赋值,再用数学函数 pow()求平方,再用函数 sqrt()求平方根,则可得到两点间的距离。由于用到了数学函数,所以在程序的开头部分需要导入math 库。

实现代码:

```
import math
x1,y1 = 22,33
x2,y2 = 62,105
distx = math.pow((x2 - x1),2)
disty = math.pow((y2 - y1),2)
dist = math.sqrt(distx + disty)
print('A 和 B 的距离是:% .2f' % dist)
```

运行结果:

```
A 和 B 的距离是:82.37
```

3.3 字符串

观看视频

Python 中的字符串是由一对单引号(' ')、一对双引号(" ")或一对三引号(''' ''')括起来的字符序列。

单引号:'单引号括起来的单行,可以使用 "双引号" 作为字符串的一部分'

双号号:"双引号括起来的单行,可以用'单引号'作为字符串的一部分"

三引号:'''三引号括起来的多行,可以用'单引号'

　　　　"双引号" 作为字符串的一部分,

　　　　也可以换行'''

如果非要在单引号(或双引号)括起来的字符串中包含单引号(双引号),可使用转义字符反斜杠(\)对字符串中的单引号(双引号)进行转义处理,使得转义字符与特殊字符组成新的含义。

```
# 合法的字符串
'hello "python"'
"Life is short ,I 'm learning Python"
"Hello \"Python\""

# 非法的字符串
"'Hello "Python""
'Life is short ,I 'm learning Python'
```

提示:在字符串定义时需要遵守以下几条规则。

(1) 字符串可以使用单引号或双引号来定义,但是最好在一个文件中统一使用同一种,避免混合使用的情况。

(2) 如果在字符串中包含某种引号时,那么优先使用另一种形式的引号来定义字符串,尽量不使用转义字符。

3.3.1　字符串的基本操作

1. 基本操作符

Python 提供了众多字符串的基本操作符，见表 3-8。

表 3-8　字符串操作符

操 作 符	描　　述
$x+y$	将两个字符串 x 和 y 拼接成一个字符串
$x*n$ 或 $n*x$	将字符串 x 复制 n 次
x in y	如果 x 是 y 的子串，则返回 True，否则为 False
$>,>=,<,<=,!=,==$	两个字符串按 ASCII 码值比较大小

例如：

```
>>>'abc' + '123'
'abc123'
>>>'a' * 5
'aaaaa'
>>>'a' in '123abc'
True
>>>'a' > 'b'
False
>>>'bc'>'bac'
True
```

2. 字符索引

字符串中的多个字符，都会按顺序给出一个编号，这个编号就是索引。例如，s＝'Python'，字母'P' 的编号为 0，具体索引如表 3-9 所示。

表 3-9　字符串索引号

字符	P	y	t	h	o	n
编号	0	1	2	3	4	5
反向编号	−6	−5	−4	−3	−2	−1

Python 中的字符串，可以通过索引取出其中的一个字符或一段字符子串，但是不支持动态修改。例如，s[1] 可取出字符'y'。但是如果想通过 s[1]＝'a' 将'y'修改成'a'，则是非法操作。

在字符串中通过索引取出一个或一段字符子串的操作非常灵活，取其中一段的操作称为切片。切片的操作非常多样，具体如下。

$s[n:m]$：表示从字符串 s 中取索引号从 n 到 $m-1$ 的字符子串，其中不包含索引号 m 的字符。

$s[n:]$：省略结束索引号，表示切取索引号从 n 到最后一个字符的子串。

$s[:m]$：省略开始索引号，表示切取索引号从 0 到索引号为 $m-1$ 的子串。

$s[-n:-m]$：表示从字符串 s 中切取索引号从倒数 n 到倒数 $m-1$ 的字符子串。

$s[::]$：省略开始和结束索引号，表示切取整个字符串。

$s[::-1]$：获得整个字符串的逆序。

例如：

```
>>> s = 'HelloWorld'
>>> s[0]
'H'
>>> s[-1]
'd'
>>> s[2:6]
'lloW'
>>> s[:5]
'Hello'
>>> s[5:]
'World'
>>> s[-5:-2]
'Wor'
>>> s[-5:]
'World'
>>> s[::]
'HelloWorld'
>>> s[::-1]
'dlroWolleH'
```

3.3.2 字符串的处理函数

Python 提供了许多内置函数，其中有 6 个与字符串处理相关的函数，如表 3-10 所示。

表 3-10　字符串函数

函　数　名	描　　　　述
len(x)	返回字符串 x 的长度，整数
str(x)	返回任意数据类型 x 所对应的字符串形式
chr(x)	返回 Unicode 编码 x 对应的单字符
ord(x)	返回单字符 x 对应的 Unicode 编码
hex(x)	返回整数 x 对应的十六进制数的小写形式的字符串
oct(x)	返回整数 x 对应的八进制数的小写形式的字符串

例如：

```
>>> s = 'HelloWorld'
>>> len(s)
10
>>> str(3-5)
'3-5'
>>> chr(65)
'A'
>>> chr(9801)
'♉'
>>> ord('A')
65
>>> hex(18)
'0x12'
>>> oct(18)
'0o22'
```

【案例 3-8】 凯撒密码。

凯撒密码是古罗马凯撒大帝用来对军事情报进行加密的算法，它采用替换方法将每一个英文字符循环替换为字母表序中该字符后面第三个字符，对应关系如下。

原文：a b c d e f g h i j k l m n o p q r s t u v w x y z

密文：d e f g h i j k l m n o p q r s t u v w x y z a b c

假设原文字符为 P，对应密文为 S，则两者的关系为

$$S = (P + 3)\%26$$
$$P = (S - 3)\%26$$

加密的程序设计过程如下。

（1）输入一串原文字符串（假设信息全是小写字母 a～z）。

（2）将字符串中的每一个字符拿出来进行转换，规则为 $S = (P + 3)\%26$。由于字符没有办法直接与数字进行加法运算，所以需要先将字符转换为相应的 Unicode 编码，再进行加法运算，算完之后得到的 Unicode 编码又需要再转为相应的字符。模 26 是因为字母表总共为 26 个字母，起始字母为 'a'，所以是当前字母与字母 'a' 的差去取模运算，结果再加上 'a' 的编码值得到的才是加密后的字母编码值。

（3）将加密码后得到的新字符串进行输出。

代码实现：

```python
F = input('请输入需要加密的信息:')
for P in F:
    if 'a' <= P <= 'z':
        S = chr((ord(P) - ord('a') + 3) % 26 + ord('a'))
    else:
        S = P
    print(S, end='')
```

运行结果：

```
请输入需要加密的信息:Life is short, I use Python!
Llih lv vkruw, I xvh Pbwkrq!
```

3.3.3 字符串的处理方法

在 Python 的解释器内部，所有数据类型都采用面向对象方式实现，封装成一个类。字符串就是其中的一个类。每一个类里面都有许多自己的方法和属性，想要使用类的方法和属性，需要用 a.b() 的方式来进行调用，其中，a 指明相应类创建的对象。例如，创建的一个字符串变量 s = 'Python'，变量 s 就是一个字符串类的实例化对象。b() 指的是这个类中相应的方法。类里面的方法其实就是根据特定功能创建的函数，对外调用时一般称之为"方法"。字符串方法如表 3-11 所示。

表 3-11 字符串方法

函 数 名	描　　述
str.lower()	返回字符串 str 的副本，全部小写。原字符串不变
str.upper()	返回字符串 str 的副本，全部大写。原字符串不变

续表

函 数 名	描 述
str.islower()	若 str 全是小写,则返回 True,否则返回 False
str.isprintable()	若 str 所有字符都是可打印的,则返回 True,否则返回 False
str.isnumeric()	若 str 所有字符都是数字,则返回 True,否则返回 False
str.isspace()	若 str 所有字符都是空格,则返回 True,否则返回 False
str.endswith(suf,start[,end]])	str[start:end]是以 suf 结尾返回 True,否则返回 False
str.startswith(suf,start[,end]])	str[start:end]是以 suf 开始返回 True,否则返回 False
str.split(sep,maxsplit=−1)	返回一个列表,由 str 根据 sep 进行分隔得到的元素组成
str.count(sub[,start[,end]])	返回 str[start:end]中子串 sub 出现的次数
str.replace(old,new[,count])	返回 str 的副本,所有 old 子串被 new 替换,前 count 个被替换
str.center(width[,fillchar])	字符串 str 居中,有 fillchar 则在 str 左右填充
str.strip([chars])	返回 str 的副本,去掉左右两侧的 chars 列出的字符
str.zfill(width)	返回 str 的副本,长度为 width,不足部分填 0
str.format()	返回字符串的格式化排版,常用于 print()格式化输出中
str.join(iterable)	返回新串,将 str 加到 iterable 的每个字符中间

示例代码:

```
>>> s = 'Python'
>>> s.lower()
'python'
>>> s.upper()
'PYTHON'
>>> a = '1234567'
>>> a.isnumeric()
True
>>> b = 'a,b,a,c'
>>> b.split(',')
['a', 'b', 'a', 'c']
>>>> b.count('a')
2
>>> b.replace('a','abc')
'abc,b,abc,d'
>>> 'Python'.center(20, '=')
'======= Python ======= '
>>>' P Y T H O N '.strip()
'P Y T H O N'
>>>'*'.join('Python'.)
'P*y*t*h*o*n'
```

【案例 3-9】 利用 center()函数输出如图 3-1 所示的菱形图形,宽度为 9,行数为 9。

分析:

(1) 先输出正三角形,为 5 行,可用循环实现。假定行数为 i,初始值为 0,则每一行的'*'的个数为 $2i+1$,让'*'居中打印。

(2) 再输出倒三角形,为 4 行。假定行数为 j,初始值为 4,则每一行的'*'个数为 $2j-1$,同样用 center()函数实现居中打印。

代码实现:

```
    *
   ***
  *****
 *******
*********
 *******
  *****
   ***
    *
```

图 3-1 菱形输出

```
for i in range(5):
    print(('*' * (2 * i + 1)).center(9))
for j in range(4,0,-1):
    print(('*' * (2 * j - 1)).center(9))
```

3.3.4　字符串的格式化方法

字符串可以通过 format()函数进行格式化处理。

例如,小明同学想用一个程序输出他每一天的运动量,如 2019-12-12：跑步 1 小时,行程 9.85 千米。下画线中的内容每天都会发生改变,可以用特定的函数运算得到结果,填充到指定的位置,最终形成格式化的字符串。

Python 提供了两种字符串格式化方法,一种是类 C 语言中 printf()函数的格式化方法,另一种是采用专门的 format()格式化方法。

1. 使用%符号进行格式化

使用%符号对字符串格式化的形式：

'%[对齐][正号][0][宽度][.精度]指定类型'% 变量

其基本思想是：第一个%号表示格式开始标志,单引号外面的%后面跟待格式化的变量。

[对齐]：-：表示左对齐,+：表示右对齐。

[正号]：+,对正数加上正号,仅对数值有效。

[0]：当指定宽度超出数值的宽度时,用 0 对多余位置进行填充,对数值有效,对字符无效。

[宽度]：指出当前字符串输出的宽度,如果对应字符串长度超过宽度值,则使用字符串数的实际长度。

[精度]：浮点数小数部分的精度或字符串的最大输出长度。即保留几位小数,字符串输出长度。

指定类型：如表 3-12 所示。

表 3-12　字符串格式化指定类型

类型	说　　明	类型	说　　明
%s	字符串(采用 str()的显示)	%x	十六进制整数
%r	字符串(采用 repr()的显示)	%e	指数(基底为 e)
%c	单个字符(Unicode 编码对应字符)	%E	指数(基底为 E)
%b	二进制整数	%f,%F	浮点数
%d	十进制整数	%g	指数(e)或浮点数(由长度决定)
%i	十进制整数	%G	指数(E)或浮点数(由长度决定)
%o	八进制整数	%%	百分数

采用这种方式进行字符串格式化时,要求被格式化的内容和格式字符之间必须一一对应。

```
a = 'Python'
b = 3 - 1415926
```

```
print('% + 20s 右对齐'% a)          #指定宽度 20,右对齐输出字符串
print('% - 20.4s 左对齐'% a)        #指定宽度 20,精度为 4,左对齐输出字符串
print('% + 020.2f'% b)              #加上正号,宽度 20,0 填充,输出精度为 2 的浮点数
print('65 的 Unicode 编码:% c' % 65)
```

运行结果:

```
        Python 右对齐
Pyth                     左对齐
+ 0000000000000003 - 14
65 的 Unicode 编码:A
```

2. 使用 format()函数进行格式化

format()函数的基本使用:

```
<模板字符串>.format(逗号分隔的参数)
```

模板字符串由一系列槽组成,用来控制修改字符串中嵌入值出现的位置,其基本思想是将 format()函数中逗号分隔的参数按照逗号关系替换到模板字符串的槽中。槽用花括号{}表示,如果花括号中没有序号,则按照出现的顺序替换。

参数的序号是从 0 开始编号,调用 format()函数后会得到一个新的字符串。上面的输出可以由以下语句实现:

```
'{}:跑步{}小时,行程{}千米'.format('2019 - 12 - 12', '1', '9.85')
'{0}:跑步{1}小时,行程{2}千米'.format('2019 - 12 - 12', '1', '9.85')
```

用变量来存储具体数值,上述代码可变成:

```
day = '2019 - 12 - 12'
hours = 1
dis = 9.85
print('{}:跑步{}小时,行程{}千米'.format(day, hours, dis))
print('{0}:跑步{1}小时,行程{2}千米'.format(day, hours, dis))
```

format()函数中的槽除了包括参数序号,还可以包含格式控制的信息,具体格式信息如下。

```
{<序号>:<格式控制标记>}
```

格式控制标记如表 3-13 所示。

表 3-13 格式控制标记

:	<填充>	<对齐>	<宽度>	<,>	.<精度>	<类型>
序号	用于填充的单个字符个数	<左对齐 >右对齐 ^居中对齐	槽的设定输出宽度	数字的千位分隔符,适用于整数和浮点数	浮点数小数部分的精度或字符串的最大输出长度	整数类型:b,c,d,o,x,X 浮点型:e,E,f,%

<填充>、<对齐>、<宽度>是三个相关字段。

<宽度>指出当前槽输出字符的宽度，如果槽中对应参数长度超过<宽度>值，则使用参数的实际长度。

如果参数长度小于<宽度>值，则用<填充>中的字符进行填充，<填充>参数省略，则默认用空格字符填充。

<对齐>是指参数在指定<宽度>中输出时的对齐方式，分别用<、>、^对应左对齐、右对齐、居中对齐。

例如：

```
>>> print('=号填充左对齐输出{:=<30}'.format('Python'))
=号填充左对齐输出 Python========================

>>> print('空格填充右对齐输出:{:>30}'.format('Python'))
空格填充右对齐输出:                        Python

>>> print('等号填充居中对齐输出:{:=^30}'.format('Python'))
等号填充居中对齐输出:============ Python ============

>>> print('长度不够,等号填充右对齐输出:{:>5}'.format('Python'))
长度不够,等号填充右对齐输出:Python
```

千分位分隔符","用于显示数字类型的千分位分隔符。例如：

```
>>> print('{:-^20,}'.format(123456789))
----123,456,789-----
```

整数类型的后缀包括 b、c、d、o、x、X，这些后缀的含义分别如下。

b：输出整数的二进制值。

c：输出整数的 Unicode 编码。

d：输出整数的十进制值。

o：输出整数的八进制值。

x：输出整数的小写十六进制值。

X：输出整数的大写十六进制值。

例如：

```
>>> print('十进制{0:d},\n二进制是:{0:b},\n Unicode 编码是{0:c}\n 八进制是{0:o},\n 小写十
六进制是{0:x},\n 大写十六进制是{0:X}'.format(65))
```

运行结果：

```
十进制 65,
二进制是:1000001,
Unicode 编码是 A
八进制是 101,
小写十六进制是 41,
大写十六进制是 41
```

浮点型的后缀包括 e、E、f、％,这些后缀的含义分别如下。

e:输出浮点数对应的小写字母 e 的指数形式。

E:输出浮点数对应的大写字母 E 的指数形式。

f:输出浮点数的标准浮点形式。

％:输出浮点数的百分形式。

浮点数输出时尽量使用<精度>表示小数部分的宽度,即保留几位小数。这样有助于更好地控制输出格式。

例如:

```
>>> print('e 指数形式:{0:.2e},\nE 指数形式:{0:.2E},\n 浮点数:{0:.2f},\n 百分制:{0:.2％}'.
format(0.034)
```

运行结果:

```
e 指数形式:3－40e－02,
E 指数形式:3－40E－02,
浮点数:0.03,
百分制:3－40％
```

【案例 3-10】 小明的记账单。

小明学会了用 Python 做各种计算编程,决定对自己的购物做个记账单。记账单功能如下。

(1) 记录每天的消费内容,包括日期、物品名、数量、单价。

(2) 统计总的数量、总金额,以及每天的平均消费金额。

(3) 记账格式整齐、美观。

(4) 打印记账单。

```
n1,n2,n3 = 7,9,10
price1,price2,price3 = 12,7.28,11.5
good1,good2,good3 = '奶茶','苹果','零食'
date = '2020 年 5 月'
total_num = n1 + n2 + n3
total_amount = n1 * price1 + n2 * price2 + n3 * price3
print('－－'*9+'小明的周账单'+'－－'*9)
print('购物日期\t 名称\t 数量\t 单价\t 总价')
print(date + '1 日\t' + good1 + '\t' + str(n1) + '\t' + str(price1) + '\t' + str(n1 * price1))
print(date + '2 日\t' + good2 + '\t' + str(n2) + '\t' + str(price2) + '\t' + str(n2 * price2))
print(date + '3 日\t' + good3 + '\t' + str(n3) + '\t' + str(price3) + '\t' + str(n3 * price3))
print('－－－－'*12)
print('总数量\t%d'% total_num)
print('总金额\t¥ %.2f 元'% total_amount)
print('日均消费\t¥ %.2f 元'% (total_amount/30))
```

运行结果:

```
------------------------ 小明的周账单 ------------------------
购物日期          名称    数量    单价      总价
2020年5月1日      奶茶     7      12        84
2020年5月2日      苹果     9      7.28      65.52
2020年5月3日      零食    10      11.5      115.0
----------------------------------------------------------------
                            总金额 ¥264.52 元
总数量   26
日均消费  ¥8.82 元
```

在前面的代码中出现了新的符号\n、\t,使用之后发现\n的输出结果换行了。这是一种特殊的格式化控制字符,用来控制输出效果,以反斜杠(\)开头。常用转义字符如表3-14所示。

表3-14 转义字符

转 义 字 符	转义字符含义	ASCII 码
\n	换行,光标移动到下一行首位	10
\a	蜂鸣,响铃	7
\b	回退,向后退一格	8
\f	换页	12
\r	回车,光标移到本行首字符位	13
\t	水平制表符	9
\v	垂直制表符	11
\0	NULL,什么都不做	0
\\	反斜杠字符(\)	92
\'	单引号字符(')	39
\"	单引号字符(")	34

【案例3-11】 文本进度条。

进度条是计算机处理任务或执行软件中常用的增强用户体验的重要手段,能实时显示任务或软件的执行进度。print()函数结合字符串的格式化可以实现非刷新文本进度条和单行刷新文本进度条。

先按任务执行百分比将整个任务分成100个单位,每执行n％就输出一次进度条,每一次输出包含进度百分比,完成的部分用(＊＊)表示,未完成的部分用(--)表示。中间用一个小箭头(->)分隔。例如:

10％[＊＊＊＊＊ ->......... ....]

由于程序执行速度非常快,远超人眼的视觉感知,直接输出,看不出来效果,因而每一次输出时让计算机等待ts,增强显示效果。而等待需要使用时间库time中的sleep()方法。

非刷新文本进度程序代码如下。

```python
import time
scale = 10
for i in range(scale + 1):
    a = '**' * i
    b = '··' * (scale - i)
    c = (i / scale) * 100
    print('{:<-3.0f}％[{}->{}]'.format(c, a, b))
    time.sleep(0.1)
```

　　输出结果：逐行实现 0%～100%的变化、如图 3-2 所示。

```
  0 %[->••••••••••••••••••••]
 10 %[**->••••••••••••••••••]
 20 %[****->••••••••••••••••]
 30 %[******->••••••••••••••]
 40 %[********->••••••••••••]
 50 %[**********->••••••••••]
 60 %[************->••••••••]
 70 %[**************->••••••]
 80 %[****************->••••]
 90 %[******************->••]
100%[********************->]
```

　　单行刷新文本进度：想要实现在单行中动态刷新，需要将所有的输出都固定在同一行，不断用后面新生成的字符串覆盖之前的输出，形成动态效果。可以利用特殊的格式化控制字符(\r)来实现，它的功能是光标移到本行首字符位。再将输出控制不换行，即在 print()函数中设置 end 属性，这样可以将所有的输出固定在一行。

图 3-2　逐行输出

```
import time
scale = 10
for i in range(scale + 1):
  a = '**' * i
  b = '..' * (scale - i)
  c = (i / scale) * 100
  print('\r{:<3.0f}%[{}->{}]'.format(c,a,b),end = '')
  time.sleep(0.1)
```

　　输出效果：单行动态实现 0%～100%的变化。

```
100 % [ ******************** ->]
```

3.4　实践应用

【案例 3-12】　成绩单管理。

　　小明学会了 Python 的各种数据类型，现在老师分配给他一项任务，需要使用 Python 对班级的成绩进行统计管理，成绩如下。

学号	姓名	高等数学	大学英语	程序设计
2020001	张华	85	96	92
2020002	赵云	92	90	96
2020003	李全	86	79	90

要求完成以下操作。

（1）记录每一门课的平均分（保留两位小数）。

（2）记录每个人的总分、平均分（保留两位小数）。

（3）记录格式整齐、美观。

实现代码如下。

```
name1,name2,name3 = '张华','赵云','李全'
math1,math2,math3 = 85,92,86
english1,english2,english3 = 96,90,79
program1,program2,program3 = 92,96,90
avg_math = (math1 + math2 + math3)/3
```

```
avg_eng = (english1 + english2 + english3)/3
avg_pro = (program1 + program2 + program3)/3
total1 = math1 + english1 + program1
total2 = math2 + english2 + program2
total3 = math3 + english3 + program3
total = total1 + total2 + total3
avg1 = total1/3
avg2 = total2/3
avg3 = total3/3
avg = total / 3
print('-- ' * 15 + '成绩单管理' + ' -- ' * 15)
print('姓名\t高等数学\t大学英语\t程序设计\t总分\t平均分')
print('{:<4}\t{:^8}\t{:^8}\t{:^8}\t{:^4}\t{:^6.2f}'.format(name1,math1,english1,
program1,total1,avg1))
print('{:<4}\t{:^8}\t{:^8}\t{:^8}\t{:^4}\t{:^6.2f}'.format(name2,math2,english2,
program2,total2,avg2))
print('{:<4}\t{:^8}\t{:^8}\t{:^8}\t{:^4}\t{:^6.2f}'.format(name3,math3,english3,
program3,total3,avg3))
print('-- ' * 35)
print('{:<4}\t{:^8.2f}\t{:^8.2f}\t{:^8.2f}\t{:^4.2f}\t{:^6.2f}'.format('平均分',avg_
math,avg_eng,avg_pro,total/3,avg/3))
```

运行结果：

```
----------------------------------- 成绩单管理 -----------------------------------
姓名        高等数学      大学英语      程序设计      总分      平均分
张华        85          96          92          273       91.00
赵云        92          90          96          278       92.67
李全        86          79          90          255       85.00
-----------------------------------------------------------------------
平均分       87.67       88.33       92.67       268.67    89.56
```

习题

1. 给定一个以 s 为单位的时间 t，要求用"$<H>:<M>:<S>$"的格式来表示这个时间。$<H>$ 表示时间，$<M>$ 表示分钟，而 $<S>$ 表示秒，它们都是整数且没有前导的"0"。例如，若 $t=0$，则应输出"0:0:0"；若 $t=3661$，则应输出"1:1:1"。请用常用数值函数，如 mod()、divmod() 等编写代码实现。

2. 学校评优的基本条件是语文、数学、英语三门课的成绩均要超过 94 分，或者三门课程的总分超过 285。请编写程序，根据输入的三门课程的成绩，判断该学生是否有资格参与评选。

3. 对天天向上案例进行改写。尽管每天坚持，但人的能力发展不是无限的，而是符合特定模型。假设能力增长符合如下模型：以 7 天为一周期，连续学习 3 天能力值不变，从第 4 天开始到第 7 天每天能力增长为前一天的 1%。如果 7 天中有 1 天间断学习，则周期从头计算。请编写程序求出，如果初始能力为 1，连续学习 365 天后的能力值是多少。

4. 设计程序对凯撒密码进行解密。凯撒密码是古罗马凯撒大帝用来对军事情报进行加密的算法,它采用替换方法将每一个英文字符循环替换为字母表序中该字符后面第三个字符,对应关系如下。

原文:a b c d e f g h i j k l m n o p q r s t u v w x y z

密文:d e f g h i j k l m n o p q r s t u v w x y z a b c

假设原文字符为 P,对应密文为 S,则两者的关系为

$$S = (P + 3) \% 26$$

$$P = (S - 3) \% 26$$

5. 仿照案例3-10,编写程序模拟超市、酒店等 POS 机打印出来的小票据,完成一次超市购物清单的记录。购物清单如表3-15所示。

表 3-15 购物清单

购 物 日 期	名　　　称	数　　量	单　　价	总　　价
2020 年 6 月 1 日	花生	5	16.8	84
2020 年 6 月 1 日	橙子	7	6.28	43.96
2020 年 6 月 1 日	面包	6	15	90

第**4**章

组合数据类型

知识导图

本章知识导图如图 4-0 所示。

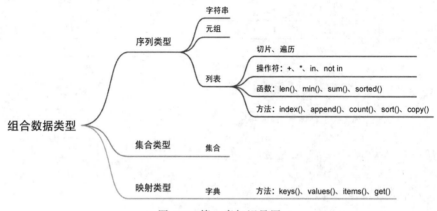

图 4-0　第 4 章知识导图

问题导向

- 当程序中使用的多个数据是一个整体时如何处理?
- 有序、无序的数据集合数据如何区别保存?
- 不同维度的数据如何组合成数据集?

重点与难点

- 组合数据类型的分类。
- 序列类型的特点及相应操作。
- 映射类型的特点及相应操作。

观看视频

4.1　组合数据类型概述

　　计算机中不仅对单个变量表示的数据进行处理,更多的情况是对一组数据进行批量处理。例如,对一个班级的学生信息进行处理,统计成绩;对一组单词进行管理,如{[python,蟒蛇],[data,数据],[function,函数],[list,列表]},输出相应的中英文,统计单词长度。

以学生信息为例,如果要统计学生信息时,为每个学生都建立一个变量来表示,则会需要非常多的变量名,如用 s01,s02,…,sn 等变量名来存储第一个、第二个、……、第 n 个学生的信息,如果一个学院的学生数量为 500,这种表示方式将是一场灾难。如果把这些学生信息看成一个数据整体,只用一个变量对应这个整体,涉及每一个学生时采用下标的形式,如 s 表示学生整体,s[0],s[1],…,s[n]分别表示第一个、第二个、……、第 n 个学生的信息,则对于信息的访问就会变得简单易管理,并且能与循环操作结合。

在前面的章节中介绍了 Python 中有三种数字类型:整数、浮点数、复数,一种字符串类型。这些类型仅能表示一个数据,这种表示单一数据的类型称为基本数据类型。然而实际计算中存在大量同时处理多个数据的情况,这就需要将多个数据组织起来,通过单一的表示使数据操作更有序、更容易。这种被组合成一个整体的数据集合称为组合数据类型。

组合数据类型能够将多个同类型或不同类型的数据组织起来,根据数据之间的关系可分为三类:序列类型、集合类型、映射类型。

序列类型是一个元素向量,元素之间存在先后关系,通过序号访问,元素之间不排他,即可出现相同值的元素。例如,前面介绍过的字符串其实就是一个序列类型。序列类型就像一个编号的“数据收纳盒”,能以一种规则的下标索引方式(收纳盒名字＋数字序号)访问到每个数据。

集合类型是一个元素的集合,元素之间无序,集合中每个元素值都具有唯一性。集合类型就像一个带有标签的容器。

映射类型是“键-值”数据项的集合,每个元素都是一个键值对,表示为(key,value),其中,key 具有唯一性。映射类型就像一个“标签收纳盒”,给每个数据贴上唯一的标签,可以通过具有特定意义的名字或记号来获得数据。如现实生活中的字典,可以通过标签(即关键字)来索引数据,如图 4-1 所示。

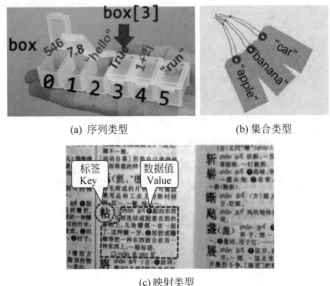

(a) 序列类型　　　　　　　(b) 集合类型

(c) 映射类型

图 4-1　组合数据类型

在 Python 中,每一类组合数据类型都对应一个或多个具体的数据类型,其分类构成如

图 4-2 所示。

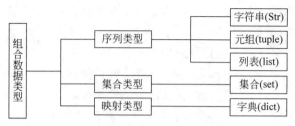

图 4-2　组合数据类型的分类

观看视频

4.2　序列类型

序列类型是一维元素向量,元素之间存在先后关系,通过序号访问。序列的基本思想与表示方法均来源于数学概念。在数学中,会给每个序列起一个名字,用下标来表示对应的元素,如 $S = s_0, s_1, s_2, \cdots, s_n^{-1}$。

Python 中很多数据类型都是序列类型,其中比较重要的是字符串(str)、元组(tuple)、列表(list)。字符串可以看成是一个单字符的有序组合,属于序列类型,同时也是一种基本数据类型。元组是包含 0 个或多个数据项的不可变序列类型,即元组一旦生成,任何数据项都不可替换或删除。列表是一个可以修改数据项的序列类型,使用非常灵活。

只要是序列类型,都可以使用相同的索引体系,Python 中的序列支持双向索引,即正向递增序号和反向递减序号,如图 4-3 所示。

图 4-3　序列类型的索引体系

正向递增索引从左到右依次递增,第 1 个元素的索引号为 0,第 2 个元素的索引号为 1,以此类推。反向递减索引从右到左依次递减,最后一个元素的索引号为 -1,倒数第二个为 -2,以此类推。

序列类型有 12 个通用的操作符和函数,如表 4-1 所示。

表 4-1　序列类型的通用操作符与函数

操　作　符	描　　述
x in s	如果 x 是 s 的元素,则返回 True,否则返回 False
x not in s	如果 x 不是 s 的元素,则返回 True,否则返回 False
$s+t$	拼接序列 s 和 t
$s*n$ 或 $n*s$	将序列 s 复制 n 次
$s[i]$	返回索引号为 i 的元素
$s[i:j]$	切片,返回序列中从第 i 到第 j 个元素之间的子序列(不含第 j 个)
$s[i:j:k]$	步骤切片,返回 s 中第 i 个到第 j 个元素以 k 为步长的子序列

操　作　符	描　　　述
len(s)	序列 s 中元素的个数(长度)
min(s)	返回序列 s 中的最小值
max(s)	返回序列 s 中的最大值
s.index(x[,i[,j]])	序列 s 中从 i 位置开始到 j 位置间第一次出现 x 的位置
s.count(x)	序列 s 中 x 出现的总次数

例如：

```
>>> s = 'python'
>>> 'y' in s
True
>>> s[1:5:2]
'yh'
>>> t = 'hello'
>>> t + s
'hello python'
>>> min(s)
'h'
>>> s.index('y')
1
>>> t.count('l')
2
```

4.2.1　元组类型

元组一旦创建就不能被修改。一般用于表达固定数据项、函数返回值、多变量同时赋值、循环遍历等情况。

Python 构建元组的方式非常简单，可以用 tuple() 函数构造，tuple() 函数中的参数是一个可迭代的数据，若没有传入参数，则创建空元组。

也可以直接用圆括号包含多个使用逗号隔开的元素来创建元组。非空元组的括号可以省略。

利用 tuple() 函数创建非空元组：

```
>>> tuple([1,2,3])
1,2,3
>>> tuple('Python')
('P', 'y', 't', 'h', 'o', 'n')
```

用圆括号创建元组：

```
>>> st = '学号', '姓名', '专业'
>>> st
('学号', '姓名', '专业')
>>> course = ('高等数学','英语','Python 程序设计')
>>> info = ('学号','姓名','专业',course)
('学号', '姓名', '专业', ('高等数学', '英语', 'Python 程序设计'))
>>> info[2]
```

```
'专业'
>>> info[ -1][2
'Python 程序设计'
```

常见应用场合：

```
>>> def get_square(x):
...   return x,x * x            # 函数返回多个值
>>> x, y = get_square(2)        # 多个变量同时赋值
>>> x,y
(2, 4)
>>> for x, y in ((1,1),(2,4),(3,9)):
...   print(x, y)
1  1
2  4
3  9
```

4.2.2 列表类型

列表(list)是包含 0 个或多个对象引用的有序序列，与元组不同，列表的长度和内容都是可变的，可自由对列表中的数据项进行增加、删除或替换。列表没有长度限制，元素的类型可以各不相同，使用非常灵活。

1. 创建列表

可以通过 list()函数将已有的元组和字符串转换为列表，也可以直接用方括号创建。

```
>>> list('Python')
['P', 'y', 't', 'h', 'o', 'n']
>>> tp = (10,20,30)
>>> list(tp)
[10, 20, 30]

ls = [12,'abc',['red','green','blue']]
ls[2][2]
'blue'
```

与整数与字符串不同，列表要处理一组数据，因此，列表必须通过显式的数据赋值才能生成，简单将一个列表赋值给另一个列表不会生成新的列表对象，而是两个变量指向同一个列表。只有通过 list()或[ ]创建才会生成新列表。

```
>>> ls = [12,'abc',['red','green','blue']]
>>> lt = ls
>>> ls[1] = 'python'
>>> lt
[12, 'python', ['red', 'green', 'blue']]
```

如果非要将一个列表的值赋给另一个变量，可通过复制的方式实现。

```
>>> ls = [12,'abc',['red','green','blue']]
>>> lt = ls.copy()
```

```
>>> ls[1] = 'python'
>>> lt
[12, 'abc', ['red', 'green', 'blue']]
```

2. 列表操作

列表除了拥有序列类型的表 4-1 中的 12 种操作符和函数之外,还包含一些自身特有的操作,具体见表 4-2。

表 4-2 列表常用的函数和方法

函数或方法	描　　述
$ls[i]=x$	替换列表 ls 第 i 个元素为 x
$ls[i:j]=lt$	用列表 lt 替换列表 ls 中从第 i 个到第 j 个元素(不含 j,下同)
$ls[i:j:k]=lt$	用列表 lt 替换列表 ls 中从第 i 个到第 j 个以 k 为步长的元素
del $ls[i:j]$	删除列表 ls 第 i 个到第 j 个元素,等价于 $ls[i:j]=[]$
del $ls[i:j:k]$	删除列表 ls 第 i 个到第 j 个以 k 为步长的元素
ls += lt 或 ls.extend(lt)	将列表 lt 元素增加到列表 ls 中
ls *= n	更新列表 ls,其元素重复 n 次
ls.append(x)	在列表 ls 最后增加一个元素 x
ls.clear()	删除 ls 中的所有元素
ls.copy()	生成一个新列表,复制 ls 中的所有元素
ls.insert(i,x)	在列表 ls 的第 i 个位置增加元素 x
ls.pop(i)	将列表 ls 的第 i 个元素取出并删除该元素
ls.remove(x)	将列表中出现的第一个元素 x 删除
ls.reverse(x)	将列表 ls 中的元素 x 反转
ls.sort()	对列表 ls 进行排序,若 reverse=True,则降序排序

以上操作主要处理列表的增加、删除、修改等功能。

列表中元素访问与操作:

```
>>> ls = ["cat", "dog", "tiger", 1024]
>>> ls[1:2] = [1, 2, 3, 4]
['cat', 1, 2, 3, 4, 'tiger', 1024]
>>> del ls[::3]
[1, 2, 4, 'tiger']
>>> ls * 2
[1, 2, 4, 'tiger', 1, 2, 4, 'tiger']
>>> ls += ['A','B','C']
[1, 2, 4, 'tiger', 'A', 'B', 'C']
```

使用列表常用方法对元素操作:

```
>>> ls = [1,2,3,4,5,6,7]
>>> ls.append(10)
[1, 2, 3, 4, 5, 6, 7, 10]
>>> ls.insert(3, 20)
[1, 2, 3, 20, 4, 5, 6, 7, 10]
>>> ls.reverse()
[[10, 7, 6, 5, 4, 20, 3, 2, 1]
```

```
>>> ls.sort()
[1, 2, 3, 4, 5, 6, 7, 10, 20]
>>> ls.sort(reverse = True)
[20, 10, 7, 6, 5, 4, 3, 2, 1]
>>> sum(ls)
58
```

【案例 4-1】　生成随机验证码。

当前,很多网络应用都引入了验证码技术,以防止用户利用机器人自动注册、灌水、刷票、恶意破解密码等。验证码一般是包含一串随机产生的数字或符号,以及一些干扰元素如多条直线、若干原点、背景图片等。请利用随机函数和列表知识设计生成随机验证码,要求验证码有 6 个字符,字符只能是大写字母、小写字母及数字。

案例分析:

6 位验证码功能需要随机生成 6 个字符,将 6 个字符存储到列表中,再通过遍历进行输出。实现思路如下。

第一步,导入随机函数库,创建空列表。

第二步,生成 6 个随机字符,逐个添加到列表中。随机字符只能是大写字母、小写字母及数字这三类。为确定在这个三类数据中产生,可用一个 1～3 的随机整数来表示对应的状态,根据相应的值来决定产生大写、小写或数字,如 1 表示大写,2 表示小写,3 表示数字。

字母可以根据 ASCII 码中相应的数值范围(大写字母为 65～90,小写字母为 97～122),用随机整数 randint()来产生,再结合 chr()函数将数值转换为字符。数字可用 randint()直接在 0～9 的范围内随机产生。

第三步,按序拼接列表中的各字符,输出结果。

具体代码如下。

```
#生成随机验证码
import random
code = [ ]
for i in range(6):
  state = random.randint(1,3)
  if state == 1:
    char = chr(random.randint(65,90))
  elif state == 2:
    char = chr(random.randint(97,122))
  elif state == 3:
    char = str(random.randint(0,9))
  code.append(char)
print('生成的验证码是:', ''.join(code))
```

某次运行结果(每一次的运行结果都不一样):

```
生成的验证码是: 7xdAZw
```

3. 列表元素遍历

对列表进行遍历使用 for…in 结构,可对列表中元素按序访问。基本语法格式如下。

按索引号遍历：

for <变量名> in　range(<列表长度>)：
　<语句块>

按元素遍历：

for <变量名> in　<列表变量>：
　<语句块>

如果对元素访问不需要删除操作，可直接遍历列表；如果对元素访问时涉及删除或是元素位置变化的操作，则先对原列表进行复制，在复制的列表中遍历，在原列表中操作，这样可以保证每个元素都能被遍历到进行操作。下面通过几个案例来实践。

【案例 4-2】　春节集五福。

最近几年流行春节集五福活动，请编写程序模仿集五福的过程。按 Enter 键集福，按 0 键退出集福。每集一个福，显示当前所有福的数量。

案例分析：

可以创建两个列表来分别存储福和对应的数量，通过随机数获得对应福的序号，则将其对应的数量加 1，按序号对列表中的每个元素进行访问，可实现输出。

```
#春节集五福
import random
fu = ['爱国福', '富强福', '和谐福', '友善福', '敬业福']
have = [0,0,0,0,0]
print('～～～～～～开始集福啦～～～～～～')
while True:
  s = input('按 Enter 键得五福')
  if s == '0':break
  r = random.randint(0,4)
  s = fu[r]
  have[r] += 1
  for i in range(5):
    print('{}:{}'.format(fu[i],have[i]),end = ', ')
  print()
```

运行结果：

```
～～～～～～开始集福啦～～～～～～
按 Enter 键得五福
爱国福:0, 富强福:0, 和谐福:0, 友善福:0, 敬业福:1,
按 Enter 键得五福
爱国福:0, 富强福:0, 和谐福:0, 友善福:1, 敬业福:1,
按 Enter 键得五福
爱国福:0, 富强福:0, 和谐福:0, 友善福:1, 敬业福:2,
按 Enter 键得五福
爱国福:0, 富强福:1, 和谐福:0, 友善福:1, 敬业福:2,
按 Enter 键得五福
爱国福:0, 富强福:1, 和谐福:1, 友善福:1, 敬业福:2,
按 Enter 键得五福 0
```

对列表进行复制操作可使用 ls.copy()。

【案例 4-3】　删除 3 的倍数。

指定列表[23,45,78,87,11,67,89,13,243,56,67,311,431,111,141]，请将其中所有 3

的倍数的元素删除，并输出剩余的元素以及删除的个数。

案例分析：

在这个案例中需要对列表中每个元素访问，并判断该元素是否能被 3 整除，如果能被 3 整除，则删除元素。一旦涉及元素的删除，会导致列表的元素索引号发生改变，为保证每个元素都能被遍历到，故需要先复制列表，在复制的列表中遍历，在原列表中删除。

```python
ls = [23,45,78,87,11,67,89,13,243,56,67,311,431,111,141]
lt = ls.copy()
count = 0
print('删除后的列表元素为:',end = '')
for i in lt:
  if i % 3 == 0:
    ls.remove(i)
    count += 1
  else:
    print(i,end = '')
print('\n一共删除了{}个元素'.format(count))运行结果
```

运行结果：

```
删除后的列表元素为: 23 11 67 89 13 56 67 311 431
一共删除了 6 个元素
```

4.2.3　列表实践应用

【案例 4-4】　电影自助购票机。

小明接到一项任务，要求设计一个程序，实现自助购买电影票。要求能够选择电影、观影时间和座位。

案例设计目的：

- 掌握列表的基本操作：列表创建、列表复制。
- 掌握对列表元素的常用操作：元素遍历、元素修改、元素删除。
- 掌握格式化输出的灵活应用。
- 理解程序控制的基本理念，了解程序设计思想。

案例分析：

此处应用列表来实现三种信息的统一管理，分别用三个列表来存储电影名称、放映时间和座位编号，通过列表元素的索引号，关联各列表的信息。

电影名称列表的创建：简单的一维列表，存储电影的名称。

放映时间列表的创建：二维列表，存储每部电影的两个放映时间。

座位编号列表的创建：二维列表，以循环方式生成每个场次的座位序号。

用循环遍历元素的方式来实现购票过程。

显示所有电影：按索引号遍历电影名称列表，给每个电影编号后进行格式化输出。

选择影片：根据输入的编号找到对应的电影及放映时间。原理是三个列表等长，序号相同，则指向同一部电影的相关信息。将找到的电影放映时间列表进行格式化输出，同样给每个放映时间给出编号，让用户输入编号进行选择。

选择放映时间：根据用户的输入找到对应的放映时间，以及相应的座位列表。遍历座位列表，格式化输出所有的座位信息。

座位输出控制：按照一排 10 个位置方式，将所有的编号转为 n 排 m 座的格式输出。

选择座位号：用户按照 $n-m$ 的格式输入座位号，表示第 n 排 m 座。将第 n 排 m 座通过计算转为座位编号。将用户选择的编号从原列表中删除，并在输出时用"------"替换，表示当前座位已被选购。

```python
# 自助购票机
movie = ['<长安三万里>', '<消失的她>', '<流浪地球 2>', '<满江红>']
time = [['10:00','14:00'],['9:30','15:00'],['13:00','18:00']]
seat = [[i for i in range(0,20)] for j in range(len(movie))]
print('当前上映电影有:')
for i in range(len(movie)):
    print('{}:{}'.format(i + 1,movie[i]))
# print('{}'.format('\n'.join(movie)))
select = int(input('请选择您要观看的电影:'))
print('电影{}的放映时间为:'.format(movie[select - 1]))
for i in range(len(time[select - 1])):
    print('{}:{}'.format(i + 1,time[select - 1][i]))
tm = int(input('请选择观影时间:'))
num = int(input('请输入购票数量:'))
seat_copy = seat[select].copy()
for i in range(num):
    print('可选座位有:')
    for st in seat_copy:
        if isinstance(st, int):
            row,col = divmod(st,10)
            print('{}排{}座'.format(row + 1,col + 1),end = ', ')
            if col + 1 == 10:print()
        else:
            print('----- ',end = ', ')
    n,m = input('\n请输入 n - m 的格式选座:').split('-')
    n,m = int(n), int(m)
    seat[select].remove((n - 1) * 10 + (m - 1))
    seat_copy[(n - 1) * 10 + (m - 1)] = '----- '
```

运行结果如图 4-4 所示。

当前上映电影有:
1:<长安三万里>
2:<消失的她>
3:<流浪地球2>
4:<满江红>
请选择您要观看的电影: 1
电影<长安三万里>的放映时间为:
1:10:00
2:14:00
请选择观影时间:1
请输入购票数量: 3
可选座位有:
1排1座, 1排2座, 1排3座, 1排4座, 1排5座, 1排6座, 1排7座, 1排8座, 1排9座, 1排10座,
2排1座, 2排2座, 2排3座, 2排4座, 2排5座, 2排6座, 2排7座, 2排8座, 2排9座, 2排10座,
请输入n-m的格式选座: 2-5
可选座位有:
1排1座, 1排2座, 1排3座, 1排4座, 1排5座, 1排6座, 1排7座, 1排8座, 1排9座, 1排10座,
2排1座, 2排2座, 2排3座, 2排4座, -----, 2排6座, 2排7座, 2排8座, 2排9座, 2排10座,
请输入n-m的格式选座: 2-6
可选座位有:
1排1座, 1排2座, 1排3座, 1排4座, 1排5座, 1排6座, 1排7座, 1排8座, 1排9座, 1排10座,
2排1座, 2排2座, 2排3座, 2排4座, -----, -----, 2排7座, 2排8座, 2排9座, 2排10座,
请输入n-m的格式选座: 2-7

图 4-4 运行结果

4.3 集合类型

集合类型与数学中的集合概念一致，即包含 0 个或多个数据项的无序组合。集合中的元素不可重复，元素类型只能是固定数据类型，不能是可变数据类型。例如，整数、浮点数、字符串、元组等可以作为集合的数据项，而列表、字典和集合类型不能作为集合的元素出现。

集合是无序的组合，没有索引和位置的概念，不能分片，集合中的元素可以动态增加或删除。集合用大括号{}表示，各元素之间用逗号隔开，可以用赋值语句生成一个大集合。也可以用 set()函数进行集合的创建，输入的参数可以是任何组合数据类型，返回结果是一个无重复且排序任意的集合。

```
>>> s1 = {100,'python',20.6}          #用{}赋值方式创建集合
>>> s1
{100, 20.6, 'python'}
>>> s2 = set('python')                 #用函数 set()创建集合,参数为字符串
>>> s2
{'h', 'n', 'o', 'p', 't', 'y'}
>>> s3 = set(('python',123))           #用函数 set()创建集合,参数为元组
>>> s3
{123, 'python'}
```

由于集合元素都是唯一的，可以使用集合类型过滤重复元素。

注意：空集合只能由 set()函数创建。空{}创建的默认为字典类型。

集合类型的操作符有 10 个，见表 4-3。

表 4-3 集合类型的操作符

操 作 符	描 述
$S-T$ 或 $S.\text{difference}(T)$	返回一个新集合,包含在集合 S 中但不在 T 中的元素
$S-=T$ 或 $S.\text{difference\_update}(T)$	更新集合 S,包含在集合 S 中但不在 T 中的元素
$S\&T$ 或 $S.\text{intersection}(T)$	返回一个新集合,同时包含在集合 S 和 T 中的元素
$S\&=T$ 或 $S.\text{intersection\_update}(T)$	更新集合 S,同时包含在集合 S 和 T 中的元素
$S\text{^}T$ 或 $S.\text{symmetric\_difference}(T)$	返回一个新集合,包含在集合 S 和 T 中的元素但非共同包含在其中的元素
$S\text{^}=T$ 或 $S.\text{symmetric\_difference-update}(T)$	更新集合 S,包含在集合 S 和 T 中的元素但非共同包含在其中的元素
$S\|T$ 或 $S.\text{union}(T)$	返回一个新集合,包含集合 S 和 T 中的所有元素
$S\|=T$ 或 $S.\text{update}(T)$	新集合 S,包含集合 S 和 T 中的所有元素
$S<=T$ 或 $S.\text{issubset}(T)$	如果集合 S 与 T 相同或 S 是 T 的子集,则返回 True,否则返回 False。用 $S<T$ 判断 S 是 T 的真子集
$S>=T$ 或 $S.\text{issuperset}(T)$	如果集合 S 与 T 相同或 S 是 T 的超集,则返回 True,否则返回 False。用 $S>T$ 判断 S 是 T 的真超集

在数学中，两个集合的关系常见的操作是交集（&）、并集（|）、差集（—）、补集（^），如图 4-5 所示。表 4-3 中的操作逻辑与数学定义相同。

集合是可变的数据，集合中的元素可以被动态地增加或删除，集合常见的操作函数或方

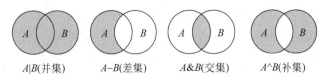

$A|B$(并集)　　$A-B$(差集)　　$A\&B$(交集)　　$A\verb|^|B$(补集)

图 4-5　集合类型的 4 种操作

法如表 4-4 所示。

表 4-4　集合类型的操作函数或方法

操作函数	描述
$S.\mathrm{add}(x)$	如果元素 x 不在集合 S 中,则将 x 增加到 S
$S.\mathrm{clear}()$	移除 S 中的所有元素
$S.\mathrm{copy}()$	返回集合 S 的一个副本
$S.\mathrm{pop}()$	随机返回集合 S 中的一个元素,如果 S 为空,产生 KeyError 异常
$S.\mathrm{discard}(x)$	如果 x 在集合 S 中,则移除它;如果不在,不报错
$S.\mathrm{remove}(x)$	如果 x 在集合 S 中,则移除它;如果不在,会产生 KeyError 异常
$S.\mathrm{isdisjoint}(T)$	如果集合 S 与 T 没有相同元素,则返回 True
$\mathrm{len}(S)$	返回 S 的元素个数
x in S	如果 x 是 S 的元素,则返回 True,否则返回 False
x not in S	如果 x 不是 S 的元素,则返回 True,否则返回 False

```
>>> s1 = {100,'python',20.6}
>>> s1.add(123)                    ♯添加一个元素 123
>>> s1
{100, 123, 20.6, 'python'}
>>> s1.remove(123)                 ♯删除元素 123
{100, 20.6, 'python'}
>>> s1.pop()                       ♯随机删除一个元素
'python'
>>> s1.clear()                     ♯清空集合中的元素,空集合为 set()
>>> s1
set()
```

4.4　映射类型

观看视频

映射类型是"键-值"数据项的组合,每一个元素都是一个键值对,即元素是(key,value),元素之间是无序的。键值对(key,value)是一种二元关系,源于属性和值的映射关系。

键(key)表示一个属性,也可理解为一个类别或项目;值(value)是属性的内容,键值对刻画了一个属性和它的值。键值对将映射关系结构化,用于存储和表达。

在列表中,存储和检索数据可以通过整数的索引来实现,但是在很多应用中需要更灵活的信息查找方式。例如,在检索学生或员工信息时,经常是基于学号或身份证号码来进行查找,而不是基于信息存储的序号。在编程术语中,根据一个信息查找另一个信息的方式构成了"键值对",它表示索引用的键和对应的值构成的成对关系,即通过一个特定的键(学号或身份证号)来访问值(学生信息)。

在实际应用中有很多"键值对"的案例,如通讯录中的姓名和电话号码、用户信息中的用户名与密码、邮政编码与运输成本、国家名称与首都等。

这种通过任意键信息查找一组数据中值信息的过程称为映射。在 Python 中，映射类型主要以字典（dict）体现。

4.4.1　字典类型

1. 字典创建

字典是包含 0 个或多个键值对的无序集合，没有长度限制，可以根据键索引值的内容。键具有唯一性。

Python 中可以通过 dict()函数来创建空字典，也可以通过花括号{}来创建。格式如下。

```
{<键 1>:<值 1>, <键 2>:<值 2>, … , <键 n >:<值 n >}
```

例如：

```
>>> student = { }
>>> student = dict( )
>>> d = {"中国":"北京", "美国":"华盛顿", "法国":"巴黎"}
>>> d
{'中国': '北京', '美国': '华盛顿', '法国': '巴黎'}
```

注意：字典输出来的顺序可能与创建之初的顺序不一致。原因是字典是集合类型的延续，所以各元素没有顺序之分，如果想保持一个集合中的顺序，需要使用列表。

如果要访问元素的值，可以使用"字典变量[key]"的形式，例如：

```
>>> d["中国"]
'北京'
```

字典中的元素是可以动态修改的，添加元素和修改元素都是通过对"字典变量[key]"赋值的方式实现：字典变量[key]=值。例如，添加一个元素：

```
>>> d["英国"] = "伦敦"
>>> d
{'中国': '北京', '美国': '华盛顿', '法国': '巴黎', '英国': '伦敦'}
```

总体来说，字典是存储可变数量键值对的数据结构，键和值可以是任意数据类型，包括程序自定义的类型。Python 字典效率非常高，甚至可以存储几十万项内容。

2. 字典操作

字典在 Python 中采用面向对象的方式实现，因此使用对应的方法时，采用 $a.b()$ 的格式。Python 中字典常用的函数和方法见表 4-5。

表 4-5　字典类型的操作函数或方法

函数和方法	描　　述
d.keys()	返回字典 d 所有的键信息
d.values()	返回字典 d 所有的值信息

续表

函数和方法	描　述
d.items()	返回字典 d 所有的键值对
d.get(key,default)	键存在则返回相应的值,不存在则返回默认值 default
d.pop(key,default)	键存在则返回相应的值,同时删除键值对,否则返回默认值
d.popitem()	随机从字典 d 中取出一个键值对,以元组形式返回
d.clear()	删除字典 d 中所有的键值对
del d[key]	删除字典 d 中某一个键值对
key in d	如果 key 在字典 d 中存在,则返回 True,否则返回 False

如果希望 keys()、values()、items() 方法返回列表类型,可用 list() 函数进行转换。

```
>>> d = {"中国":"北京", "美国":"华盛顿",'英国':'伦敦', "法国":"巴黎"}
>>> d.keys()
dict_keys(['中国', '美国', '英国', '法国'])
>>> list(d.values())
['北京', '华盛顿', '伦敦', '巴黎']
>>> list(d.items())
[('中国', '北京'), ('美国', '华盛顿'), ('英国', '伦敦'), ('法国', '巴黎')]
>>> d.get('中国','Beijing')
'北京'
>>> d.get('日本','东京')
'东京'
>>> d.pop('法国','巴黎')
'巴黎'
>>> d
{'中国': '北京', '美国': '华盛顿', '英国': '伦敦'}
>>> d.popitem()
('英国', '伦敦')
>>> del d['美国']
>>> d
{'中国': '北京', '英国': '伦敦'}
```

3. 字典遍历

与其他组合类型一样,字典的遍历可以使用 for…in 语句,基本语法格式为

```
for <变量名> in <字典变量>:
    <语句块>
```

【案例 4-5】 游戏攻速计算。

在《王者荣耀》游戏中,攻速是非常重要的属性之一,攻速高的英雄可以快速输出伤害。游戏中的攻速＝装备攻速＋等级攻速＋铭文攻速。小明玩的鲁班七号现在等级为 14 级,鲁班七号自身攻速增长为每级 3%,铭文提供了 10% 的攻速加成,急速战靴提供了 25% 的攻速,闪电匕首提供了 35% 的攻速,破晓提供了 35% 的攻速,请问鲁班七号当前满攻速是多少?

案例分析:

可将每种加速名称与所加速度组成一对键值对,将攻速内容变成一个字典。对字典进行遍历,获取到每个键对应的值,将值进行累加即可得到英雄的满攻速。

```
speed = {'14级':3 * 13,'急速战靴':25,'闪电匕首':35,'破晓':35,'狩猎':10}
total = 0
for s in speed:
    total += speed[s]
print('英雄的满攻速为:{}'.format(total))
```

运行结果：

```
英雄的满攻速为:144
```

也可以使用 d.values()方法，直接获取所有键的值，再用 sum()函数求和。实现代码如下。

```
speed = {'14级':3 * 13,'急速战靴':25,'闪电匕首':35,'破晓':35,'狩猎':10}
total = sum(speed.values())
print('英雄的满攻速为:{}'.format(total))
```

4.4.2 字典应用实践

【案例4-6】 学生成绩管理。

大一学生张华、赵云、李全的成绩如下。

姓名	高等数学	大学英语	程序设计
张华	85	96	92
赵云	92	90	96
李全	86	79	90

小明接到一项任务，要求使用字典和列表对这些学生的成绩进行统计管理，具体要求如下。

（1）利用字典内嵌列表形式记录几位学生的成绩信息。

（2）添加一个学生的成绩信息：于明，90，87，95。

（3）输出记录内容。

（4）求出每个人的总分。

（5）求出每门课程的平均分。

案例分析：

需要用字典内嵌列表的方式存储信息，由于字典 key 具有唯一性，因而用学生的姓名作为 key，各科成绩作为 value，组成字典的键值对信息。

输出记录可使用元素遍历的方式，利用格式化输出。每个学生各科成绩是一个列表，可用列表遍历的形式，也可用列表索引的形式。本例代码采用了列表索引的方式。

计算每个学生的总分，可以在遍历字典时，将每个学生各科成绩的列表求和，输出在成绩后面。

计算各科平均分时，由于每个学生同科目的成绩分布在字典的不同元素中，可以先声明三个列表，分别用来存储三科成绩。当遍历字典时，将遍历到的学生成绩添加到对应列表中。最后对列表的数据求和，将求和数据除以字典长度，即学生数量，则可以得到各科的平均成绩。

```
student = {'张华':[85, 96, 92],  '赵云':[92, 90, 96],  '李全':[86, 79, 90]}
print('姓名     高等数学   大学英语   程序设计   总分')
student['于明'] = [90, 87, 95]                          #添加一个学生
n = len(student)
math = [ ]
english = [ ]
program = [ ]
for d in student:
    print('{:^5}  {:^8}  {:^8}  {:^8}  {:^4}'.format(d, student[d][0], \
student[d][1], student[d][2], sum(student[d])))
  math.append(student[d][0])
  english.append(student[d][1])
  program.append(student[d][2])
print('-- ' * 22)
print('平均分 \t{:>8.2f}  {:>8.2f}  {:>8.2f}'.format(sum(math)/n, \
sum(english)/n, sum(program)/n))
```

运行结果：

姓名	高等数学	大学英语	程序设计	总分
张华	85	96	92	273
赵云	92	90	96	278
李全	86	79	90	255
于明	90	87	95	272
-------	-------	-------	-------	-------
平均分	88.25	88.00	93.25	

4.5　组合数据类型应用

【案例 4-7】　电影购票系统——字典列表组合版。

小明接到一项任务，要求设计一个程序，实现自助购买电影票。要求能够选择电影、观影时间和座位。

案例设计目的：

- 熟悉组合数据类型的多样化表示。
- 掌握列表与字典的基本操作。
- 掌握格式化输出的灵活应用。
- 理解程序控制的基本理念，了解程序设计思想。

案例分析：

该应用使用一个字典来管理电影名称、放映时间和座位编号，键为电影的编号，值为一个多维列表，存储了电影名称、放映时间、座位编号等信息。其中，电影名称表为简单的一维列表，存储电影的名称。放映时间列表为字典类型，存储每个电影的两个放映时间及相应场次的座号。键为放映时间，值为对应场次的座位编号。

用不定循环来实现多次不同的操作。通过输入不同的编号进入相应操作流程。

用户输入 1 则可查询当前热映的影片信息。通过遍历电影字典，按行输出每部影片的

编号、名称、不同放映时间及对应余票。

　　用户输入 2 则可进行购票。先遍历电影字典，输出当前的热映电影编号及名称，用户通过输入相应编号选择要观看的影片。如果输入影片编号不存在，则给出提示，退出购票；如果存在，则进入下一步，展示出所选电影的放映时间及相应的余票信息。用户通过输入放映时间及购票数量，可进行选座。

　　系统先展示用户选定放映时间的所有座位号，已售出不能选的座位号以"------"形式输出。用户输入 $n-m$ 的格式进行 n 排 m 座的选座操作。如果该座位还未售出，则给出购票成功的提示，并将该座位号从当前场次的座位号列表中删除；否则会给出已售的提示。

　　实现代码：

```python
#自助购票机 -- 字典版
movie = {1:['长安三万里',{'10:00':[i for i in range(0,20)],'14:00':[i for i in range(0,
         20)]}],
         2:['满江红',{'9:30':[i for i in range(0,20)],'15:00':[i for i in range(0,20)]}],
         3:['流浪地球2',{'13:00':[i for i in range(0,20)],'18:00':[i for i in range(0,20)]}],
         }
while True:
    print('*' * 32)
    print('*        1.查询热映电影          * ')
    print('*        2.购买电影票            * ')
    print('*        0.退出系统             * ')
    print('*' * 32)
    s = input('请输入操作编号:')
    if s == '0':break  #pass#
    elif s == '1':
        print('编号\t电影名称\t时间1\t余票\t时间2\t余票')
        for k in movie:
            print(k,end = '\t')
            print('{:<8}'.format(movie[k][0]),end = '\t')
            for t in movie[k][1]:
                print(t,end = '\t')
                print(len(movie[k][1][t]),end = '\t')
            print()
    elif s == '2':
        print('编号\t电影名称')
        for k in movie:
            print(k,end = '\t')
            print(movie[k][0])
        k = int(input('请输入观看电影的编号:'))
        if k not in movie:
            print('----------- 编号不对 ------------ ')
            break
        print('电影名称\t时间1\t余票\t时间2\t余票')
        print(movie[k][0],end = '\t')
        for t in movie[k][1]:
            print(t,end = '\t')
            print(len(movie[k][1][t]),end = '\t')
        print()
        t = input('请选择观影时间:')
        num = int(input('请输入购票数量:'))
        seat = movie[k][1][t]
```

```
    for i in range(num):
      print('可选座位有:')
      for st in range(20):
        if st in seat:
          row,col = divmod(st,10)
          print('{}排{}座'.format(row + 1,col + 1),end = ', ')
          if col + 1 == 10:print()
        else:
          print('------ ',end = ', ')
      n,m = input('请输入 n - m 的格式选座:').split('-')
      n,m = int(n),int(m)
      mn = (n - 1) * 10 + (m - 1)
      if mn in movie[k][1][t]:
        movie[k][1][t].remove(mn)
        print('--------- 购票成功,您的座位号为{}排{}座 --------- '.format(n,m))
      else:
        print('-------- 该座位已售出,请重新选择! ------- ')
```

运行效果如图 4-6 和图 4-7 所示。

```
********************************
*    1.查询热映电影          *
*    2.购买电影票            *
*    0.退出系统              *
********************************
请输入操作编号:1
编号    电影名称        时间1    余票    时间2    余票
1       长安三万里      10:00    20      14:00    20
2       满江红          9:30     20      15:00    20
3       流浪地球2       13:00    20      18:00    20
```

图 4-6　系统运行主界面

```
请输入操作编号:2
编号    电影名称
1       长安三万里
2       满江红
3       流浪地球2
请输入观看电影的编号:1
电影名称        时间1    余票    时间2    余票
长安三万里      10:00    20      14:00    20
请选择观映时间:10:00
请输入购票数量:2
可选座位有:
1排1座, 1排2座, 1排3座, 1排4座, 1排5座, 1排6座, 1排7座, 1排8座, 1排9座, 1排10座,
2排1座, 2排2座, 2排3座, 2排4座, 2排5座, 2排6座, 2排7座, 2排8座, 2排9座, 2排10座,
请输入n-m的格式选座: 2-5
-------购票成功,您的座位号为2排5座-------
可选座位有:
1排1座, 1排2座, 1排3座, 1排4座, 1排5座, 1排6座, 1排7座, 1排8座, 1排9座, 1排10座,
2排1座, 2排2座, 2排3座, 2排4座, ------, 2排6座, 2排7座, 2排8座, 2排9座, 2排10座,
请输入n-m的格式选座: 2-6
-------购票成功,您的座位号为2排6座-------
```

图 4-7　系统运行效果

习题

1. 统计数值计算。用户输入一组数据,分别用统计方法求出数据的和、平均值、标准差以及中位数。

2．生日悖论分析。生日悖论是指如果一个房间里有 23 人或以上，那么至少有一两个人生日相同的概率大于 50%。编写程序，计算出在不同随机样本数量下，23 人中至少有两个人生日相同的概率。

3．文本字符分析。编写程序接收字符串，按字符出现频率的降序打印字母，分别尝试输入一些中英文文字的片段，比较不同语言字符频率的差别。

4．结合列表，帮助小明制作一个电子通讯录，实现信息的添加、修改、删除、查询。

5．结合列表与字典知识，设计一个图书管理系统，实现图书的添加、修改、删除、查询。

第5章
程序控制结构

知识导图

本章知识导图如图 5-0 所示。

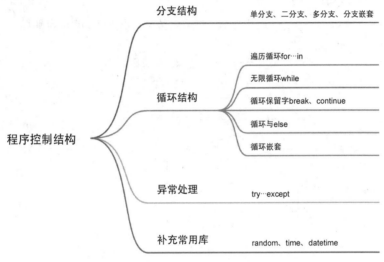

图 5-0　第 5 章知识导图

问题导向

- 鱼与熊掌不可兼得时,如何选择?
- 选择时,用于判断的条件如何设置?
- 多个条件限制时如何设置?
- 用什么来控制重复做某些事情? 从什么时候开始? 到什么时候结束?
- 如果不知道具体要重复多少次,不确定什么时候结束,如何处理?

重点与难点

- 分支结构的条件设置,逻辑关系。
- 循环结构的基本格式。
- 无限循环的终止。
- 循环嵌套的应用。

5.1　程序流程图

【**案例 5-1**】　掷骰子游戏。

观看视频

输入一个整数 n。A、B 两人玩掷骰子游戏，每一盘游戏中每个人轮流掷 n 次，将每次掷出的骰子点数累加，n 盘之后，累计点数较大的获胜，点数相同则为平局。根据此规则实现掷骰子游戏，并算出 n 盘后的胜利者。

程序分析：

（1）掷出来的骰子点数是随机的，这里需要用随机函数来辅助。

（2）A、B 轮流掷骰子，每个人都掷 5 次，需要将每一次掷出来的点数进行累加。

这个操作需要重复 5 次，可以用循环来进行控制，开始次数为 0，结束次数为 5。重复执行的代码是：掷骰子，加点数。

（3）对累加后得到的总点数进行比较，谁的点数大，谁获胜，相同为平局。

可用如图 5-1 所示流程图表示。

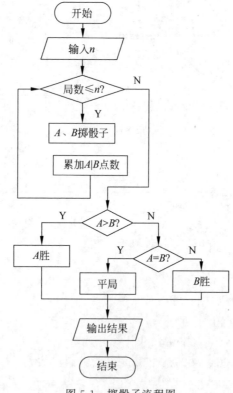

图 5-1　掷骰子流程图

代码实现：

```python
import random
n = eval(input('请输入局数: '))
sumA = 0
sumB = 0
```

```
for i in range(n):
  a = random.randint(1,6)
  b = random.randint(1,6)
  sumA += a
  sumB += b
if sumA > sumB:
  print('A 获胜')
elif sumA == sumB:
  print('双方战成平局')
else:
  print('B 获胜')
```

在上面的案例中,为了把程序执行过程展现出来,用各种不同的几何图形组合起来得到了一个流程图。

在程序设计中,算法的描述方法有用自然语言表示算法,用流程图表示算法,用 N-S 流程图表示算法,用伪代码表示算法。

自然语言描述的算法通俗易懂,不用专门的训练,但存在以下问题:①由于自然语言的歧义性,容易导致算法执行的不确定性;②自然语言的语句一般较长,导致描述的算法太长;③当一个算法中循环和分支较多时就很难清晰地表示出来;④自然语言表示的算法不便翻译成计算机程序设计语言。

伪代码的优势:伪代码回避了程序设计语言的严格、烦琐的书写格式伪代码的书写方便,同时具备格式紧凑、易于理解、便于向计算机程序设计语言过渡的优点。伪代码的不足:由于伪代码的种类繁多,语句不容易规范,有时会产生误读。所以这里主要介绍常用的流程图和 N-S 图,下面简单学习一下算法的这两种表示方法。

1. 程序流程图

程序流程图是一种传统的算法表示方法。程序流程图利用图形化的符号框来代表各种不同性质的操作,并用流程线来连接这些操作。用流程图表示算法,直观形象,易于理解。如图 5-2 所示的流程图符号,给出了流程图的构图元素,以及对应的不同含义。

流程图是程序分析和过程描述的最基本方式,它的基本元素一共有 7 种,如图 5-3 所示。

起止框表示一个程序的开始和结束;判断框表示判断一个条件是否成立,并根据判断结果选择不同的执行路径;操作框表示对数据的处理过程;输入输出框表示数据输入或输出结果;注释框表示对程序的解释说明;流程线以带箭头直线或曲线形式指示程序的执行路径;连接点将多个流程图连接到一起,常用于将一个较大流程图分隔为若干部分。

在当前的程序设计中,程序有三种基本结构,分别为顺序结构、分支结构和循环结构。三种基本结构都是有一个入口、一个出口。

顺序结构是程序的基础,计算机程序可以看作一条一条顺序执行的代码,但是单一的顺序结构不可能解决所有问题,因此需要引入控制结构来更改程序的执行顺序以满足多样的功能需求。

分支结构是程序根据条件判断结果而选择不同的路径向前执行的方式,根据分支路径上的完备性,分支结构包括单分支结构和二分支结构。

循环结构是程序根据条件判断的结果决定是否向后反复执行的一种方式。根据循环体

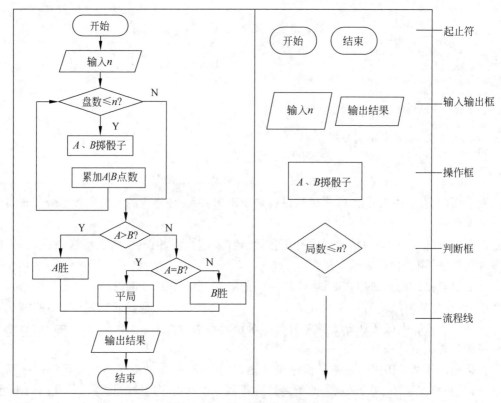

图 5-2　程序流程图符号及含义

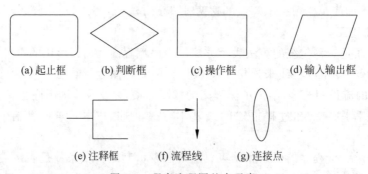

(a) 起止框　　(b) 判断框　　(c) 操作框　　(d) 输入输出框

(e) 注释框　　(f) 流程线　　(g) 连接点

图 5-3　程序流程图基本元素

的触发条件不同,可分为条件循环结构和遍历循环结构。

图 5-4 用流程图来表示三种基本结构。

2. N-S 图

N-S 图也被称为盒图或 CHAPIN 图。1973 年,美国学者 I. Nassi 和 B. Shneiderman 提出了一种在流程图中完全去掉流程线,全部算法写在一个矩形阵内,在框内还可以包含其他框的流程图形式。即由一些基本的框组成一个大的框,这种流程图又称为 N-S 结构流程图(以两个人名字的第一个字母组成)。N-S 图包括顺序、选择和循环三种基本结构,如图 5-5 所示。

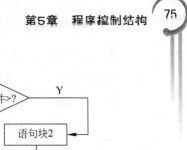

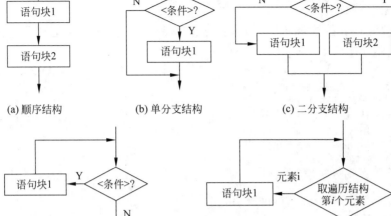

(a) 顺序结构　(b) 单分支结构　(c) 二分支结构

(d) 条件循环结构　(e) 遍历循环结构

图 5-4　程序基本结构流程图

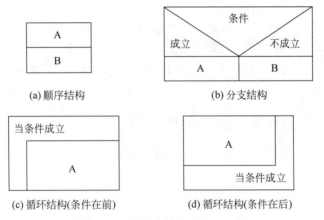

(a) 顺序结构　　　(b) 分支结构

(c) 循环结构(条件在前)　(d) 循环结构(条件在后)

图 5-5　三种基本结构流程 N-S 图

5.2　程序的分支结构

5.2.1　单分支结构：if 语句

Python 中用 if 语句来表示分支结构，单分支结构的格式如下。

```
if <条件>:
    <语句块>
```

以上格式中的<if>、:和<语句块>前面的缩进都是语法的一部分。<if>关键字与判断条件构成 if 语句，if 语句后使用:结尾，<语句块>与 if 语句之间通过缩进形成逻辑关联。

若 if 语句中的<条件>成立,则执行 if 语句后的<语句块>;若<条件>不成立,则跳过 if 语句后的<语句块>。单分支结构中的<语句块>只有"执行"和"跳过"两种情况。

【案例 5-2】 下象棋。

下象棋需要先背下各种棋的走法口诀:马走日,象走田,车走直路炮翻山,士走斜线护将边,小卒一去不回还。

```python
chess = input('请输入您要走的棋子:')
if chess == '马':
  print('马走日,沿着"日"字的对角线走')
if chess == '象':
  print('象走田,沿着"田"字的对角线')
if chess == '车':
  print('车走直路,沿着直线走')
if chess == '炮':
  print('炮翻山,沿着直线走,隔山打牛法吃子')
if chess == '士':
  print('士走斜线护将边,一次一格')
if chess == '将':
  print('将在"宫"中,一次一格横斜走')
if chess == '':
  print('小卒一去不回还,一次一格只进不退')
```

案例代码中使用了 7 个 if 语句。只有当输入的内容是"马"时,才会执行 print('马走日,沿着"日"字的对角线走'),否则就会跳过这一个语句。也就是每个 if 语句都会先判断当前的输入是否与自己的条件相符,条件成立则执行该 if 里面包含的语句;条件不成立,则该 if 语句被跳过。

5.2.2　二分支结构:if…else 语句

Python 中用 if…else 语句来表示二分支结构,格式如下。

```python
if <条件>:
  <语句块 1>
else:
  <语句块 2>
```

若 if 语句中的判断条件成立,则执行 if 语句后的<语句块 1>;若条件不成立,则跳过 if 语句后的<语句块 1>,执行 else 后的<语句块 2>。

如果将案例 5-2 中棋子名的判断只按两级判断:有这种棋、没有这种棋,其代码则可改成:

```python
chess = input('请输入您要走的棋子:')
if chess in '马象车跑士将卒':
  print('马走日,象走田,车走直路炮翻山,士走斜线护将边,小卒一去不回还')
else:
  print('象棋中没有这种棋子')
```

运行程序时,只要输入的是"马象车跑士将卒"中的任何一个名称,"print('马走日,象走田,车走直路炮翻山,士走斜线护将边,小卒一去不回还')"即会被执行。else 及"print('象棋中没有这种棋子')"将被跳过。

二分支结构还有如下更为简洁的表达方式,适合通过判断返回特定值。

```
<表达式 1>  if <条件>  else  <表达式 2>
```

例如,判断数值 n 是否为偶数,是则返回 True,否则返回 False。用简洁版紧凑格式可写成:

```
n = eval(input('请输入整数 n 的值:'))
True  if  n % 2 == 0  else  False
```

5.2.3　多分支结构:if…elif…else 语句

Python 中用 if…elif…else 语句来表示多分支结构,格式如下。

```
if <条件 1>:
   <语句块 1>
elif <条件 2>:
   <语句块 2>
…
else:
   <语句块 N>
```

多分支结构流程图如图 5-6 所示。

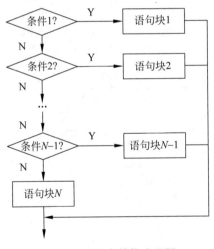

图 5-6　多分支结构流程图

对于前面的案例中是哪种棋子名的判断中,无论输入哪个棋子名,7 个 if 语句均会被执行,这样其实是一种冗余。如果改用多分支结构对案例 5-2 的棋子判断代码进行修改,使得7 个分支只有一个分支会被执行,可写成:

```
chess = input('请输入您要走的棋:')
if chess == '马':
```

```
    print('马走日,沿着"日"字的对角线走')
elif chess == '象':
    print('象走田,沿着"田"字的对角线')
elif chess == '车':
    print('车走直路,沿着直线走')
elif chess == '炮':
    print('炮翻山,沿着直线走,隔山打牛法吃子')
elif chess == '士':
    print('士走斜线护将边,一次一格')
elif chess == '将':
    print('将在"宫"中,一次一格横斜走')
elif chess == '卒':
    print('小卒一去不回还,一次一格只进不退'  )
else:
    print('象棋中没有这种棋子'))
```

与案例 5-2 的代码相比较,将案例 5-2 中的第二个及后面的 if 改成 elif 和 else,在写条件时,例如,第一个 elif 中的条件"chess == '象'",其实隐含一个条件:chess!='马',同样所有后面的 elif 的条件判断中都隐含去除它前面所有 if 和 elif 中设置的条件。

【案例 5-3】 身体质量指数 BMI。

随着生活水平的提高,人们越来越关注"身体质量"。身体质量指数(Body Mass Index,BMI)是国际上常用来衡量人体肥胖程度和是否健康的重要标准。BMI 通过人体体重和身高两个数值获得相对客观的参数,并用这个参数所处范围来衡量身体质量。参考标准如表 5-1 所示。

$$BMI = 体重(kg)/身高(m^2)$$

例如,一个人的身高 1.8m,体重 80kg,则他的 BMI 值为 $80/1.8^2 = 24.69$,按国际标准为正常,按国内标准为偏胖。

表 5-1　BMI 指标分类

分　类	国际 BMI 值/kg·m^{-2}	国内 BMI 值/kg·m^{-2}
偏瘦	<18.5	<18.5
正常	18.5~25	18.5~24
偏胖	25~30	24~28
肥胖	≥30	≥28

编写根据输入的身高和体重计算 BMI 值的程序,同时输出国际和国内的 BMI 指标建议值。

案例分析:

输入数据:需要接收两个输入的数据,分别赋值给表示身高和体重的变量。

数据处理:将输入的数据按 BMI 计算公式进行计算,并将结果赋给变量。

计算结果判断:利用多分支结构对于计算结果按照表 5-1 的范围进行分类。

输出结果:将分类结果按格式进行输出。

程序编写时可以将两个判断标准分开进行,也可将两个标准融合在一起进行判断。

BMI 指标各处独立判断,代码如下。

```
h,w = eval(input('请输入身高(m)和体重(kg)[逗号隔开]:'))
BMI = w /pow(h,2)
INT,CHN = '',''
if BMI < 18.5:
  INT = '偏瘦'
elif BMI < 25:
  INT = '正常'
elif BMI < 30:
  INT = '偏胖'
else:
  INT = '肥胖'

if BMI < 18.5:
  CHN = '偏瘦'
elif BMI < 24:
  CHN = '正常'
elif BMI < 28:
  CHN = '偏胖'
else:
  CHN = '肥胖'
print('BMI 数值为{:.2f},BMI 国际指标{},国内指标{}'.format(BMI,INT,CHN))
```

在这里将 18.5≤BMI<25 简写成 BMI<25,原因是 elif 指的条件是去除了它之前的 if 中限定的 BMI<18.5 这个范围了,剩下的范围则只能是 BMI≥18.5,所以 elif 中的条件 BMI<25 中其实还有一个隐含的条件 BMI≥18.5,实质上条件范围是 18.5≤BMI<25。

BMI 指标融合代码如下。

```
h, w = eval(input('请输入身高(m)和体重(kg)[逗号隔开]:'))
BMI = w / pow(h,2)
INT, CHN = '',''
if   BMI < 18.5:
  INT,CHN = '偏瘦','偏瘦'
elif  BMI < 24:
  INT,CHN = '正常','正常'
elif  BMI < 25:
  INT,CHN = '正常','偏胖'
elif  BMI < 28:
  INT,CHN = '偏胖','偏胖'
elif  BMI < 30:
  INT,CHN = '偏胖','肥胖'
else:
  INT,CHN = '肥胖','肥胖'
print('BMI 数值为{:.2f},BMI 国际指标{},国内指标{}'.format(BMI,INT,CHN))
```

两组代码相比较而言,第一种代码的可读性更好,代码清晰明了,容易调试和修改。第二种代码虽然行数更少,但是相对而言难以理解。对于程序设计来说,程序的简洁性和可读性更为重要,因而更推荐第一种写法。

需要注意的是,在使用 if…elif 这种结构时,一定要注意前后条件是否存在包含关系。例如,下列判断成绩等级的代码中,90 及以上代表优秀,60~89 代表合格,60 以下代表不合格。如果代码写成:

```
score = int(input())
if score > = 60:
    print('合格')
elif score > = 90:
    print('优秀')
else:
    print('不合格')
```

当输入成绩为 95 时,不会输出"优秀",而是输出"合格",原因是在第一个条件判断时,范围指的是 60 及以上的,而 95 属于这个范围,所以无论输入哪个数值,elif score> =90 这个判断都不会被执行。一般在设置这种有前后关联的条件时,按照从大到小的顺序则用>或> =的方式来设置条件,而按从小到大的顺序时则用<或< =来设置条件。例如,成绩等级判断的代码可以改成下列两种方式。

按从大到小的顺序设条件:

```
score = int(input())
if score > = 90:
    print('优秀')
elif score > = 60:
    print('合格')
else:
    print('不合格')
```

按从小到大的顺序设条件:

```
score = int(input())
if score < 60:
    print('不合格')
elif score < 90:
    print('合格')
else:
    print('优秀')
```

5.2.4　分支嵌套结构

Python 中分支嵌套结构格式如下。

```
if <条件 1>:
    <语句块 1>
        if <条件 2>:
        <语句块 2>
        else:
        <语句块 3>
else:
    …
```

流程结构图如图 5-7 所示。

【案例 5-4】　用户登录。

提示用户输入用户名,然后再提示输入密码。如果用户名是"admin"并且密码是

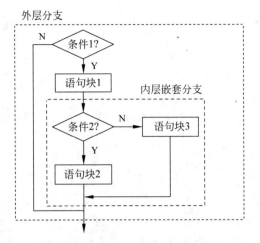

图 5-7　分支嵌套结构流程图

"888888"则提示正确,否则提示"密码错误",如果用户名不是 admin 则提示"用户名不存在"。

```
name = input("请输入用户名:")
pwd = input('请输入密码:')
if name == 'admin':
  if pwd == '888888':
    print('欢迎登录')
  else:
    print('密码错误')
else:
  print('用户名不存在')
```

【案例 5-5】　闰年的判断。

如果年份能被 4 整除但是不能被 100 整除,或者这个年份能被 400 整除,那么这一年是闰年,否则是平年。编写程序,用分支嵌套的方式实现闰年的判断。

在第 3 章中通过 and、or 这样的逻辑运算符将两种情况的表达式进行连接实现闰年判断。在这一章中,用分支嵌套的方式来实现。在进行分支判断时,需要注意条件的包含关系,要么从大到小,要么从小到大层层递进进行判断,否则会出现逻辑错误,得不到预期的结果。

在这里用从小到大的方式,先从能否被 4 整除开始,如果满足,再判断能否被 100 整除,最后判断能否被 400 整除。实现代码如下。

```
year = int(input('请输入年份:'))
if year % 4 == 0:
  if year % 100 == 0:
    if year % 400 == 0:
      print('{}年是闰年'.format(year))
    else:
      print('{}年不是闰年'.format(year))
  else:
    print('{}年是闰年'.format(year))
else:
  print('{}年不是闰年'.format(year))
```

运行结果：

```
请输入年份:2020
2020 年是闰年
```

各种分支结构都可以嵌套使用,但是过多的嵌套会导致程序逻辑混乱,降低程序的可读性,增加程序维护的难度,因此,在进行程序开发时应仔细梳理程序逻辑,尽量避免多层嵌套。

5.3　循环结构

Python 的循环结构分为 for 循环和 while 循环两种。其中,for 循环确定循环次数,称为"遍历循环",循环次数采用遍历结构中的元素个数来体现。while 循环不确定循环次数,称为"不定循环",不能明确循环体可能的执行次数,而是通过条件判断是否继续执行循环体。

5.3.1　遍历循环：for 循环

遍历循环是逐一访问目标中的数据,例如,逐个访问字符串的字符、逐个访问列表中的元素等。Python 一般使用保留字 for 遍历循环,语法格式如下。

```
for <循环变量>  in  <遍历结构>:
    <语句块>
```

for 语句中的循环执行次数是根据遍历结构中元素个数确定的,遍历循环可以理解成从遍历结构中逐一提取元素,放在循环变量中,对于所提取的每个元素执行一次<语句块>。

<遍历结构>可以是字符串、文件、组合数据类型或 range()函数等。

<循环变量>用于保存本次循环中访问到的遍历结构中的元素。

1. 遍历元素

使用 for 循环遍历字符串、列表等组合类型。

遍历字符串,代码如下。

观看视频

```
♯遍历字符串
s = 'ABCDE'
for c in s:
    print(c, end = ', ')
```

运行结果：

```
A, B, C, D, E
```

观看视频

遍历列表,代码如下。

```
ls = ['abc', 123, 'Python', 'X']
for t in ls:
    print(t)
```

运行结果：

```
abc
123
Python
X
```

从遍历字符和列表的运行结果可以发现，遍历是按字符串、列表中的元素有序地进行访问，先从索引号为 0 的开始，一直到最后一个。一次循环取一个元素，将元素的值赋给循环变量。

【案例 5-6】 日历的输出。

现有一个列表存储了 2021 年 1 月的日期，一个列表存储了星期的数据。请按从星期日到星期六的顺序方式将星期几和日期输出。已知 1 月 1 日是星期五，每个数字占 8 个字符的宽度，数字之间以竖线"|"分隔。输出结果如下。

星期日	星期一	星期二	星期三	星期四	星期五	星期六	
					1	2	
3	4	5	6	7	8	9	
10	11	12	13	14	15	16	
17	18	19	20 ·	21	22	23	
24	25	26	27	28	29	30	
31							

案例分析：

先对星期几的列表进行遍历，将星期输出在一行中。再确定 1 日的位置，在 1 日前面输出相应数量的空格。

再对日期列表进行遍历，将日期从 1 号开始遍历输出，每输出一个日期，就将位置值加 1。如果输出的位置是 7 的倍数时，则换行，否则不换行输出日期。

实现代码如下。

```python
January = [i for i in range(1,32)]          #用循环生成日期列表
week = '日一二三四五六'
for w in week:
    print('{:^5}'.format('星期' + w),end = '|')
print()
position = 5
print(' ' * 9 * 5,end = '')
for date in January:
    print('{:^8}'.format(date),end = '|')
    position += 1



    if position % 7 == 0:
        print()
```

2. range()函数

range()函数可以创建一个整数列表。range()函数的语法格式如下。

range([start,]　stop　[,step])

函数说明：

start：表示列表的起始位置，该参数可以省略，省略则表示列表默认从 0 开始。

stop：表示列表的结束位置，开区间，即不包含 stop 的值，如 range(6)、range(0,6)表示结束的值为 5，产生的列表为[0,1,2,3,4,5]。

step：表示列表中元素的增幅，该参数可以省略，省略则表示元素默认步长为 1，如 range(0,6) 相当于 range(0,6,1)。

range()函数一般与 for 循环搭配使用，以控制 for 循环中代码段的执行次数。例如，对上面的字符串、列表的遍历也可以由 range()函数来控制，range()函数的结束值为字符串、列表的长度。相应的代码修改如下：

字符串遍历代码。

```
s = 'ABCD'
for i in range(len(s)):
  print(s[i])
```

列表遍历代码：

```
ls = ['abc',123,'Python','X']
for i in range(len(ls)):
  print(ls[i])
```

for 与 range()函数的搭配使用在 Python 中应用非常频繁，一般非元素遍历而又明确循环次数的均可使用这种搭配。

【案例 5-7】 计算 1～100 的累加之和。

案例分析：要计算 1～100 的累加之和，可以使用循环语句，将 1～100 的数字逐一取出来进行累加。可以使用 for-range()的搭配，循环次数为 100 次，结束值为 100。算法流程图如图 5-8 所示。

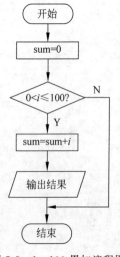

程序代码如下。

```
sum = 0
for i in range(101):
  sum += i
print('1 + 2 + 3 + ... + 100 = ',sum)
```

运行结果：

```
1 + 2 + 3 + ... + 100 = 5050
```

图 5-8　1～100 累加流程图

【案例 5-8】 打印出所有的水仙花数。所谓"水仙花数"是指一个三位数，其各位数字立方和等于该数本身。例如，153 是一个水仙花数，因为 $153 = 1^3 + 5^3 + 3^3$。

案例分析：最小的三位数是 100，最大的三位数是 999，需要在 100～999 的范围内逐一遍历，对每一个数值分别取出它的百位、十位和个位,查看这三位数字的 3 次方之和是否与这个数值本身相等,如果相等,则输出。

如何取出一个三位数的百位、十位和个位呢?

方法一:个位直接用这个数对 10 取余即可获取,百位可用数值对 100 整除获取,十位则需要先用数值对 10 整除,再用整除的结果对 10 取余。

方法二:可以先将这个数值转换成字符串,用取子串的方式逐一取出对应位的数字,再将取出的数字转换为整型。

方法一的代码如下。

```python
for i in range(100,1000):
  a = i //100              #获得百位
  b = i //10 % 10          #获得十位
  c = i %10                #获得个位
  if a**3 + b**3 + c**3 == i:
    print(i)
```

方法二的代码如下。

```python
for i in range(100,1000):
  num = str(i)
  a = int(num[0] )         #获得百位
  b = int(num[1] )         #获得十位
  c = int(num[2] )         #获得个位
  if a**3 + b**3 + c**3 == i:
    print(i)
```

运行结果:

```
153
370
371
407
```

5.3.2 无限循环:while 循环

观看视频

很多应用无法在执行之初无法确定遍历结构,这就需要编程语言提供根据条件来进行循环的语法,这种循环称为无限循环,也称为条件循环。无限循环一直保持循环操作直到循环条件不满足才结束,不需要提前知道循环次数。

Python 通过保留字 while 实现无限循环,语法格式如下。

```
while <条件> :
  <语句块>
```

<条件>与 if 语句中的判断条件一样,结果为 True 或 False。

当程序执行到 while 语句时,若<条件>的结果为 True,则执行<语句块>中的内容,<语句块>执行完之后再次回到 while 语句进行判断,如此往复,直到循环<条件>的结果为

False,则终止循环,执行 while 循环结构之后的语句。

　　如案例 5-7 计算 1～100 的累加之和,用 while 循环结构来实现,代码如下。

```
sum = 0
i = 0
while i <= 100:
    sum += i
    i += 1
print('1 + 2 + 3 + ... + 100 = ', sum)
```

　　注意：<语句块>中一定要有控制<条件>变化的语句,否则会变成死循环。如上面代码的条件是"i<=100",循环控制变量为 i,在循环体中必然有变量 i 的值发生变化的语句,如"i＋＝1"。这个变量也称为程序维护计数器。在 for 循环结构中,循环变量是逐一取自遍历结构的,所以不需要程序维护计数器。

观看视频

　　【案例 5-9】 欲与天公试比高。一张厚度为 0.1mm 的纸想要与世界第一高峰珠穆朗玛峰（8848m）比高。纸张每次通过对折来增加高度,请问它对折多少次能超越珠穆朗玛峰呢?

```
high = 0.0001
n = 0
while high < 8848:
    high *= 2
    n += 1
print("纸张对折{}次高度为{},超越珠峰".format(n, high))
```

　　运行结果：

```
纸张对折 27 次高度为 13421.7728,超越珠峰
```

　　【案例 5-10】 用欧几里得距离（辗转相除）计算两个数字的最大公约数和最小公倍数。输入两个数字,求出两数的最大公约数和最小公倍数。

　　案例分析：

　　欧几里得距离法也称辗转相除法,指的是将两个数进行取余运算,取余的结果作为下一轮的除数,上一轮的除数则为下一轮的被除数。用来求最大公约数,则是当取余的结果为 0时,当前的除数即最大公约数。最小公倍数则是两数的积除以两数的最大公约数。

　　要进行取余运算,一般是将大的数字作为被除数,小的数字作为除数。实现代码如下。

```
m, n = eval(input('请输入两数,用逗号分隔:'))
product = m * n
if m < n:
    m, n = n, m
while n != 0:
    m, n = n, m % n
print('最大公约数是{}'.format(m))
print('最小公倍数是{}'.format(product // m))
```

　　运行结果：

```
请输入两数,用逗号分隔:48, 32
最大公约数是:16
最小公倍数是:96
```

5.3.3　循环保留字:break 和 continue

循环结构在条件满足时可一直执行,但是在一些特殊的情况下,程序需要终止循环,跳出循环结构。例如,玩游戏时,在游戏正在运行时,按 Esc 键,将终止程序主循环,结束游戏。

Python 中提供了两个保留字:break 和 continue,用它们来辅助控制循环执行。

1. break

break 跳出它所属的循环结构,脱离循环后程序从循环代码后继续执行。该语句通常与 if 结构结合使用。语法格式如下。

```
for <循环变量>  in  <遍历结构>:
    <语句块 1>
  if  <判断条件> :
      break
    <语句块 2>
```

```
while <循环条件>:
    <语句块 1>
  if  <判断条件> :
      break
    <语句块 2>
```

对应的流程图如图 5-9 所示。

在这种结构中,当满足循环条件时,执行<语句块 1>的内容,若不满足<判断条件>时,继续执行<语句块 2>的内容,如此往复。满足循环条件,同时也满足<判断条件>时,则执行完<判断条件>后就从循环中退出,即终止循环。

例如代码:

```
for c in 'Python':
    if c == 't':
        break
    print(c,end = ' ')
```

这段代码在字符串中遍历,从字符串"Python"中逐一取出字符进行输出,当取出的字符为"t"时,满足判断条件,则会从循环中跳出,故输出结果为

```
P y
```

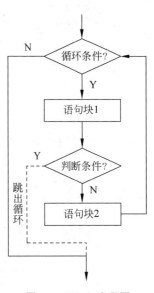

图 5-9　break 流程图

【**案例 5-11**】　分解质因子。将一个数 $n(n>1)$ 的所有质因子输出来。例如 $36=2\times 2\times 3\times 3$。

输入示例:36

输出:$36=2*2*3*3$

案例分析:

最小的质数为 2,所以从 2 开始循环,依次去找这个数能除尽的最小数字,如果直到找到的数字与自己相同,还未找到,则退出循环,输出所有找到的数字。

```
n = int(input())
m = n
i = 2
prime = []
while True:
  if m % i == 0:
    m = m / i
    prime.append(i)
  else:
    i += 1
  if i > = n + 1:
    break
print('{} = {}'.format(n,' * '.join(map(str,prime))))
```

2. continue

continue 与 break 的区别在于，continue 是结束本次循环，继续下一轮循环判断，而不是终止整个循环的执行；break 语句则会结束整个循环过程，不再执行循环的条件。

continue 同样与 if 语句结合使用，语法格式如下。

```
for <循环变量>  in  <遍历结构>:
  <语句块 1>
  if  <判断条件>:
    continue
  <语句块 2>


while <循环条件>:
  <语句块 1>
  if  <判断条件>:
    continue
  <语句块 2>
```

对应的流程图如图 5-10 所示。

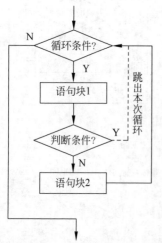

图 5-10　continue 流程图

在这种结构中，当满足循环条件时，执行<语句块 1>的内容，若不满足<判断条件>时，继续执行<语句块 2>的内容，如此往复。满足循环条件，同时也满足<判断条件>时，则执行完<判断条件>后回到循环<判断条件>，本次循环跳过<语句块 2>。

使用 continue 修改上面的代码：

```
for c in 'Python':
  if c == 't':
    continue
  print(c, end = ' ')
```

这段代码在字符串中遍历，从字符串"Python"中逐一取出字符进行输出，当取出的字符为"t"时，满足了判断条件，则会跳过判断条件后面的语句"print(c,end=' ')"，继续下一轮循环的判断，故字符"t"不会被输出。运行结果为

Pyhon

【案例 5-12】 统计个数。

编写程序统计每种不同的个位数字出现的次数。例如,给定 $N=100311$,则有 2 个 0、3 个 1 和 1 个 3。

输出格式:对 N 中每一种不同的个位数字,以 $D:M$ 的格式在一行中输出该位数字 D 及其在 N 中出现的次数 M。要求按 D 出现的顺序输出。

输入样例:100311

输出样例:

0:2

1:3

3:1

案例分析:

利用列表遍历规则,逐一遍历列表中的元素,如果元素在字符串中存在的,就跳过,否则将元素添加到字符串中,再按数字顺序进行遍历,如果遍历到的数字在字符串中,则按格式输出。

```python
n = input()
s = ''
for c in n:
  if c in s:
    continue
  else:
    s += c
for i in range(10):
  if i in s:
    print('{}:{}'.format(i, n.count(i)))
```

【案例 5-13】 用穷举法计算两个数字的最大公约数和最小公倍数。

案例分析:

用穷举法来求最大公约数,则可以从两数中小的那个数字开始进行遍历,一直到 1 为止。如果遍历过程中发现某个数字能同时被两数整除,那么这个数字即为最大公约数。实现代码如下。

```python
m, n = eval(input('请输入两数,用逗号分隔:'))
product = m * n
if m < n:
  m,n = n, m
for i in range(n, 0, -1):
  if m % i == 0 and n % i == 0:
    print('最大公约数是:{}'.format(i))
    break
print('最小公倍数是:{}'.format(product//i))
```

【案例 5-14】 数字黑洞。

任意一个 4 位数，只要它们各个位上的数字不是完全相同的，就有如下规律。

（1）将组成该 4 位数的 4 个数字由大到小排列，形成由这 4 个数字构成的最大的 4 位数。

（2）将组成该 4 位数的 4 个数字由小到大排列，形成由这 4 个数字构成的最小的 4 位数（如果 4 个数中含有 0，则得到的数不足 4 位）；

（3）求两个数的差，得到一个新的 4 位数（高位零保留）。

重复以上过程，最后一定会得到结果 6174。

例如，9998→0999→8991→8082→8532→6174，经过 5 次变换，得到 6174。

编写程序，判断输入的 4 位数需要经过几次变换得到 6174。

案例分析：

对输入的数字需要分离，再按大小排序。由于输入函数 input() 的返回值是字符串类型，可以用 sorted() 方法对字符串的字符分离排序，得到一个列表。再将列表的元素用 join() 方法拼接起来得到一个排序后的字符串，再对两个字符串进行数据类型转换，用 int() 函数将它变成整型，对转换类型后的两个数字进行减法运算，再将运算结果用 str() 方法转换为字符串，以方便下一轮的分离、排序。如果减法运算得到的结果低于 4 位数，则添加 0 补齐 4 位。

实现代码如下。

```python
n = input('请输入 4 位数:')
count = 0
while n!= '6174':
    max_num = sorted(n,reverse = True)
    max_num = ''.join(max_num)
    min_num = sorted(n)
    min_num = ''.join(min_num)
    n = str(int(max_num) - int(min_num))
    count += 1
    print('第 %d 次转换得到: %s'% (count,n))
print('一共进行了 %d 次转换'% count)
```

运行结果：

```
请输入 4 位数:9998
第 1 次转换得到:0999
第 2 次转换得到:8991
第 3 次转换得到:8082
第 4 次转换得到:8532
第 5 次转换得到:6174
一共进行了 5 次转换
```

5.3.4 循环与 else

1. for…else

for 循环还能与保留字 else 搭配使用，for…else 的语法结构如下。

```
for <循环变量>  in  <遍历结构>:
    <语句块 1>
```

```
else:
  <语句块 2 >
```

else 后的<语句块 2 >只在循环正常执行完成之后才执行。因此可以在<语句块 2 >中放置判断循环执行情况的语句,如下列代码。

```
for c in  'ABC':
  print('循环进行中:' + c)
else:
  print('循环正常结束:')
```

运行结果:

```
循环进行中:A
循环进行中:B
循环进行中:C
循环正常结束
```

【案例 5-15】 质数的判断。输入一个正整数,检查该数是否为质数。例如,输入 34,输出结果为:34 不是质数。再如,输入 53,输出结果为:53 是质数。

案例分析:

质数是指某个数除了 1 和自身以外,没有其他的因子。1 不是质数,最小的质数是 2。要判断一个数 n 是否有因子,则可以在 $2\sim n-1$ 的范围内逐个检验是否为 n 的因子,但是如果 n 是一个非常大的值时,会发现循环次数太多,造成时间复杂度过大,因而需要减少遍历的范围,如从 2 到 $n/2$,则可以减少一半的次数。如果数字是 16,则遍历范围可变成 $2\sim8$。但是我们发现可以再继续优化,16 的因子有 2、4、8。2 是 16 的因子,同时 $16/2=8$,应该找到 2,8 就不用再检验了。再找下一个因子 4,$16/4=4$,因而遍历的范围可以变成 $2\sim16$ 的平方根,即可找到这个数的因子。同样是数字 n 时,对数字 n 开平方,如果得到小数,对它取整即可。

如果一个数能找到因子,那么它不是质数,如果循环结束了还没有找到因子,那么这个数就是质数。代码如下。

```
n = int(input())
if n == 1:
  print('{}不是质数'.format(n))
else:
  for i in range(2, int(n ** 0.5) + 1):
    if n % i == 0:
      print('{}不是质数'.format(n))
      break
  else:
    print('{}是质数'.format(n))
```

2. while…else

无限循环也一样可以与保留字 else 搭配组成扩展模式,语法如下。

```
while <条件> :
  <语句块 1>
else:
  <语句块 2>
```

在这种模式中，当 while 循环正常执行后，程序会继续执行 else 语句中的内容。else 语句只在循环正常执行后才执行。因此，在<语句块 2>中可以放置判断循环情况的语句。例如：

```
s = 'ABC'
i = 0
while i < len(s)  :
  print('循环进行中:' + s[i])
  i += 1
else:
  print('循环正常结束:')
```

运行结果：

```
循环进行中:A
循环进行中:B
循环进行中:C
循环正常结束
```

【案例 5-16】 吹气球。已知一只气球最多能充 v 升气体，如果气球内的气体超过 v 升，气球就会炸掉。小明每天吹一次气，每次吹进去 m 升气体，由于气球慢漏气，到了第二天早上，发现少了 n 升气体。若小明从早上开始吹一只气球，请问 d 天之后气球会被吹爆吗？如果不能吹气球，则输出"气球吹不破"。要求输入的 v、m 和 d 大于 0，n 大于或等于 0。

样例输入：20,5,3,10

样例输出：第 9 天吹破气球

代码如下。

```
v,m,n,d = eval(input())
t = m
day = d - 1
while day > 0:
  if v <= t:
    print('第{}天吹破气球'.format(d - day))
    break
  t -= n
  t += m
  day -= 1
else:
  print('气球吹不破')
```

5.3.5 循环嵌套

观看视频

循环嵌套是指在一个循环体内完整地包含一个或者几个循环结构，也称为多重循环。

Python 中的两类循环 while 循环和 for 循环都可以相互嵌套,循环的嵌套也可以是多层的。

　　循环嵌套可以使复杂的问题结构化,把一个功能的实现拆分成多个更小的功能,然后再实现,在此实现的过程中必须要注意结构上的逻辑性和该逻辑的正确性,要保证每一个小的功能能够完全正确,最终实现一个完整的循环。循环嵌套常用于解决矩阵计算、报表打印等这类问题。

　　【**案例 5-17**】　使用嵌套语句输出如图 5-11 所示图形。

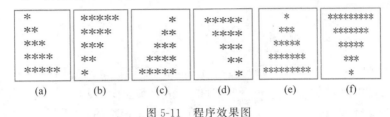

图 5-11　程序效果图

案例分析:

　　在控制输出过程中,嵌套循环的执行原理是:外层循环表示行数;内层循环表示列数;外层变量换到内层,达到递增递减效果。

　　图 5-11(a)中,符号左对齐输出,每一行符号都是递增的,一共 5 行,第一行是 1 个,第 i 行是 i 个,则可知符号个数等于行号。实现代码如下。

```
for i in range(1, 6):
    for j in range(i):
        print('＊', end = '')
    print()
```

　　图 5-11(b)中,符号左对齐输出,每一行符号都是递减的,一共 5 行,第一行是 5 个,第 i 行是 $6-i$ 个,则可知符号个数由总行数加 1 减行号得到。实现代码如下。

```
for i in range(1,6):
    for j in range(6 - i):
        print('＊', end = '')
    print()
```

　　图 5-11(c)中,符号右对齐输出,每一行的符号前面需要输出空格来控制右对齐。每一行的空格数是递减的,第 1 行 4 个空格,第 i 行 $5-i$ 个空格,即每一行的空格数是行数减去行号。每一行的符号都是递增的,第一行是 1 个,第 n 行是 n 个,即可知符号个数等于行号。实现代码如下。

```
for i in range(1,6):
    for k in range(5 - i):
        print('', end = '')
    for j in range(i):
        print('＊', end = '')
    print()
```

　　图 5-11(d)中,符号右对齐输出,每一行的符号前面需要输出空格来控制右对齐。总行

数为 5，每一行的空格数是递增的，第 1 行 0 个空格，第 i 行 $i-1$ 个空格，即每一行的空格数是行号减 1。每一行的符号都是递减的，第一行是 5 个，第 i 行是 $6-i$ 个，即可知符号个数等于总行数加 1 减去行号。实现代码如下。

```python
for i in range(1,6):
  for k in range(i-1):
    print(' ', end = '')
  for j in range(6-i):
    print(' * ', end = '')
  print()
```

图 5-11(e)中，符号居中输出，每一行的符号前面需要输出空格来控制居中对齐。总行数为 5，每一行的空格数量是递减的，第 1 行的空格数为 4 个，即 $5-1$，第 i 行的空格数为 $5-i$，即空格数等于总行数减去行号。每一行的符号都是递增的，第 1 行是 1 个，第 2 行是 3 个，第 i 行是 $2i-1$ 个，则可知符号个数等于行号乘 2 减 1。实现代码如下。

```python
for i in range(1,6):
  for k in range(5-i):
    print(' ',end = '')
  for j in range(2*i-1):
    print(' * ',end = '')
  print()
```

图 5-11(f)中，符号居中输出，每一行的符号前面需要输出空格来控制居中对齐。总行数为 5，每一行的空格数量是递增的，第 1 行的空格数为 0 个，第 2 行的空格数为 1 个，第 i 行的空格数为 $i-1$，即空格数等于行号减去 1。每一行的符号都是递减的，第 1 行是 9 个，第 2 行是 7 个，第 i 行是 $2\times5-i$ 个，则可知符号个数等于总行数乘 2 减行号。实现代码如下。

```python
for i in range(5):
  for k in range(i):
    print(' ',end = '')
  for j in range(2*(5-i)-1):
    print(' * ',end = '')
  print()
```

【**案例 5-18**】　使用嵌套语句输出九九乘法表。

案例分析：

由外层循环控制行，同时行号即为被乘数，用内层循环控制列，同时列号即为乘数。每一行输出内容为：行号×列号＝积。列号的最小值为 1，最大值为行号。实现代码如下。

```python
for i in range(1,10):
  for j in range(1,i+1):
    print('{} * {} = {:<2}'.format(i,j,i * j), end = ' | ')
  print()
```

运行结果如图 5-12 所示。

```
1*1=1    |
2*1=2    | 2*2=4   |
3*1=3    | 3*2=6   | 3*3=9   |
4*1=4    | 4*2=8   | 4*3=12  | 4*4=16  |
5*1=5    | 5*2=10  | 5*3=15  | 5*4=20  | 5*5=25  |
6*1=6    | 6*2=12  | 6*3=18  | 6*4=24  | 6*5=30  | 6*6=36  |
7*1=7    | 7*2=14  | 7*3=21  | 7*4=28  | 7*5=35  | 7*6=42  | 7*7=49  |
8*1=8    | 8*2=16  | 8*3=24  | 8*4=32  | 8*5=40  | 8*6=48  | 8*7=56  | 8*8=64  |
9*1=9    | 9*2=18  | 9*3=27  | 9*4=36  | 9*5=45  | 9*6=54  | 9*7=63  | 9*8=72  | 9*9=81  |
```

图 5-12　九九乘法表

【案例 5-19】　蛇形矩阵是由 1 开始的自然数依次排列成的一个上三角矩阵。要求输入整数 n，生成并输出蛇形矩阵。例如，输入 6，输出下列矩阵。

```
1 3 6 10 15 21
2 5 9 14 20
4 8 13 19
7 12 18
11 17
16
```

案例分析：

一共有 n 行，有 n 个斜对角线，第 i 个斜对角线有 i 个元素。故外层循环控告行，变化范围是 $0\sim n$；内层循环控制斜对角线，范围为 $0\sim i+1$。

元素值的变化规则：假设矩阵为 ls，元素值从数字 1 开始，每一行第一个为起始位置，即 ls$[i][0]$，变化方向是斜对角线递增 1，即按 ls$[i][0]$→ls$[i-1][1]$→ls$[i-2][2]$ 这个顺序进行变化，i 表示行，j 表示列，则可用 ls$[i-j][j]$ 表示。

实现代码如下。

```python
n = int(input())
num = 1
ls = [[0 for i in range(n)]for i in range(n)]
for i in range(n):
  for j in range(i + 1):
    ls[i - j][j] = num
    num += 1
for i in range(n):
  for j in range(n - i):
    print('{:< 6}'.format(ls[i][j]),end = '')
  print()
```

观看视频

5.4　异常处理

Python 通过 try…except 语句来进行异常处理。

异常指的是程序运行时，发生的不被期望的事件，它阻止了程序按照程序员的预期正常执行。异常发生时，是任程序自生自灭，立刻退出终止，还是做出一定的处理呢？Python 提供了一种异常处理机制。

例如，在运行下列代码时，需要进行数据输入，如果用户输入的是数字，程序会正常运行；如果输入的是非数字，则会报错。

```
n = eval(input('请输入一个整数:'))
print(n)
```

如果运行时输入了非数字 ab，则会报以下错误。

```
NameError                          Traceback (most recent call last)
< ipython - input - 6 - 6022e8109005 > in < module >()
----> 1 n = eval(input('请输入一个整数:'))
      2 print(n)
< string > in < module >()
NameError: name 'ab' is not defined
```

可以看出，Python 解释器返回了异常信息，同时退出了程序。在这些信息中，"NameError"表示出现的异常类型；"Traceback"表示异常回溯标记；"----> 1"表示异常发生的代码行数；"NameError：name 'ab' is not defined"表示此类异常类型中异常的内容提示。

异常处理机制能让程序在异常发生时，按照代码预先设定的异常处理逻辑，针对性地处理异常，让程序尽最大可能恢复正常并继续执行，且保持代码的清晰。Python 的异常机制采用了 try、except、else 和 finally 等关键字。

try：用于监听。将要被监听的代码，即可能产生异常的代码，放在 try 语句块之内，当 try 语句块内发生异常时，异常就被触发。

except：处理 try 语句块中发生的异常。except 关键字后面可以给出异常类型，也可以省略不写。如果给出异常类型，则只处理这一类型的异常。若没有给出异常类型，则可以处理所有其他异常。

else：异常结构的 else 语句与 for…else、while…else 结构一样，当 try 语句正常执行结束，没有产生异常时，则执行 else 中的语句块，可以看成是对 try 语句块正常执行后的一种追加处理。

finally：不管是否发生异常，finally 中的语句块总是会被执行。它主要用于回收在 try 块里打开的物理资源（如数据库连接、网络连接和磁盘文件），相当于一些收尾工作放在这个语句块中。

Python 常用 try…except 语句来实现异常处理，基本格式如下。

```
try:
    <语句块 1>
except <异常类型>:
    <语句块 2>
```

语句块 1 是正常执行的程序内容，当发生异常时执行 except 保留字后面的语句块。对输入输出数据代码加上异常处理如下。

```
try:
    .n = eval(input('请输入一个整数:'))
```

```
    print(n)
except NameError:
    print('输入错误,请输入一个整数!')
```

运行时同样输了非数字 ab,则会出现如下结果。

```
请输入一个整数:ab
输入错误,请输入一个整数!
```

如果要处理多种类型的异常,则可使用多个 except 语句,类似于 if…elif…else 的分支结构。基本格式如下。

```
try:
    <语句块 1>
except <异常类型 1>:
    <语句块 2>
except <异常类型 2>:
    <语句块 3>
…
except:
    <语句块 n + 2>
```

对输入输出数据代码实现多种异常处理如下。

```
try:
    n = eval(input('请输入一个整数:'))
    print(n)
except NameError:
    print('输入错误,请输入一个整数!')
except :
    print('其他错误类型!')
```

运行时同样输了非数字 ab,则会出现如下结果。

```
请输入一个整数:ab
输入错误,请输入一个整数!
```

5.5　random 库

在导入案例中,由于掷骰子的点数是不确定的,可能是 1～6 中的任意一个,这种随机数字的产生需要用到随机库 random。

随机数在计算机中的应用非常广泛,Python 内置的 random 库主要用于产生各种分布点的伪随机数序列。random 库采用了梅森旋转算法(Mersenne Twiser)生成伪随机数序列,可以用于除随机性要求更高的加密算法之外的大数工程应用。

5.5.1　random 库的常用函数

使用 random 库时,必须先导入,导入的方式常用以下两种。

方法一：import random

方法二：from random import *

使用方法一导入 random 库，每次用库中的方法时，必须加上前缀 random，如 random.random()。

使用方法二导入 random 库，不需要用 random 库名作前缀，可直接使用方法名，如 random()。

random 库中所有的函数都是基于最基本的 random.random() 函数扩展实现的。表 5-2 列出了 random 库中的常用函数。

表 5-2　random 库中的常用函数

函　　数	说　　明
seed(a =None)	随机种子，默认值为当前系统时间
random()	生成一个 $[0.0,1.0)$ 中的随机小数
randint(a,b)	生成一个 $[a,b]$ 中的随机整数
getrandbits(k)	生成一个 kb 长的随机整数
randrange(start,stop[,step])	生成一个 $[$start,stop$)$ 中以 step 为步长的随机整数
uniform(a,b)	生成一个 $[a,b]$ 中的随机小数
choice(seq)	从序列类型，如列表、字符串中随机获取一个元素
shuffle(seq)	将序列类型的元素随机排列，返回打乱后的序列
sample(pop,k)	从 pop 类型中随机选取 k 个元素，以列表类型返回

使用 random 库中的方法时，每次执行的结果不一定相同，例如：

```
>>> from random  import *
>>> random()
0.8482752336931072
```

每次运行，用 random() 函数得到的结果都不一样。

但是如果用了 seed() 函数，那么每次运行会得到一组相同的随机数。例如：

```
seed(10)
for i in range(5):
  print(random())
```

第一次运行结果如下。后再次运行得到的还是这样的同一组随机数。

```
0.5714025946899135
0.4288890546751146
0.5780913011344704
0.20609823213950174
0.81332125135732
```

randint() 函数随机生成一个指定闭区间中的整数。例如：

```
for i in range(5):
  print(randint(1,5) ,end = ',')
```

运行结果：

```
1,4,3,5,1,
```

randrange()函数随机生成一个指定范围（左闭右开）中的整数，例如，生成5个在[1,5)范围内的随机数：

```
for i in range(5):
    print(randrange(1,5),end = ',')
```

运行结果：

```
2,2,1,3,4,
```

getrandbits()函数随机生成指定长度的二进制数对应整数。例如，getrandbits(4)的范围是0000B~1111B，对应十进制就是0~15。

```
for i in range(5):
    print(getrandbits(4),end = ',')
```

运行结果：

```
9,0,1,15,12,
```

uniform()函数与randrange()函数相似，只是生成的是左闭右开区间的随机小数。

```
for i in range(5):
    print(uniform(1,2),end = ',')
```

运行结果：

```
1.7728493463067059 , 1.328063930829693 , 1.2236656695977493 , 1.5448505559010297 ,
1.0436729440961572 ,
```

choice()函数是从指定序列中随机选择一个元素，例如：

```
ls = [1, 2, 3, 4, 5, 6, 7, 8, 9]
for i in range(5):
    print(choice(ls),end = ',')
```

运行结果：

```
7,3,7,8,4,
```

shuffle()函数是将指定序列的顺序随机打乱，是在原序列上操作的。

```
ls = [1, 2, 3, 4, 5, 6, 7, 8, 9]
shuffle(ls)
ls
```

运行结果：

```
[3,1,9,7,8,6,4,5,2]
```

sample()函数是从指定的组合类型中随机选择指定个数的元素作为返回值，返回值类型为列表。例如：

```
dic = {'a', 'b', 'c', 'd'}
sample(dic,3)
```

运行结果：

```
['a','c','d']
```

5.5.2 random 库的应用

【案例 5-20】 随机验证码。

请编写程序，生成 10 组的随机验证码。具体要求如下。

（1）使用 random 库，采用 10 作为随机数种子。

（2）验证码的字符由下列字符串中的字符组成。

abcdefghijklmnopqrstuvwxyzABCDEFGHIJKLMNOPQRSTUVWXYZ1234567890

（3）每个验证码长度固定为 10 个字符。

（4）程序运行每次产生 10 个验证码，每个验证码一行。

（5）每次产生的 10 个验证码首字符不能一样，且不能以数字开头。

（6）按行输出 10 个验证码。

案例分析：

将组成验证码的字符作为字符串赋给变量，通过字符切片的方式从中获取。虽然知道一组验证码有 10 个，但是每次生成的验证码并不一定符合要求，所以不能用遍历循环，而是使用不定循环来实现控制验证码生成的数量。

每个验证码由 10 个字符组成，且相互间的首字符不能相同，也不能是数字。解决方法是用一个序列变量来存储首字符，初始值为 10 个数字。

验证码由 10 个字符组成，循环 10 次实现。每次循环都是从字符串中随机选取一个字符。

每次生成一个验证码，先将首字符与变量中的值进行匹配，如果已存在，则不做处理；如果不存在，则生成的验证码是有效的，将该验证码的首字符加入到存首字符的变量中，并将这个验证码输出来。

```
import random
s = 'abcdefghijklmnopqrstuvwxyzABCDEFGHIJKLMNOPQRSTUVWXYZ1234567890'
random.seed(10)
psw_list = []
first_char = '0123456789'
```

```
print('生成的一组验证码是:')
while len(psw_list)< 10:
  psw = ''
  for i in range(10):
    psw += s[random.randint(0,len(s)-1)]
  if psw[0] in first_char:
    continue
  else:
    psw_list.append(psw)
    first_char += psw[0]
    print(psw)
```

运行结果:

```
生成的一组验证码是:
KcBEKanD1F
p99VxcA4iM
wyAs1RqDlR
tQxiDX4pCN
ycLapim97t
IxX6puQJCB
EePLu3Gk2o
ApccFt1MQe
MjhOXXgCkZ
m9wBACpRrj
```

5.6　time 库与 datetime 库

　　time 库是 Python 的标准库之一,主要用于系统级别的精确计时,获取当前时间并进行时间的格式化输出。time 库的使用需要引用:

`import time`

time 库主要包括三类函数,分别用于时间获取、时间格式化以及程序计时。

5.6.1　time 库的时间获取

time 库的时间获取主要用到了以下 4 个函数,这 4 个函数及其具体作用如表 5-3 所示。

表 5-3　time 库获取时间函数

函　　数	说　　明
time()	用于获取当前时间戳,即计算机内部的系统时间值,该值是一个浮点数
ctime()	获取当前的时间,并且以一个易读的方式显示,返回的结果是一个字符串
gmtime()	返回 0 时区当前时间,返回值是结构体,是方便计算机处理的时间格式
localtime()	返回当前时区时间,返回值是结构体,是方便计算机处理的时间格式

　　gmtime()函数和 localtime()函数返回的结构体中有很多参数,分别是当前的年、月、日、小时、分钟、秒、星期(注意,0 表示周一,5 表示周六)、当天在一年中属于第多少天以及是否为夏令时。

```
import time
print(time.time())
print(time.ctime())
print(time.gmtime())
print(time.localtime())
```

运行结果：

```
1692425851.9165916
Sat Aug 19 14:17:31 2023
time.struct_time(tm_year = 2023, tm_mon = 8, tm_mday = 19, tm_hour = 6, tm_min = 17, tm_sec =
31, tm_wday = 5, tm_yday = 231, tm_isdst = 0)
time.struct_time(tm_year = 2023, tm_mon = 8, tm_mday = 19, tm_hour = 14, tm_min = 17, tm_sec =
31, tm_wday = 5, tm_yday = 231, tm_isdst = 0)
```

5.6.2　time 库的时间格式化

对时间的格式化是指将当前时间按照用户想要的格式来进行输出，time 库的时间格式化类似于字符串的格式化，需要有展示模板和特定的格式化控制字符。

strftime()函数可以将一个时间变量转换成我们想要的字符串格式，使用格式如下。

strftime([格式化模板字符串],[计算机内部时间类型变量])

格式化控制字符有很多，常见的字符如表 5-4 所示。

表 5-4　time 库时间格式化控制字符

格式化	作　　用	格式化	作　　用
%Y	年份，取值范围是 0000～9999	%a	星期缩写，如 Mon
%m	月份，取值范围是 01～12	%H	24h 制的小时，取值范围是 00～23
%B	月份英文名称，如 January	%I	12h 制的小时，取值范围是 00～12
%b	月份缩写，Jan	%p	表示上午（AM）或者下午（PM）
%d	日期，取值范围是 01～31	%M	分钟，取值范围是 00～59
%A	星期英文名称，如 Monday	%S	秒，取值范围是 00～59

strftime()函数的"逆函数"strptime()函数，可以将一个含有时间的字符串，按照用户想要的格式提取并转换成时间。strptime()函数使用如下格式。

strptime([带有时间的字符串],[格式化模板])

```
import time
t = time.gmtime()
print(time.strftime("%Y - %m - %d %H: %M: %S",t))
t2 = '2023 年 08 月 19 日 14 时 34 分 25 秒'
print(time.strptime(t2,'%Y年%m月%d日 %H时%M分%S秒'))
```

运行结果：

```
2023 - 08 - 19 06:42:00
time.struct_time(tm_year = 2023, tm_mon = 8, tm_mday = 19, tm_hour = 14, tm_min = 34, tm_sec =
25, tm_wday = 5, tm_yday = 231, tm_isdst = - 1)
```

如果想用 strptime() 函数输出中文的时间格式,需要用 locale 库中的 setlocale() 函数,例如:

```
import time
import locale
t = time.gmtime()
locale.setlocale(locale.LC_CTYPE,'chinese')
print(time.strftime('%Y年%m月%d日,%H时%M分%S秒',t))
```

运行结果:

```
2023 年 08 月 19 日,16 时 38 分 38 秒
```

5.6.3 time 库的计时和休眠

除了获取时间和时间的格式化以外,time 库还可以用于程序计时和程序休眠。程序计时指的是测量一段程序运行所经历的时间,程序休眠是指让程序停止运行(休眠)一段时间。

time 库中使用 perf_counter() 函数来进行程序计时,返回一个 CPU 级别的精确时间计数值,单位为 s。由于这个计数值起点不确定,连续调用差值才有意义。

time 库还支持 sleep() 函数,该函数可以让程序休眠指定的时间,格式为

sleep(*s*)

参数 *s* 表示拟休眠的时间,单位是 s,可以是浮点数。

```
import time
start = time.perf_counter()
s = 0
for i in range(10000):
    s += i
end = time.perf_counter()
print('程序循环 1 万次用时:{}'.format(start - end))
time.sleep(0.5)
end = time.perf_counter()
print('程序总用时:{}'.format(start - end))
```

运行结果:

```
程序循环 1 万次用时:- 0.000933500000002141
程序总用时:- 0.5014548000000048
```

5.6.4 datetime 库的时间格式化

datetime 是 Python 内置的一个处理日期和时间的标准库,可以轻松处理日期和时间,也可以进行日期和时间的格式化操作。使用时需要引用:

import datetime

datetime 库中有三个主要的日期和时间类:datetime、date 和 time。每个类都包含许

多有用的函数和方法，以处理相关的操作。

1. datetime 类

datetime 类用于处理日期和时间，包括年份、月份、日期、小时、分钟、秒钟和微秒。

datetime()：返回日期和时间的对象。

格式：

datetime.datetime(year,month,day,hour = 0,minute = 0,second = 0,microsecond = 0)

参数说明：

year：年份，介于 1～9999。

month：月份，介于 1～12。

day：日期，介于 1～31（取决于月份）。

hour：小时，介于 0～23。

minute：分钟，介于 0～59。

second：秒钟，介于 0～59。

microsecond：微秒，介于 0～999 999。

示例代码：

```
>>> dt = datetime.datetime(2022, 5, 1, 12, 30, 0, 0)
>>> print(dt)
2022 - 05 - 01 12:30:00
```

若不指定格式，则可使用 now()方法，获取当前系统时间格式。

```
>>> now = datetime.datetime.now()
>>> print(now)
2023 - 08 - 19 22:15:09.591140
```

常用的 datetime 类函数和方法如下。

date()：返回一个 date 对象，表示该 datetime 对象所在的日期。

time()：返回一个 time 对象，表示该 datetime 对象所在的时间。

strftime()：将 datetime 对象转换为指定格式的字符串。

replace()：用指定的属性值替换 datetime 对象中的属性值，并返回一个新的 datetime 对象。

```
>>> now = datetime.datetime.now()
>>> print(now.date())
2023 - 08 - 19
>>> print(now.time())
22:18:16.509573
>>> print(now.strftime("%Y - %m - %d %H:%M:%S"))
2023 - 08 - 19 22:22:19
>>> new_dt = now.replace(hour = 12)    #将小时属性替换为 12
>>> print(new_dt)
2023 - 08 - 19 12:18:16.509573
```

2. date 类

date 类用于处理日期,包括年份、月份和日期。

date 类的格式:

datetime.date(year,month,day)

参数说明:

year:年份,介于 1~9999。

month:月份,介于 1~12。

day:日期,介于 1~31(取决于月份)。

常用的 date 类属性有 year、month、day,分别返回该 date 对象的年份、月份和日期。

```
>>> import datetime
>>> today = datetime.date.today()
>>> print(today.year)
2023
>>> print(today.month)
8
>>> print(today.day)
19
```

3. time 类

time 类用于处理时间,包括小时、分钟、秒钟和微秒。

time 类的格式:

datetime.time(hour = 0,minute = 0,second = 0,microsecond = 0)

参数说明:

hour:小时,介于 0~23。

minute:分钟,介于 0~59。

second:秒钟,介于 0~59。

microsecond:微秒,介于 0~999 999。

常用的 time 类属性有 hour、minute、second、microsecond,分别返回该 time 对象的小时、分钟、秒钟和微秒。

```
>>> now = datetime.datetime.now()
>>> t = now.time()
>>> print(t.hour)
22
>>> print(t.minute)
27
>>> print(t.second)
30
>>> print(t.microsecond)
308041
```

4. datetime 类其他常用方法

datetime.timedelta:表示两个日期或时间之间的差异(例如,两个日期之间的天数),精确到微秒。

datetime. strptime( )：把格式化的字符串转换为日期对象。

datetime. strftime( )：把日期对象格式化为字符串。

datetime. timetuple( )：返回一个 time. struct_time 对象，具有包含 9 个元素的命名元组接口。

```python
import datetime
now = datetime.datetime.now()
print("当前时间为:", now)
d = datetime.datetime(2023, 10, 12, 15, 0)
print("指定的日期和时间为:", d)
delta = datetime.timedelta(days = 7)  #获取两个日期之间的差异
next_week = now + delta
print("一周后的时间为:", next_week)
date_string = "2022 - 01 - 01"  #把字符串转换为日期对象
date_object = datetime.datetime.strptime(date_string, "%Y - %m - %d")
print("转换后的日期为:", date_object)
date_str = date_object.strftime("%d/%m/%Y")  #把日期对象转换为字符串
print("转换后的字符串为:", date_str)
```

运行结果：

```
当前时间为: 2023 - 08 - 19 22:34:20.228145
指定的日期和时间为: 2023 - 10 - 12 15:00:00
一周后的时间为: 2023 - 08 - 26 22:34:20.228145
转换后的日期为: 2023 - 11 - 01 00:00:00
转换后的字符串为: 01/11/2023
```

【**案例 5-21**】　今天是本学期的第几周的第几天？根据输入的开学日期和当前的日期，判断当前日期是本学期的第几周的第几天。

输入示例：

```
2023 - 9 - 1
2023 - 10 - 1
```

输出示例：今天是本学期的第 5 周的第 3 天

案例分析：

将输入的两个日期由字符串通过 datetime. strptime( )方法转换为日期格式，两个日期相减就能得到 datetime. timedelta。使用 timedelta. days 属性可得到相差的天数，由天数对 7 整除可得到第几周，对 7 取余数可得到这周的第几天。由于没有第 0 周第 0 天这个说法，所以将周与天的值均加 1。

```python
import datetime
start = input()
now = input()
st = datetime.datetime.strptime(start,"%Y - %m - %d")
now = datetime.datetime.strptime(now,"%Y - %m - %d")
delta = now - st
week,no = divmod(delta.days,7)
print('今天是本学期的第{}周的第{}天'.format(week + 1,no + 1))
```

运行结果：

今天是本学期的第 5 周的第 3 天

习题

1. 打印出"回文数"。所谓"回文数"是指一个数,无论从左向右读还是从右向左读,都是相同的。这样的数字叫作回文数字。例如,8118 是一个回文数,它的 4 个数字之和为 16。请编写程序找出所有 4 位数的数字之和为 16 的回文数。

2. 一个数如果恰好等于它的因子之和,这个数就称为"完数"。例如,6 的因子为 1、2、3,而 6＝1＋2＋3,因此 6 就是"完数"。又如,28 的因子为 1、2、4、7、14,而 28＝1＋2＋4＋7＋14,因此 28 也是"完数"。编写一个程序,判断用户输入的一个数是否为"完数"。

3. 分别用穷举法和欧几里得距离(辗转相除)法求两个指定数字的最大公约数和最小公倍数。

4. 请编写程序实现：输入一个正整数,检查该数是否为质数。

5. 请编写程序实现输出杨辉三角形,结果如图 5-13 所示。

观看视频

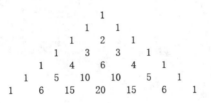

图 5-13　杨辉三角形

第 **6**章

函数

知识导图

本章知识导图如图 6-0 所示。

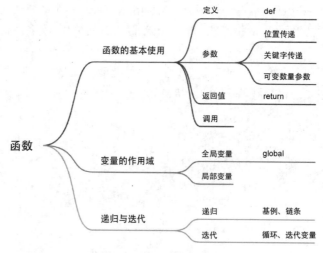

图 6-0　第 6 章知识导图

问题导向

- 为什么各种数据类型中的内置方法能实现相应功能？
- 如何自定义设计这种功能？
- 如何调用自定义的函数功能？
- 如何实现在函数内外数据的传递与交互？

重点与难点

- 函数的定义与调用。
- 参数的传递，变量的作用域。
- 递归与迭代的应用。

6.1　函数的基本使用

为什么要使用函数呢?

如果一个软件功能比较强大,相对应的代码也会比较庞大,以目前全球最大的计算机软件提供商微软为例,在 Windows 2000 的研发过程中,微软投入了 300 多名的软件工程师和系统测试人员,合计写出约 5000 万行代码。可以想象,如果把所有的代码都放在一个主函数中,代码编写就无法分工,编写任务基本也是不可能完成的,同时也会产生代码过长、容易出错、可读性差等问题。

观看视频

因为必须有一种机制,能将代码划分为若干模块,每一模块可相对独立地实现某一功能,这就是函数。

另外,有部分功能经常要使用,但是不可能每次使用的时候都要把相应的功能代码全部写一遍,这样会造成代码的大量冗余。解决方法就是将这样的功能封装起来,每次需要使用这个功能时,通过调用函数就可实现。

有一部分经常使用的函数,由系统直接封装,用户不需要重复定义可直接调用,这就是内置函数;如前面学到的函数 print()、len()等,都是 Python 的内置函数。

有一些是用户自己定义的函数,不同功能的函数之间通过一定的方式实现通信,这就需要为自定义函数设计参数及返回值。

总体来说,函数的两个主要目的是:降低编程难度,实现代码复用。

函数是一种功能抽象,复用它可以将一个复杂的大问题分解成一系列简单的小问题,同时,小问题还可以继续划分成更小的问题,是一种分而治之的思想应用。当每个小问题都细化到足够简单时,为每个小问题编写程序,并通过函数封装,由小问题的解决到整个大问题的解决。这就是一种自顶向下的程序设计思想。

【案例 6-1】　数学计算,请编写程序完成公式的计算: $C_n^m = \dfrac{n!}{m!(n-m)!}$,其中,$m$、$n$ 的值由键盘输入。

案例分析:

从这个公式中可以看到,要反复求各数的阶乘,如果直接用代码编写,需要将求阶乘的代码写三次,这必然会造成大量的代码冗余,因此可以将求阶乘的功能代码封装起来得到一个函数,每次要求阶乘时,只需要通过修改参数调用函数即可。

```python
#自定义阶乘函数 fact()用于求参数 a 的阶乘,返回值为 a 的阶乘
def fact(a):
  f = 1
  for i in range(1,a + 1):
    f * = i
  return f
n = eval(input())
m = eval(input())
c = fact(n)/(fact(m) * fact(n-m))
print(c)
```

6.1.1 函数的定义

函数的定义即函数功能的实现过程，包含函数头与函数体两部分。为提高程序的可读性，在函数定义之前，一般以注释形式标明函数接口信息。从案例 6-1 中可以看出函数的定义格式如下。

```
def 函数名(参数 1,参数 2,…):
    函数体
return 返回值列表
```

def：关键字，标志着函数的开始。

函数名：函数唯一的标识，可以是任何有效的 Python 标识符，命名方式遵循变量的命名规则。

参数：参数列表中的参数是形式参数，简称为"形参"，是调用该函数时传递给它的值，可以是零个，也可以是一个或多个。当传递多个参数时，各参数由逗号分隔。没有参数时也需要保留括号。形参只在函数体中有效。

冒号：用于标记函数体的开始。

函数体：是函数每次被调用时执行的代码，由一行或多行代码组成。

return：标志函数的结束，将返回值赋给函数的调用者。若没有返回值，则无须保留 return 语句，在函数体结束位置将控制权返回给调用者即可。

6.1.2 函数的调用

函数定义好之后不会立即执行，只有被程序调用时才会生效。从案例 6-1 中可以看到，函数调用的语句是 c＝fact(n)/(fact(m) * fact(n−m))。由此可看出，调用函数的基本格式如下。

```
函数名(参数列表)
```

调用时，参数列表中给出实际要传入函数内部的参数，这类参数称为实际参数，即"实参"。实参可以是变量、常量、表达式、函数等。

在程序执行过程中，调用函数其实分成 4 个步骤(如图 6-1 所示)。

(1) 调用程序在调用处暂停执行。

(2) 在调用时将实参复制给函数的形参。

(3) 执行函数体语句。

(4) 函数结束时给出返回值，程序回到调用前暂停处继续执行。

主程序先顺序执行到 c＝fact(n)/(fact(m) * fact(n−m))时，暂停，转到函数 fact()。

将实参 n 复制传递给形参 a。

执行函数 fact()中的语句。

函数执行结束时，得到返回值 f，回到主程序 c＝fact(n)/(fact(m) * fact(n−m))，得到了 fact(n)的值。

同样的方式再次暂停，调用函数求得 fact(m)、fact(n−m)的值。

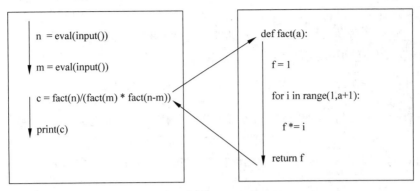

图 6-1　函数调用与返回过程

回到主程序 c＝fact(n)/(fact(m) ＊ fact(n－m))，继续往下执行 print(c)。

【案例 6-2】 绘制病毒，效果如图 6-2 所示。

案例分析：

从图 6-2 中可以找到画图的规律，图的基本组成元素是 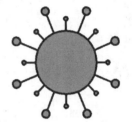，区别在于圆的半径和直线的长度不同，因此可以将这个基本元素的画法封装在函数中，给函数传递不同的半径值和直线长度值，则可实现病毒的画法。

基本元素的画法是先画圆弧，右转 90°，画直线，右转 90°，画圆，右转 90°，画直线，右转 90°。基本元素一共出现了 16 次，由此可知，圆弧的角度为 360/16＝22.5°。

图 6-2　病毒

实现代码：

```python
import turtle as t
def virus(r1, r2, d):
    t.circle(r1, 22.5)
    t.right(90)
    t.fd(d)
    t.right(90)
    t.circle(r2)
    t.right(90)
    t.fd(d)
    t.right(90)
t.color('red', 'pink')
t.pensize(5)
t.begin_fill()
for i in range(8):
    virus(80, 12, 50)
    virus(80, 6 ,20)
t.end_fill()
t.hideturtle()
t.done()
```

6.2　参数的传递

函数的参数传递是指将实参传递给形参的过程，例如，案例 6-2 中定义时形参为 a，调

观看视频

用时实参为 n，这个过程就是将实参 n 的值传递给形参 a。Python 中函数支持以多种方式传递参数，包括位置传递、关键字传递、默认值传递、包裹传递、解包裹传递及混合传递。下面主要介绍位置传递和关键字传递。

6.2.1　参数的位置传递

调用函数时，默认的是按位置传递参数。实参按位置顺序传递给形参，即第 1 个实参传递给第 1 个形参，第 2 个实参传递给第 2 个形参，以此类推。

【案例 6-3】　编写一个函数，用来比较两个数的大小，并输出较大的数。

```python
def fmax(a,b):
  if a >= b:
    print("较大的数是{}".format(a))
  else:
    print("较大的数是{}".format(b))
m = eval(input())
n = eval(input())
fmax(m,n)
```

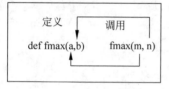

图 6-3　参数的传递

案例 6-3 中函数有两个形参 a、b。调用函数时传入两个实参 m、n。fmax(m,n) 这种方式就是按位置进行参数的传递，m 传给 a，n 传给 b，如图 6-3 所示。

注意：通过位置传递参数时，实参的个数必须与形参的个数完全一致，否则程序就会出现异常。

【案例 6-4】　将案例 5-15 中质数的判断改成函数，由调用函数实现质数的判断。

```python
def prime(n):
  if n == 1:
    return False
  for i in range(2,int(n**0.5)+1):
    if n % i == 0:
      return False
    else:
      return True
n = int(input())
if prime(n):
  print('Yes')
else:
  print('No')
```

6.2.2　参数的关键字传递

如果函数中的形参数目较多时，开发者很难记住每个参数的作用，这时可以使用关键字方式传递参数。

关键字传递方式：

形参变量名 = 实参

这种方式是根据形参的名称来实现参数的传递,它允许实参和形参的位置顺序不一致。

【案例 6-5】 定义一个函数,求长方体的表面积。

```
def area(l,w,h):
    return 2 * (l*w + l*h + w*h)
a, b, c = eval(input("请用逗号隔开输入长方体的长、宽、高"))
s = area(w = b, l = c, h = a)
print("长方体的表面格为:", s)
```

通过关键字方式传递参数时,无须关心定义函数时参数的顺序,直接在传递时指定对应的名称即可。

6.2.3　可选参数和可变数量参数

1. 可选参数

函数在定义的时候,有些参数直接设定了默认值,即部分参数不一定需要调用程序输入。当函数被调用时,如果没有传入对应的参数值,则使用函数定义时的默认值替代。

基本形式:

函数名(参数 = 默认值)

例如,定义一个函数,求圆的面积:

```
def area(r, pi = 3.14):
    return pi * r * r
print('圆的面积是:',area(10))
```

函数定义时有两个参数,即 r 和 pi=3.14,其中,形参 pi 指定了默认值,即 pi=3.14。在调用时只传递了一个参数值10,则会将参数值10传递给形参 r,而形参 pi 则使用定义时指定的默认值3.14。这个函数调用时也可以传递两个参数,如 area(10,3.1415),形参 pi 将会使用传入的参数值3.1415。

注意:由于函数调用时一般按顺序传递参数,可选参数必须定义在非可选参数后面。上例函数 area()中带默认值的可选参数 pi 就必须定义在参数 r 后面。

2. 可变数量参数

在函数定义时,也可以设计可变数量参数,通过在参数前面加星号(＊)实现。带有星号的可变数量参数只能出现在参数列表的最后。调用时,这些参数当作元组类型传递到函数中。

【案例 6-6】 累加。定义一个函数对指定整数以内的数累加求和。

```
def Sum(n, ＊b):
    s = 0
    for i in range(1, n+1):
        s += i
    for item in b:
        s += item
    return s
print(Sum(5,6,7))
```

Sum()函数定义了一个可变数量参数 b，调用函数 Sum()时，输入数据(6,7)被当作元组传递给 b，与 n 以内的数值之和再进行累加后输出。

例如，$n=5$，累加和为 $1+2+3+4+5=15$。

$b=(6,7)$，与上面的和 15 累加，即 $15+6+7=28$。

程序运行的最终结果为 28。

观看视频

6.3　函数的返回值

函数的返回值语句 return 是可选项，可以出现在函数体中的任何位置，它的作用是结束并退出当前函数，将程序返回到函数被调用时的位置继续执行，同时将函数中的数据返回给主程序。

return 语句可以同时将 0 个、1 个或多个函数运算后得到的结果返回给函数调用处的变量。有多个返回值时，会形成一个元组。例如，利用函数实现同时求累加之和与累乘之积。

```python
def Mult(n):
  s = 0                    # 累加结果
  m = 1                    # 累乘结果
  for i in range(1,n + 1):
    s += i
    m *= i
  return s,m
Sum, Mul = Mult(5)
print("累加之和:{},阶乘之积:{}".format(Sum,Mul))
T = Mult(6)
print(type(T))
```

运行结果：

```
累加之和:15,阶乘之积:120
<class 'tuple'>
```

Mult()有两个返回值 s、m；调用函数时会得到两个数值。可以用两个变量来接收返回值，也可以用一个变量来接收返回值，一个变量则会是一个元组类型。

函数可以没有返回值，即没有 return 语句。如案例 6-3 中比较大小时，没有 return 语句，则会在函数体语句运行完成后退出函数。

观看视频

6.4　变量的作用域

Python 中的变量不是在哪个位置都可以访问的，具体的访问权限取决于定义变量的位置。变量所处的有效范围称为变量的作用域。

根据变量的作用域不同，可以将变量分为两类：全局变量和局部变量。

全局变量是指在函数之外定义的变量，一般没有缩进，在程序执行的全过程有效。

局部变量是指在函数内部定义的变量，仅在函数内部有效，一旦退出函数，变量就不再存在。

想要在函数中使用全局变量时,一般会使用 global 声明。

下面通过几个案例的运行结果来理解全局变量和局部变量的使用。

```
n = 1
def fun(a,b):
  n = a * b            #此处 n 是与全局变量同名的局部变量
  return a + b
s = fun(10,12)
print(s, n)
```

运行结果:

```
22 1
```

从运行结果中可以看出,尽管调用了函数,但变量 n 的值并未发生改变。原因是:虽然在主程序中声明了全局变量 n,但是在函数中并没有使用 global 关键字声明,而 fun() 函数有自己的内存空间,它会将($n = a*b$)理解为生成一个局部变量 n,并将两个参数之积赋给它。所以在函数中出现的变量 n 其实是一个局部变量,跟全局变量 n 是两个完全不同的独立变量。

```
n = 1
def fun(a,b):
  global n            #此处 n 是全局变量
  n = a * b
  return a + b
s = fun(10,12)
print(s, n)
```

运行结果:

```
22 120
```

从运行结果可以发现,变量 n 的值经过函数调用后发生了变化,这是由于在函数体中使用 global 关键字声明了变量 n 是全局变量,变量 n 在主程序和函数体中使用的是同一个内存空间,因而在调用函数时会改变内存空间中的值。

```
ls = []                #创建一个全局列表变量
def fun(a,b):
    ls.append( a * b )  #此处 ls 是全局变量
  return a + b
s = fun(10,12)
print(s, ls)
```

运行结果:

```
22  [120]
```

从这个运行结果发现出现了神奇的事情,没有使用 global 声明列表变量 ls,但是它的值在函数调用后居然发生了改变。其原因是列表是组合数据类型,会对多个数据进行操作,它的使用有创建和引用的区别。当列表被方括号([ ])赋值时,列表就会被真实地创建,否则就是对之前创建出来的列表进行引用。而普通的数据类型变量的赋值是没有创建和引用的区分的。

在函数体中,虽然没有使用 global 声明的列表变量 ls,但是出现 ls.append(a * b)语句时,仅仅是对列表 ls 进行引用。而函数体中没有创建过这个名称的列表,fun()函数就会进一步去寻找全局内存空间,当在全局内存空间找到变量 ls 后,则会自动关联全局 ls 列表,并对其内容进行修改。

简单而言,对于列表类型,函数可以直接使用全局列表,而不需要采用 global 进行声明。

```
ls = []                    # 创建一个全局列表变量
def fun(a,b):
    ls = []                # 此处 ls 是局部变量
    ls.append( a * b )
  return a + b
s = fun(10,12)
print(s, ls)
```

运行结果:

```
22  [ ]
```

由于在函数体中创建了一个局部变量 ls,虽然名称与全局变量相同,但是出现了方括号赋值时,列表就会在真实的 fun()函数的内存空间中创建,语句 ls.append(a * b)修改的就会是 fun()函数内存空间的变量 ls 的值,而不是全局变量 ls 的值。故全局变量 ls 的值仍然是空的。

由此可以总结一下 Python 函数对变量的作用要遵守如下原则。

(1) 简单数据类型变量无论是否与全局变量重名,仅在函数内部创建和使用。函数退出后,变量就会被释放,而同名的全局变量不受函数调用影响。

(2) 简单数据类型变量在使用 global 保留字声明后,作为全局变量使用,函数退出后,该变量仍被保留,且数值被函数改变。

(3) 对于组合数据类型的全局变量,如果有函数内部没有被真实地创建同名变量,则函数内部可以直接使用并修改全局变量的值。

(4) 如果函数内部真实地创建了组合数据类型变量,无论是否与全局变量同名,函数仅对内部的局部变量进行操作,函数退出后局部变量被释放,而全局变量的值不受函数影响。

6.5 匿名函数

观看视频

匿名函数是一类无须定义标识符的函数,它与普通函数一样可以在程序的任何位置使用,但是在定义时被严格限定为单一表达式。Python 中使用关键字 lambda 来定义匿名函数。

语法格式：

```
<函数名> = lambda <参数列表>:表达式
```

这个语句等价于正常函数的定义：

```
def 函数名(参数列表):
    return 表达式
```

与普通的函数相比,lambda 函数的体积更小、功能单一,用于定义简单的、能在一行内表示的函数,返回一个函数类型。

lambda 函数与普通函数的区别如下。

(1) 普通函数在定义时有名称,lambda 函数没有。

(2) 普通函数的函数体中可以包含多条语句,而 lambda 函数只能是一个表达式。

(3) 普通函数可以实现比较复杂的功能,而 lambda 函数功能简单。

(4) 普通函数能被其他程序调用,而 lambda 函数不能被其他程序调用,经常用一个变量来保存它,以便后期可以随时使用这个函数。

当匿名函数用变量来保存时,这个变量可以作为匿名函数的临时名称来调用。示例如下。

```
>>> f = lambda x, y: x + y
>>> f(10,20)
30
>>> temp = lambda x : pow(x,2)
>>> temp(10)
100
```

lambda 函数经常会用在多维列表的排序中。如对二维列表按第二列分别升序、降序排序,示例如下。

```
>>> ls = [['a',100],['b',10],['c',30],['d',90],['e',50]]
>>> ls.sort(key = lambda x :x[1])
[['b', 10], ['c', 30], ['e', 50], ['d', 90], ['a', 100]]

>>> ls.sort(key = lambda x :x[1],reverse = True)
[['a', 100], ['d', 90], ['e', 50], ['c', 30], ['b', 10]]
```

6.6　函数应用

观看视频

【案例 6-7】　日历的输出。通过输出年份和月份,显示出指定月份的日历。

运行效果如图 6-4 所示。

案例分析：

在 Python 中其实有一个专门的日历库 calendar,直接调用这个库的 month()函数则可输出日历。例如：

```
                    2020年1月日历
Sun     Mon     Tues    Web     Thur    Fri     Sat
----------------------------------------------------------
                         1       2       3       4
5       6       7        8       9       10      11
12      13      14       15      16      17      18
19      20      21       22      23      24      25
26      27      28       29      30      31
```

图 6-4　日历效果图

```
import calendar
print(calendar.month(2023,8))
```

运行结果：

```
    August 2023
Mo Tu We Th Fr Sa Su
       1  2  3  4  5  6
 7  8  9 10 11 12 13
14 15 16 17 18 19 20
21 22 23 24 25 26 27
28 29 30 31
```

但是想要用中文的格式自己设置函数来实现指定年月的日历输出,则需要考虑以下几点。

(1) 想要显示日历,首先要知道是哪一年的,而年份又分为闰年和平年。通过一个函数来实现闰年的判断。当年份能被 4 整除且不能被 100 整除,或能被 400 整除时为闰年,其余为平年。定义函数的返回值:为闰年时返回 True,为平年时返回 False。

(2) 需要知道当前月有几天。通过定义函数获取每个月的天数。为闰年时,2 月为 29 天;为平年时,2 月为 28 天。其他月份中:1、3、5、7、8、10、12 月为 31 天,4、6、8、11 月为 30 天。

(3) 确定一个起始的参考年份,如 1990,当前年的 1 月 1 日为星期一。定义一个函数,获取指定年、月到参考年、月的总天数,以确定每个月的 1 日是星期几。设定天数初值为 0,先判断当年为闰年时;天数加 366 天,为平年时,天数加 365 天。再加上当前年从 1 月到指定月份的天数。

(4) 在主函数中先输入年份和月份,再调用函数。由于要将日期按星期进行排列,一周为 7 天,需定义一个计数器,初值为 0,用来控制输出换行,当数值能被 7 整除时则换行。

(5) 确定日历的输出顺序,必须先确定 1 日的星期位置。如果按星期一排在第一个,则直接用总天数对 7 整除取余数(total_days(year,month)%7)。如果星期日排在第一个,则将总天数加 1 再对 7 整除取余数(total_days(year,month)+1)%7)。1 日之前的星期位置需要空出来,所以就直接输出间隔符,每输出一个间隔符,都需要对计数器加 1。

(6) 从 1 日按序输出日期,每输出一个日期,计数器就加 1,当计数器的值能被 7 整除时,则换行。

```
'''
*   函数名:leap_year()
*   函数功能:判断指定年是否为闰年
```

```
*    参数:年份
*    返回值:True 或 False
'''
def leap_year(year):
    if (year % 4 == 0 and year % 100 != 0) or year % 400 == 0:
        return True
    else:
        return False


'''
*    函数名:month_days()
*    函数功能:获取每个月的天数
*    参数:年份、月份
*    返回值:返回指定月份的天数
'''
def month_days(year,month):
    if month == 2:
        if leap_year(year):
            return 29
        else:
            return 28
    elif month in [1,3,5,7,8,10,12]:
        return 31
    else:
        return 30
'''
*    函数名:total_days ()
*    函数功能:获取从当前年到 1990 年的总天数
*    参数:年份、月份
*    返回值:从 1990 到当前年份的总天数
'''
def total_days(year,month):
    days = 0
    for i in  range(1990,year):
        if leap_year(i):
            days += 366
        else:
            days += 365
    for i in range(1,month):
        days += month_days(year,i)
    return days


# 主程序
if __name__ == '__main__':
    year = 2018
    month = 10
    print( '\t\t{}年{}月日历'.format(year,month))
    print ('Sun\t Mon\t Tues\t Web\t Thur\t Fri\t Sat')
    print ('------------------------------------------------------ ')
    count = 0
# 当前月份的 1 日是星期几,将前面的星期位置空出来
    for i in range((total_days(year,month) + 1) % 7):
        print(end = '\t')
        count += 1
    # 按星期位置输出每个月的天数
```

```
for i in range(1,month_days(year,month) + 1):
  print(i,end = '\t')
  count += 1
  if count % 7 == 0:
    print()
```

【案例 6-8】　学生信息管理系统。

案例设计目的：

* 理解并掌握函数的定义与调用。
* 掌握参数的设置与传递。
* 熟练运用模块化程序设计思想。

案例分析：

根据实际的需求得出系统的总体框架，系统模块设计如图 6-5 所示。

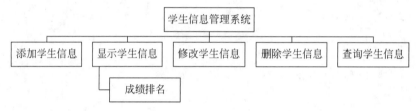

图 6-5　学生信息管理系统模块图

设计思路：

创建一个字典用于保存学生的学号、姓名、各科成绩。由于字典和列表的全局特性，只要不是在函数中创建同名字典，则所有函数可访问主程序中的字典。学生的学号具有唯一性，可将学号作为 key，姓名及各科成绩作为 value。

添加学生信息：先判断输入的学号是否已经存在，若存在则重新输入，若不存在则继续输入姓名及各科成绩。最后将所有输入内容作为一个元素添加到字典中。

修改学生信息：先判断输入的学号是否存在，若存在则输入要修改的信息，若不存在则重新输入学号。最后将对应学号的 value 值进行修改。

删除学生信息：先判断输入的学号是否存在，若存在则将学号对应的元素从字典中删除，若不存在则给出提示。

查询学生信息：先判断输入的学号是否存在，若存在则将学号对应的元素信息显示出来，若不存在则给出提示。

显示学生信息：对字典进行遍历，将字典中所有的信息按指定格式显示出来。涉及成绩的总分与排名，通过调用成绩排名函数获取，调用时需要将学号作为参数传递过去。

成绩排名：对字典进行遍历，对每个学生的成绩进行求和，并将对应的学号和求和数据保存到列表中。然后对列表进行降序排序，元素对应的索引值加 1 即为每个学生的排名。函数的参数即学号，将该学号对应的总分和排名作为返回值。

实现代码：

```
'''
* 函数名::menu()
```

```
    *    函数功能:显示主菜单,供用户选择操作业务
    *    参数:无
    *    返回值:无
    '''
    def menu():
        print('* ' * 20)
        print('*              学生信息管理系统              * ')
        print('* ' * 20)
        print('*           请选择你需操作的业务              * ')
        print('*              1. 显示学生信息                * ')
        print('*              2. 添加学生信息                * ')
        print('*              3. 修改学生信息                * ')
        print('*              4. 删除学生信息                * ')
        print('*              5. 查询学生信息                * ')
        print('*              0. 退出管理系统                * ')
        print('* ' * 20)
    '''
    *    函数名::addInfo()
    *    函数功能:添加学生信息
    *    参数:无
    *    返回值:无
    '''
    def addInfo():
        while True:
            stuID = input('请输入学号:')
            if stuID in student:
                print('该学号已存在,请重新输入!')
            else:
                break
        name = input('请输入姓名:')
        math = eval(input('请输入高等数学成绩:'))
        english = eval(input('请输入大学英语成绩:'))
        program = eval(input('请输入程序设计成绩:'))
        student[stuID] = [name,math,english,program]
    '''
    *    函数名:update()
    *    函数功能:修改学生信息
    *    参数:无
    *    返回值:无
    '''
    def update():
        while True:
            stuID = input('请输入学号:')
            if judge(stuID) == False:
                print('该学号不存在,请重新输入!')
            else:
                break
        name = input('请输入姓名:')
        math = eval(input('请输入高等数学成绩:'))
        english = eval(input('请输入大学英语成绩:'))
        program = eval(input('请输入程序设计成绩:'))
        student[stuID] = [name,math,english,program]
    '''
    *    函数名:showInfo()
    *    函数功能:显示学生信息
    *    参数:无
```

```
 *   返回值:无
'''
def showInfo():
  print('--'*50)
  print('  学号\t| 姓名 \t|高等数学\t|大学英语\t|程序设计\t| 总分 \t| 排名\t|')
  for s in student:
    rank = getRank(s)
    print('{:^7}'.format(s), end = '\t|')
    for info in student[s]:
      print('{:^6}'.format(info), end = '\t|')
    print('{:^6}\t|{:^6}'.format(rank[0],rank[1]), end = '  |')
    print()
  print('--'*50)
'''
 *   函数名:delInfo()
 *   函数功能:删除学生信息
 *   参数:无
 *   返回值:无
'''
def delInfo():
  stuID = input('请输入学号:')
  if judge(stuID) == False:
    print('该学号不存在,请重新输入!')
  else:
    del student[stuID]
'''
 *   函数名:query()
 *   函数功能:查询学生信息
 *   参数:无
 *   返回值:无
'''
def query():
  stuID = input('请输入学号:')
  if judge(stuID):
    rank = getRank(stuID)
    print('  学号\t| 姓名 \t|高等数学\t|大学英语\t|程序设计\t| 总 分 \t| 排 名\t |')
    print('{:^6}'.format(stuID), end = '\t|')
    for info in student[stuID]:
      print('{:^6}'.format(info), end = '\t|')
    print('{:^6}\t|{:^6}'.format(rank[0],rank[1]), end = '  |')
    print()
  else:
    print('该学号不存在')
'''
 *   函数名:judge()
 *   函数功能:判断学生信息表中是否存在指定学号
 *   参数:ID,学生学号
 *   返回值:True 或 False
'''
def judge(ID):
  if ID in student:
    return True
  else:
    return False
'''
```

```
*    函数名:getRank()
*    函数功能:获取学生排名
*    参数:stuID,学生学号
*    返回值:指定学生的总分及排名
'''
def getRank(stuID):
    rank = []
    for s in student:
        Sum = sum(student[s][1:])
        rank.append([s,Sum])
    rank.sort(key = lambda x:x[1], reverse = True)
    for i in range(len(rank)):
        if rank[i][0] == stuID:
            return rank[i][1], i + 1
'''
*    函数名:程序入口
*    函数功能:创建字典,根据输入的编号调用相应的功能函数
*    参数:无
*    返回值:无
'''
if __name__ == '__main__':
    student = {}
    while True:
        menu()
        select = input('请输入操作编号:')
        if select == '0':
            break
        elif select == '1':
            showInfo()
        elif select == '2':
            addInfo()
        elif select == '3':
            update()
        elif select == '4':
            delInfo()
        elif select == '5':
            query()
```

运行效果如图 6-6 和图 6-7 所示。

```
* * * * * * * * * * * * * * * * * * * *
*         学生信息管理系统           *
* * * * * * * * * * * * * * * * * * * *
*       请选择你需操作的业务          *
*       1. 显示学生信息              *
*       2. 添加学生信息              *
*       3. 修改学生信息              *
*       4. 删除学生信息              *
*       5. 查询学生信息              *
*       0. 退出管理系统              *
* * * * * * * * * * * * * * * * * * * *
请输入操作编号: 2
请输入学号: 1901001
请输入姓名:李全
请输入高等数学成绩:98
请输入大学英语成绩: 95
请输入程序设计成绩: 96
```

图 6-6　系统运行主界面

```
请输入操作编号: 1
学号      │ 姓名 │ 高等数学 │ 大学英语 │ 程序设计 │ 总 分 │ 排 名 │
1901001 │ 李全 │ 98       │ 95       │ 96       │ 289   │ 1    │
1901002 │ 杜云 │ 87       │ 86       │ 92       │ 265   │ 3    │
1901003 │ 赵真 │ 92       │ 94       │ 95       │ 281   │ 2    │
```

图 6-7　系统运行效果图

观看视频

6.7　函数的递归

　　函数作为一种代码封装，可以被其他程序调用，当然也可以在函数本身内部代码中调用，即自己调用自己。这种函数定义中调用函数自身的方式称为递归。

　　递归就像是一个人站在装满镜子的房间中，看到的影像就是递归的结果。

　　递归在数学和计算机应用中非常强大，能够非常简捷地解决重要问题。

　　前面的案例中定义了数学中求阶乘的函数，其实这是一个经典的递归例子。阶乘的定义如下：

$$n! = n \times (n-1) \times (n-2) \times \cdots \times 1$$

　　在前面的函数定义中，使用一个简单的循环来实现阶乘的计算。但是仔细观察这个公式，例如，计算 $5!$，可以变成 $5! = 5 \times 4!$，如果去掉 5，那就只剩下计算 $4!$，以此类推，就会发现 $n! = n(n-1)!$，这时可以用另一种表示阶乘的公式：

$$n! = \begin{cases} 1, & n = 0, 1 \\ n(n-1)!, & 其他 \end{cases}$$

　　从这个定义中可以看出，0 的阶乘是 1，其他数的阶乘是这个数乘以比这个数小 1 的数的阶乘。

　　递归的基本思想是将一个复杂的问题转换为若干个子问题，子问题的形式和结构与原问题相似，求出子问题的解之后根据递归关系就可以获得原问题的解。

　　递归有以下两个基本要素。

　　(1) 基例：子问题的最小规模，用于确定递归何时终止，也称为递归的出口。

　　(2) 链条：即递归模式，将复杂问题分解成子问题的基础结构，也称为递归体。

　　递归函数的一般形式为

```
def 函数名(参数列表):
    if 基例:
        return 基例结果
    else:
        return 递归体
```

　　上例求阶乘不用循环，而改用递归来解决，就是每次递归都是计算比它更小的数的阶乘，直到 $1!$。$1!$ 是已知的值，称为递归的基例。递归的链条就是 $n! = n \times (n-1)!$。依据递归函数的一般形式，可以写出求阶乘的代码如下。

```
def fact(n):
    if n == 0:
```

```
        return 1
    else:
        return n * fact(n-1)
num = eval(input('请输入一个正整数:'))
print('{}的阶乘是:{}'.format(num, fact(num)))
```

fact()函数在定义时内部引用了自身:return n * fact(n-1),形成了递归过程。而无限制地递归将耗尽计算资源,因此必须设计基例,使得递归逐层返回。函数体中用到了 if 语句给出了 n 为 1 时的基例,一旦递归层到了 $n=1$ 时,fact()不再递归,返回数值 1。

递归过程如图 6-8 所示。

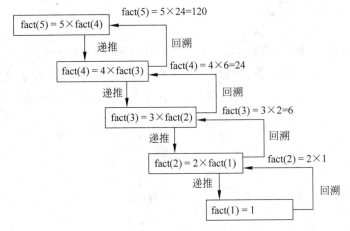

图 6-8　递归过程

递归遵循函数的语义,每次调用都会引起新函数的开始,表示它有本地变量值的副本,包括函数的参数。每次调用时,函数参数的副本会临时存储,递归中各函数再运算自己的参数,相互没有影响,当基例结束运算并返回值时,各函数逐层结束运算,向调用者返回计算的结果。

运行结果:

```
>>>
请输入一个正整数:5
5 的阶乘是:120
```

注意:使用递归,一定要注意基例的构建,否则递归无法返回将会报错。

在数学中有一个非常有名的数列:斐波那契数列,就可以使用递归来实现。斐波那契数列的公式如下。

$$F(n)=\begin{cases}n, & n=1,2 \\ F(n-1)+F(n-2), & n\geqslant 3\end{cases}$$

使用递归函数来实现,代码如下。

```
def Fib(n):
    if n == 1 or n == 2:
        return 1
```

```
    else:
        return Fib(n-1) + Fib(n-2)
num = eval(input('请输入一个正整数:'))
print('长度为{}的斐波那契数列为:'.format(num))
for i in range(1,num + 1):
    print(Fib(i),end = '')
```

运行结果：

```
>>>
请输入一个正整数:12
长度为 10 的斐波那契数列为:
1,1,2,3,5,8,13,21,34,55
```

斐波那契数列是由数学家昂纳多·斐波那契以兔子的繁殖为例子而引入的,故也称为"兔子数列"。兔子的繁殖故事是这样的:一般兔子出生两个月后就有繁殖能力,一对兔子每个月能生出一对小兔子,如果所有的兔子不死,那么一年后有多少对兔子? 兔子的繁殖示意图如图 6-9 所示。

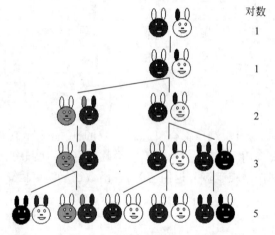

图 6-9　兔子的繁殖示意图

兔子数量统计表如表 6-1 所示。

表 6-1　兔子数量统计表

月份数	0	1	2	3	4	5	6	7	8	9	10	11	12
幼崽对数	1	0	1	1	2	3	5	8	13	21	34	55	89
成兔对数	0	1	1	2	3	5	8	13	21	34	55	89	144
总对数	1	1	2	3	5	8	13	21	34	55	89	144	233

【案例 6-9】 理财计划。

银行近期推出了一款新的理财计划"重复计息储蓄"。储户只需在每个月月初存入固定金额的现金,银行就会在每个月月底根据储户账户内的金额算出该月的利息并将利息存入用户账号。现在如果某人每月存入 k 元,请帮他计算一下,n 月后,他可以获得多少收益?

输入数据仅一行,包括两个整数 $k(100 \leqslant k \leqslant 10\,000)$、$n(1 \leqslant n \leqslant 48)$ 和一个小数 $p(0.001 \leqslant p \leqslant 0.01)$,分别表示每月存入的金额、存款时长、存款利息。

案例分析：

根据题目要求，可以列出表6-2。

表6-2 收益规律表

月份数	1	2	3
月初	k	$f(1)+k$	$f(2)+k$
月末	$f(1)=k\times(1+p)$	$f(2)=(f(1)+k)\times(1+p)$	$f(3)=(f(2)+k)\times(1+p)$
收益	$k\times p$	$f(2)-2\times k$	$f(3)-3\times k$

程序代码：

```
k,n,p = map(eval,(input().split()))
t = 0
sum = 0
for i in range(n):
    sum = (sum + k) * (1 + p)
sh = sum - k * n
sh = int(sh * 100)
print('{}月后的收益是:{:.2f}'.format(n, sh /100))
```

用递归实现：

```
def profit(n,k,p):
  if n == 1:
    return k * (1 + p)
  else:
    return (profit(n - 1,k,p) + k) * (1 + p)
k,n,p = map(eval,(input().split()))
rate = profit(n,k,p) - k * n
rate = int(rate * 100)
print('{}月后的收益是:{:.2f}'.format(n, rate /100))
```

【案例6-10】 利用递归函数实现Python学习树，如图6-10所示。

案例分析：

这是一个递归问题，每次绘制一根树枝，长度在上一级的基础上递减，当长度小于指定值时，退出。由此可知，基例是绘制树枝，链条是角度与长度递减。

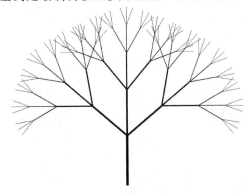

图6-10 Python学习树

实现代码：

```
def tree(length, size, angle):
    if length > 30:
        t.pensize(size)
        t.forward(length)
        tree(length - 30, size - 2, angle - 10)
        t.right(angle)
        tree(length - 30, size - 2, angle - 10)
        t.left(angle * 2)
        tree(length - 30, size - 2, angle - 10)
        t.right(angle)
        t.backward(length)
t.color('brown')
t.pensize(20)
t.left(90)
tree(180, 8,50)
t.done()
```

观看视频

【案例 6-11】　汉诺塔。有三个立柱 A、B、C。A 柱上穿有大小不等的圆盘 N 个，较大的圆盘在下，较小的圆盘在上。要求把 A 柱上的圆盘全部移到 C 柱上，保持大盘在下、小盘在上的规律（可借助 B 柱）。每次移动只能把一个柱子最上面的圆盘移到另一个柱子的最上面。请输出移动过程。

案例分析：

这是动态规划问题中的一种。移动规则如下。

规则一：每次移动一个盘子。

规则二：任何时候大盘子在下面，小盘子在上面。

实现方法如下。

（1）当 $n=1$ 时：直接把 A 上的一个盘子移动到 C 上，A→C，如图 6-11 所示。

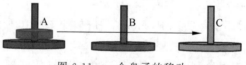

图 6-11　一个盘子的移动

（2）当 $n=2$ 时：

先把小盘子从 A 放到 B 上，A→B。

再把大盘子从 A 放到 C 上，A→C。

最后把小盘子从 B 放到 C 上，B→C，如图 6-12 所示。

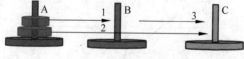

图 6-12　两个盘子的移动

（3）当 $n=3$ 时：

先把 A 上的两个盘子通过 C 移动到 B 上去，调用递归实现。

再把 A 上剩下的一个最大盘子移动到 C 上，A→C。

然后把 B 上的两个盘子,借助于 A 挪到 C 上去,调用递归实现。

(4) 当 $n = N$ 时:

先把 A 上的 $N-1$ 个盘子,借助于 C,移动到 B 上去,调用递归实现。

再把 A 上的最大盘子,也是唯一一个,移动到 C 上,A→C。即递归出口。

然后把 B 上的 $N-1$ 个盘子,借助于 A,移动到 C 上,调用递归实现。

由移动方法中可以得到递归的出口是:将最后的大盘子从 A 移动 C。

递归的链条是:某柱上的 $N-1$ 个盘子,借助于另一个柱子,移动到指定柱子上去。

实现代码:

```
step = 0
def hanio(n, left, mid, right):          # 利用 mid 作辅助,把 left 上的盘子移到 right 上去
  global step
  if n == 1:
    print('第{}个:{}--?{}'.format(n, left, right))
    step += 1
  else:
    hanio(n-1, left, right, mid)          # 利用 right 作辅助,把 left 上的盘子移到 mid 上去
    print('第{}个:{}--     {}'.format(n, left, right))
    step += 1
    hanio(n-1, mid, left, right)          # 利用 left 作辅助,把 mid 上的盘子移到 right 上去
hanio(3, 'A', 'B', 'C')
print('总移动次数:', step)
```

运行结果:

```
第 1 个:A --> B
第 2 个:A --> C
第 1 个:B --> C
第 3 个:A --> B
第 1 个:C --> A
第 2 个:C --> B
第 1 个:A --> B
总移动次数:7
```

6.8 迭代

观看视频

"迭代是人,递归是神!"

从直观上讲,递归是将大问题转换为相同结构的小问题,从待求解的问题出发,一直分解到已知答案的最小问题为止,然后再逐级返回,从而得到大问题的解(就像一棵分类回归树 tree,从 root 出发,先将 root 分解为另一个(root, sub-tree),就这样一直分解,直到遇到 leafs 后逐层返回),过程如图 6-13 所示。

迭代则是从已知值出发,每次将前一步已知的赋值传递给后一步,可以循环地使用同一段代码来递推,不断更新变量新值,一直到能够解决要求的问题为止。过程如图 6-14 所示。

迭代与普通循环的区别是:循环代码中参与运算的变量同时是保存结果的变量,当前保存的结果作为下一次循环计算的初始值。

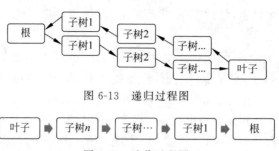

图 6-13   递归过程图

图 6-14   迭代过程图

迭代难于理解但效率高,递归易于理解但效率低,死递归会造成栈溢出,内存开销大。

递归算法从思想上更加贴近人们处理问题的思路,而且所处的思想层级算是高层(神),而迭代则更加偏向于底层(人),所以从执行效率上来讲,底层(迭代)往往比高层(递归)来得高,但高层(递归)却能提供更加抽象的服务,更加简洁。

使用迭代算法要解决以下三个方面的问题。

(1) 迭代变量的确定。

在可以用迭代算法解决的问题中,至少存在一个直接或间接不断由旧值递推出新值的变量,称为迭代变量。

(2) 建立迭代关系式。

迭代关系式是指如何从变量的前一个值推出其下一个值的公式(或关系)。

(3) 对迭代过程进行控制。

迭代过程的控制通常分为以下两种情况。

一种是所需的迭代次数是一个确定的值,可以计算出来,这时,可以使用一个固定的循环来控制迭代过程。

另一种是所需的迭代次数无法确定。这时,应进一步分析结束迭代过程的条件。

迭代函数的一般形式为

```
def 函数名(参数列表):
  变量 1, 变量 2, … = 值 1, 值 2, …
  循环:
    变量 n = 变量 1 操作符 变量 2 操作符 …
        变量 1, 变量 2, … = 变量 2, …, 变量 n
  return    函数名 n
```

【案例 6-12】   母牛的数量。有一头母牛,它每年年初生一头小母牛。每头小母牛从第 4 个年头开始,每年年初也生一头小母牛。请编程实现计算在第 n 年的时候,共有多少头母牛?

案例分析:

参考兔子数列的算法,也列出一个表格,计算出每一年母牛的数量,然后在这些数字之间找出规律,如表 6-3 所示。

表 6-3   母牛数量表

第 n 年	1	2	3	4	5	6	7	8	9
小母牛数	0	1	2	3	4	6	9	13	19

母牛数	1	1	1	1	2	3	4	6	9
总牛数	1	2	3	4	6	9	13	19	28

前 4 年没有小牛产仔,每年数量与年数对应。

第 4 年,对应有 4 头母牛,4＝3＋1。

第 5 年,对应有 6 头母牛,6＝4＋2。

第 6 年,对应有 9 头母牛,9＝6＋3。

由此看出,数量是有规律可循的,该年母牛的数量就是一年前的数量再加上三年前的数量,用公式表示就是 $F[n]=F[n-1]+F[n-3]$。

基例为前三年的母牛数量: $F(1)=1,F(2)=2, F(3)=3$。

链条为 $F[n]=F[n-1]+F[n-3]$。

用递归函数实现:

```python
import time
t = time.perf_counter()              #记录程序运行起始时间
def cow(m):
    if m <= 3:
        return m
    else:
        return cow(m - 1) + cow(m - 3)

n = 40                               #n 表示年数
print('第{}年的母牛数量为:{}'.format(n,cow(n)))
print('用时:', time.perf_counter() - t)
```

运行结果:

```
>>>
第 40 年的母牛数量为:3914488
用时:0.5268285994384314
```

改成用迭代实现:

```python
import time
t = time.perf_counter()              #记录程序运行起始时间
def f(n):
    f1, f2, f3 = 1, 2, 3
    if n <= 3:
        return n
    else:
        for i in range(3,n):
            fn = f3 + f1
            f1, f2, f3 = f2, f3, fn
    return fn

n = 40                               #年数
print('第{}年的母牛数量为:{}'.format(n,f(n)))
print('用时:',time.perf_counter() - t)
```

运行结果：

```
第 40 年的母牛数量为:3914488
用时：0.00029434609177769744
```

从两个程序的运行结果看，计算同样多的数量，递归需要耗占更多的内存，执行的效率也低。数据量越大，差别越明显。

从程序的设计来看，递归是不停地自己调用自己：return cow(m−1)+cow(m−3)，从根一层一层往叶分解。而迭代则使用交换赋值的形式，复用循环从叶一层一层往根传递值：f1,f2,f3＝f2,f3,fn。

观看视频

6.9 代码复用与模块化编程

6.9.1 模块化编程

从前面的案例中发现函数可以通过封装实现代码复用。函数是程序的一种抽象，可以利用函数对程序进行模块化设计。

程序是由一系列代码组成的，如果代码是顺序的但无组织，不仅不利于阅读和理解，也很难进行升级和维护。因此，需要对代码进行抽象，形成易于理解的结构。

当代编程语言从代码层面采用函数和对象两种抽象方式，分别对应面向过程和面向对象编程思想。

函数是程序的一种基本抽象方式，它将一系列的代码组织起来，通过命名供其他程序使用。函数封装的直接好处是代码复用。具体表现在任何其他的代码只要使用函数名，输入参数即可调用函数，从而避免了相同功能代码在调用处的重复编写。

代码复用又产生另一个优势，当更新函数功能时，所有被调用处的功能都被更新。

面向过程是一种以过程描述为主要方法的编程方式，它要求程序员列出解决问题所需要的步骤，然后用函数将这些步骤一步一步实现，使用时依次建立并调用函数或编写语句即可。面向过程编程是一种基本且自然的程序设计方法，函数通过封装步骤或子功能实现代码复用，并简化程序设计难度。

面向对象是一种更为高级的抽象方式。对象是程序的一种高级抽象方式，它将程序代码组织为更高级别的类。对象包括对象特征的属性、代表对象操作或行为的方法。例如，汽车是一个类，将类实例化即为对象；一辆红旗汽车是一个对象；车的颜色、车型、轮胎数量等是属性，代表汽车的静态值；汽车前进、后退、转弯等是方法，代表汽车的行为和动作。

在程序设计中，如果 a 是对象，获取对象 a 的属性 b 用 $a.b$ 的形式，调用对象 a 的方法 c 用 $a.c()$ 的形式。如前面学字符串时，若字符串为'abcd'调用它的大写方法用'abcd'.upper()。

对象是程序模拟解决计算问题的一个高级别抽象，它包括一组静态值（属性）和一组函数（方法）。从代码行数的角度来看，对象和函数都使用了一个容易理解的抽象逻辑，但对象可以凝聚更多代码。因此，面向对象编程更适合代码规模大的、交互逻辑更复杂的程序。

面向过程和面向对象只是编程方式不同，抽象级别不同，所有面向对象编程能实现的功能采用面向过程同样能完成。

当程序的长度较长,如超过百行时,如果不划分模块,程序的可读性就会非常差。解决这一问题最好的方法就是将一个程序分割成短小的程序段,每一段程序完成一个小的功能。无论是面向过程还是面向对象编程,对程序合理划分功能模块并基于模块设计程序是一种常用的方法,称为"模块化程序设计"。

模块化程序设计是指通过函数或对象的封装功能将程序划分成主程序、子程序和子程序间关系的表达。模块化设计是使用函数和对象设计程序的思考方法,以功能块为基本单位,一般有以下两个基本要求。

(1)高内聚。尽可能合理划分功能块,功能块内部耦合紧密。

(2)低耦合。模块间尽可能简单,功能块之间耦合度低。

耦合是指两个实体相互依赖于对方的一个量度,在程序设计结构中是指各模块之间相互关联的程序。

也就是在设计系统的各个功能模块时,尽可能使模块具有较大的独立性,使得每个模块完成一个相对独立的特定子功能,并且和其他模块之间的关系很简单,以便能方便地把不同场合下写成的程序模块组合成软件系统。

衡量模块独立性的定性标准是内聚(一个模块内各个元素彼此结合的紧密程度)和耦合(一个软件结构内不同模块之间互连程度的度量)。高内聚、低耦合的模块是设计时追求的目标。尽量降低系统各个部分之间的耦合度,是应用服务层设计中需要重点考虑的问题。

模块化编程可采用以下步骤进行。

(1)分析问题,明确需要解决的任务。

(2)对任务进行逐步分解和细化,分成若干个子任务,每个子任务只完成部分完整功能,并且可以通过函数来实现。

(3)确定模块(函数)之间的调用关系。

(4)优化模块之间的调用关系。

(5)在主函数中进行调用实现。

模块与模块之间可以相互调用。假定模块 1、模块 2 的程序文件分别在同一个目录下保存为文件名< module1. py >、< module2. py >,则模块 2 中调用模块 1 的形式如下。

(1)import module1。

(2)from module1　import ＊ 。

例如,创建 Python 文件 a. py,并在文件中定义函数 sum()。

```python
def sum(a, b):
    return a + b
```

创建 Python 文件 b. py,并调用 sum()函数。

```python
from a import sum
print(sum(1, 2))
```

6.9.2　程序入口

学过 Java、C、C++的程序员应该都知道,每次开启一个程序,都必须写一个主函数作为程序的入口,也就是人们常说的 main()函数。

与 Java、C、C++等几种语言不同的是,Python 是一种解释型脚本语言,在执行之前不需要将所有代码先编译成中间代码,Python 程序运行时是从模块顶行开始的,逐行进行翻译执行,所以最顶层(没有被缩进)的代码都会被执行,所以 Python 中并不需要一个统一的 main()函数作为程序的入口。

相信读者在看别人的 Python 程序时,可能会在大部分的程序后看到这样一句代码:

```
if __name__ == '__main__':
```

在某种意义上讲,"if __name__ == '__main__':"也像是一个标志,象征着Java 等语言中的程序主入口,告诉其他程序员,代码入口在此——这就是"if __name__ == '__main__':"这条代码的意义之一。

在 Python 当中,如果代码写得规范一些,通常会写上一句"if __name__ == '__main__':"作为程序的入口,但似乎没有这么一句代码,程序也能正常运行。

总体来说,这句代码的作用就是既能保证当前的.py 文件直接运行,也能保证其可以作为模块被其他.py 文件导入。

下面通过几个例子帮助读者理解这句代码。

```
>>> print(__name__)
__main__
```

通过输出 __name__ 得到 __main__。这说明 __name__ 本身其实就是一个变量,不过比较特殊。实际上,它是在程序执行前就被创建并赋值的,而赋值的机制是这里的关键。在当前程序被当作主程序运行时,__name__ 被自动赋值为固定的字符串 __main__；当它被当作模块被其他文件调用时,自动被赋值为模块所在的文件名。

定义一个函数,并保存为文件 hello.py。

```
# hello.py
def printhello():
    print("Hello World")

if __name__ == '__main__':
    printhello()
```

运行结果:

```
Hello World
```

将上例 hello.py 中的判断语句 if __name__ == '__main__': 去掉,保存为 hello2.py,发现程序也照样可以运行,且输出与带有判断的一样。

```
# hello2.py
def printhello():
    print("Hello World")

printhello()
```

运行结果：

```
Hello World
```

但当其不要判断语句 if __name__ == '__main__':且它被作为模块导入时,输出的结果可能就与大家想得有点偏差了。

下面将 hello.py 和 hell02.py 同样作为模块导入,来查看结果的区别。

```
#导入有判断句的 hello.py 模块
from hello import printhello
printhello()
```

运行结果：

```
Hello World
```

```
#导入无判断句的 hello2.py 模块
from hello2 import printhello
printhello()
```

运行结果：

```
Hello World
Hello World
```

从两个模块导入后运行的结果可以看出,有判断语句 if __name__ == '__main__':,函数模块只运行一次。而没有判断语句的函数模块则被运行了两次。

原因在于当不带判断语句的 hello2.py 文件作为模块被引入时,printhello()函数已经自动执行了一次(from hello2 import printhello),之后在被主动调用时执行了一次(printhello()),所以一共执行两次。

可见这句判断代码的作用就是既能保证当前的.py 文件直接运行,也能保证其可以作为模块被其他.py 文件导入。所以它也可以在当前文件被当作一个模块导入时发挥关键作用。

6.10 实践应用

【案例 6-13】 猜数字游戏。小明想设计一个猜数字的游戏,由系统产生一个 1～100 的随机数,用户输入所猜的数字,如果猜的数字不对,给出过大或过小的提示；如果猜的不是数字,则退出游戏。根据用户猜的次数,给出相应的奖励。如果 1 次猜中则为一等奖,5 次以内猜中为二等奖,10 次以内猜中为三等奖,15 次以内猜中为参与奖,超过 15 次就没有奖。猜数次数每 5 次给出一次是否继续猜数的选择。

案例分析：

整体设计分为以下几步,将每一步设计成一个函数,然后在主函数中调用相应函数。

（1）随机数产生与获取：导入随机数模块，利用 random.randint()函数产生随机整数。

（2）获取猜测的数字：输入猜测的数字，利用异常处理对输入内容进行判断，如果输入的不是数字，给出提示。

（3）对猜测的数字进行判断：猜数的次数不确定，通过不定循环来实现，每猜一次，次数加 1。如果没有猜对数字给出相应的提示，当猜测的次数为 5 的倍数时，给出是否继续猜数的选择提示，根据用户选择判断是否退出游戏。

（4）根据猜测的次数给出相应的奖励：奖励判断分为两种情况，一种是中途退出的则无奖品，另一种是根据猜数的次数给出相应的奖励。

实现代码：

```python
import random
'''
 * 函数名:randomNum()
 * 功能:定义产生 1~100 中随机数的函数
 * 参数:无
 * 返回值:返回产生的随机数
'''
def randomNum():
    return random.randint(1,100)
# 定义一个获取玩家猜数的函数
# 并且如果猜的不是数字,要给出相应处理(异常处理)
'''
 * 函数名:guess()
 * 功能:对用户输入的数字处理
 * 参数:无
 * 返回值:用户输入的数字
'''
def guess():
    try:
        Num = int(input('请输入你猜测的数字:'))
        return Num
    except:
        print('你猜的不是数字!')
        return '0'


'''
 * 函数名:judge()
 * 功能:对猜的数字进行比较判断
 * 参数:用户猜测的数字
 * 返回值:猜数的次数
'''
def judge(randNum):
  count = 0
  while True:
    num = guess()
    # 待处理非数值的情况
    count += 1
    if num == '0':
      return str(count)
      break
    elif randNum > num:
      print('太小了!')
    elif randNum < num:
```

```
            print('太大了!')
        else:
            print('恭喜你猜对了!')
            break
        prompt = {5:'二等奖',10:'三等奖',15:'优胜奖'}
        if count in prompt:
            print('你已跟{}无缘,是否要继续:Y/N:'.format(prompt[count]))
            choice = input()
            if choice.lower() != 'y':
                return str(count)
            else:
                continue
    return count
'''
*  函数名:getReward()
*  功能:根据猜的次数进行奖励判断
*  参数:猜测的次数
*  返回值:无
'''
def getReward(count):
    if type(count) == type('s'):
        print('很遗憾,中途退出,奖品飞了!')
    elif count == 1:
        print('一共猜了{}次,恭喜你获得一等奖!'.format(count))
    elif count <= 5:
        print('一共猜了{}次,恭喜你获得二等奖!'.format(count))
    elif count <= 10:
        print('一共猜了{}次,恭喜你获得三等奖!'.format(count))
    elif count <= 15:
        print('一共猜了{}次,恭喜你获得优胜奖!'.format(count))
    else:
        print('一共猜了{}次,很遗憾,你本次与奖品擦肩而过!'.format(count), end = '')
#def main():
if __name__ == '__main__':
    print('*' * 40)
    print('*{:^29}*'.format('欢迎进入猜数字游戏'))
    print('*{:^31}*'.format('一次猜中赢大奖'))
    print('*' * 40)
    choice = input('是否要来挑战一局:Y/N:  ')
    if choice.lower() == 'y':
        while True:
            randNum = randomNum()
            count = judge(randNum)
            getReward(count)
            reTry = input('是否还要再来一局:Y/N: ')
            if reTry.lower() == 'y':
                continue
            else:
                print('----------- 感谢你的参与! ----------- ')
                break
```

运行结果:

```
****************************************
*          欢迎进入猜数字游戏            *
```

```
*              一次猜中赢大奖                    *
***********************************************
是否要来挑战一局:Y/N:  y
请输入你猜测的数字:56
太大了!
请输入你猜测的数字:23
太小了!
请输入你猜测的数字:42
太大了!
请输入你猜测的数字:36
恭喜你猜对了!
一共猜了 4 次,恭喜你获得二等奖!
是否还要再来一局:Y/N: n
--------------------感谢你的参与!--------------------
```

习题

1. 计算质因子。输入一个整数,输出其所有质因子,按照从小到大的顺序排列。如输入 6,输出 6 的质因子有 2,3。

2. 福尔摩斯从 X 星收到一份资料,全部由小写字母组成。他的助手提供了另一份资料:许多长度为 8 的密码列表。请你编写一个程序,从第一份资料中搜索可能隐藏密码的位置。要考虑密码的所有排列可能性。输入第一行:一个字符串 s,全部由小写字母组成,紧接着一行是一个整数 n,表示以下有 n 行密码。输出一个整数,表示每行密码的所有排列在 s 中匹配次数的总和。如第一行输入字符串 aaaabbbbaabbcccc,第二行输入数字 n:2,后面输入 n 行密码 aaaabbbb,abcabccc。程序运行得到输出结果:4。

3. 银行近期推出了一款新的理财计划"重复计息储蓄"。储户只需在每个月月初存入固定金额的现金,银行就会在每个月月底根据储户账户内的金额算出该月的利息并将利息存入用户账号。现在如果某人每月存入 k 元,请你帮他计算一下,n 月后,他可以获得多少收益? 输入数据仅一行,包括两个整数 k、n 和一个小数 p,分别表示每月存入的金额、存款时长、存款利息。

观看视频

4. 绘制科赫曲线,如图 6-15 所示。科赫曲线的基本概念和绘制方法如下:正整数 n 代表科赫曲线的阶数,表示生成科赫曲线过程的操作次数。科赫曲线初始化阶数为 0,表示一个长度为 L 的直线。对于直线 L,将其等分为三段,中间一段用边长为 $L/3$ 的等边三角形的两个边替代,得到一阶科赫曲线,它包含 4 条线段。进一步对每条线段重复同样的操作后得到二阶科赫曲线。继续重复同样的操作 n 次可以得到 n 阶科赫曲线。

图 6-15 科赫曲线

5．设计一个学生通讯录管理系统。

6．编程实现小学生四则运算练习项目。用户可以从菜单中选择某种运算进行练习，每次练习 10 道题；选择某项练习完毕后给出做对的题数，每题练习后直接给出是否正确。用户可以反复选择练习，直到退出为止。由于是小学生，程序不能产生诸如不够减的减法、不能整除的除法、分母为 0 的除法等题目。

第 **7** 章

文件

知识导图

本章知识导图如图 7-0 所示。

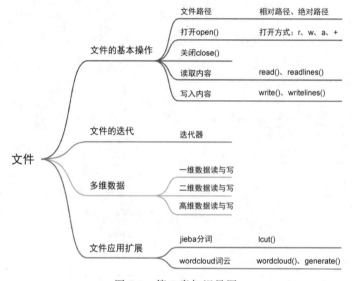

	文件路径	相对路径、绝对路径
	打开open()	打开方式: r、w、a、+
文件的基本操作	关闭close()	
	读取内容	read()、readlines()
	写入内容	write()、writelines()

文件的迭代 —— 迭代器

多维数据 —— 一维数据读与写 / 二维数据读与写 / 高维数据读与写

文件应用扩展 —— jieba分词 —— lcut() / wordcloud词云 —— wordcloud()、generate()

图 7-0　第 7 章知识导图

问题导向

• 程序中得到的数据如何永久保存?

• 如何使用已经存在的数据?

• 不同维度的数据如何按规律保存?

重点与难点

• 文件的读写方法及相应的基本操作。

• 数据组织的维度及特点。

• 一二维数据的存储格式与读写方法。

• 高维数据的存储格式与读写方法。

7.1 文件的基本操作

在进行程序设计时,使用数据的过程中,常常需要将得到的数据进行保存,或者打开已经存在的文件,获取里面的数据。

7.1.1 文件概述

文件是一个存储在辅助存储器上的数据序列,可以包含任何数据内容。从概念上说,前面学到的函数是程序的集合和抽象,而文件则是数据的集合和抽象。

观看视频

一个文件需要有唯一确定的文件标识,以便用户找到确定的文件。文件的标识包括三个部分:文件路径、文件名、文件扩展名,如 D:\Python\example.txt。

文件路径:D:\Python\。

文件名:example。

文件扩展名:.txt。

文件的组织形式和表达数据方式更有效、更灵活。按编码方式一般分为两大类型:文本文件和二进制文件。

文本文件是由单一特定编码的字符组成,如 ASCII、Unicode、UTF-8 等编码,内容容易统一展示和阅读。大部分文本文件都可以通过文本编辑软件或文字处理软件创建、修改和展示。由于文本文件存在编码,也可以看成是一个存储在磁盘上的长字符串。如一个 TXT 格式的文本文件,可以读成一个字符串。

二进制文件直接由比特 0 和 1 组成,没有统一的字符编码,文件内部数据的组织格式与文件用途有关。二进制是信息按照非字符但特定格式形成的文件,一般用于可执行程序、图像、声音、视频等。例如,PNG 格式的图片文件、AVI 格式的视频文件。二进制文件没有统一的字符编码,只能当作字节流,而不能看作字符串。

7.1.2 文件的打开与关闭

Python 对文件采用统一的操作步骤:打开→操作→关闭。

操作系统中的文件默认处于存储状态,需要先把它打开,使得当前程序有权操作这个文件。如果打开一个不存在的文件,则可以创建该文件。打开后的文件处于占用状态,此时,如果另一个进程想要对文件进行操作,则会导致操作失败。对于打开的文件可以采用相应的方法进行内容的读取与写入,此时,文件作为一个数据对象存在,采用<文件对象.方法名()>,即 $a.b()$ 方式进行操作。操作完成后,需要将文件关闭,以释放对文件的控制,使文件恢复存储状态,便于下一个进程对文件进行打开、操作。

打开文件的方法:open()。

Python 采用解释器内置的 open()方法打开一个文件,并实现该文件与一个程序变量的关联。open()方法格式如下。

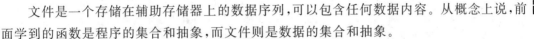

变量名 = open (文件名,打开模式,文件编码)

例如:

```
f = open('example.txt', 'r', encoding = 'utf - 8')
```

open()方法中的参数文件名指文件的实际名字，可以是包含完整路径的名字。打开模式用于控制使用何种方式打开文件。open()方法提供了 7 种基本的打开模式，如表 7-1 所示。

表 7-1　文件中的打开模式

打 开 模 式	含　　义
r	以只读方式打开，如果文件不存在，则返回异常 FileNotFountError。默认值
w	覆盖写模式，如果文件不存在，则创建；若存在则完全覆盖
x	创建写模式，如果文件不存在，则创建；若存在则返回异常 FileExistError
a	追加写模式，文件不存在，则创建；若存在则在文件末尾追加内容
b	以二进制模式打开，如 rb 表示以只读方式打开二进制模式文件
t	文本文件模式，默认值
+	与 r、w、x、a 一同使用，在原功能基础上增加同时读、写功能。如 r+表示同时具有读写功能

例如，以只读文本文件模式打开：

```
f = open('example.txt','r',encoding = 'utf - 8')
print(f.read())
```

输出结果如下。文件经过指定编码形成字符串，输出有含义的字符。

```
我爱你,中国!
中国是一个伟大的国家!
```

以二进制只读模式打开：

```
f = open('example.txt','rb')
print(f.read())
```

输出结果为字节流，文件被解析成字节流，一个字符由两字节表示。

```
b'\xe6\x88\x91\xe7\x88\xb1\xe4\xbd\xa0\xef\xbc\x8c\xe4\xb8\xad\xe5\x9b\xbd\xef\xbc\x81\n
\xe4\xb8\xad\xe5\x9b\xbd\xe6\x98\xaf\xe4\xb8\x80\xe4\xb8\xaa\xe4\xbc\x9f\xe5\xa4\xa7
\xe7\x9a\x84\xe5\x9b\xbd\xe5\xae\xb6\xef\xbc\x81'
```

关闭文件的方法：close()。

文件使用结束后采用 close()方法关闭，释放文件的使用授权，格式如下。

变量名.close()

例如：

f.close()

关闭文件是为了切断文件与程序的联系，并释放文件缓冲区。所有的文件打开后需要显式关闭释放缓存。使用 close()方法关闭文件是一个很好的习惯。

7.1.3 文件的路径

需要将指定文件打开时,如果只给出了文件名,并未给出文件路径,则 Python 将在当前执行文件即 .py 程序文件所在目录中查找该文件。这种直接给出文件名的方式称为相对路径。

相对路径就是从当前文件出发,给出相对于当前文件的路径位置。

例如,example.py 和 f1.txt 两个文件都在目录 D:\Python\file 中,那么从 example.py 程序中打开 f1.txt 的语句中,只需直接给出文件名 f1.txt 即可,如 open('f1.txt','rb'))。

如果 f2.txt 在目录 D:\Python\file\text 中,那么从 example.py 程序中打开 f1.txt 的语句中,则还需给出相对路径的文件夹名,如 open('./text/f2.txt','rb')。

如果 f3.txt 在目录 D:\Python\file2\ 中,那么从 example.py 程序中打开 f1.txt 的语句中,则需要返回上一级目录,使用"../",如 open('../file2/f3.txt','rb')。其中,".."为父目录。

路径中需要使用"/",因为在 Python 中把"\"当成转义字符,所以在表示路径时需要使用符号"/",或用两个反斜线"\\",如 open('text\\f2.txt','rb')。

绝对路径就是从盘符出发,如 D:\Python\file\text。假如要从 example.py 程序中打开 f3.txt 文本文件,使用绝对路径的语句是 open('D:/Python/ file2/f3.txt','rb'),或者 open('D:\\Python\\file2\\f3.txt','rb'))。

一般来说,建立路径所使用的几个特殊符号及其所代表的意义如下。

"./": 代表目前所在的目录。

"../": 代表上一层目录。

以"/"开头: 代表根目录。

在程序设计中,访问文件时常使用相对路径。

7.1.4 文件的读取

当文件被打开后,根据打开方式不同可以对文件进行相应的读写操作。当文件以文本文件方式打开时,读写按照字符串方式,采用当前计算机使用的编码或指定的编码。当文件以二进制文件方式打开时,读写按照字节流方式。Python 提供了三个常用的文件内容读取方法,见表 7-2。

表 7-2 文件内容读取方式

操 作 方 法	含 义
file.read(size=−1)	读入整个文件内容,若给出参数,则读取 size 长度的字符串或字节流
file.readline(size=−1)	读入一行内容,若给出参数,则读入前 size 长度的字符串或字节流
file.readlines(hint=1)	读入所有行,每行为列表中一个元素,若给出参数,则读 hint 行

将文件中的内容读出来,并打印。

方法一:一次读入,统一处理。

使用 read() 方法,不给参数,则表示读取整个文档的内容,并将读取内容作为一个字符串返回。例如,要读取同目录中的文本文件 poem.txt,一次读取的代码如下。

```
f = open('poem.txt','r',encoding = 'utf - 8')
txt = f.read()
print(txt)
```

运行结果：

```
秦时明月汉时关,
万里长征人未还。
但使龙城飞将在,
不叫胡马度阴山。
```

注意：在读文件内容时，碰到文件中换行的位置，会读取到换行符"\n"，当使用 print 打印时，会把"\n"当作换行打印。所以上面代码输出来，虽然读取时得到一个完整的字符串，但是输出时会出现换行。

read()方法的缺点在于：当读入文件非常大时，一次性将内容读取到列表中会占用很多内存，影响程序执行速度。

方法二：按量读入，逐步处理。

使用 read(n)，给出参数，参数值表示要读取到的字符的个数。如果要读完整个文档，需要与循环相结合。例如，要读取同目录中的文本文件 poem.txt，每次读 9 个字符，实现代码如下。

```
f = open('poem.txt','r',encoding = 'utf - 8')
txt = f.read(9) #
while txt!= '':
  print(txt,end = '')
  txt = f.read(9)
f.close()
```

运行结果：

```
秦时明月汉时关,
万里长征人未还。
但使龙城飞将在,
不叫胡马度阴山。
```

方法三：一次读入，分行处理。

使用 readlines()方法会按行读取文件中的内容，返回类型为列表，每一行为列表中的一个元素。如果不给参数，则是读完整个文档。如果要输出文档中的内容，则用遍历列表的方式进行输出。代码如下。

```
f = open('poem.txt','r',encoding = 'utf - 8')
txt = f.readlines()
for line in txt:
  print(line,end = '')
f.close()
```

运行结果：

秦时明月汉时关，
万里长征人未还。
但使龙城飞将在，
不叫胡马度阴山。

注意：使用 readlines()方法读取到的结果是一个列表。文件中的一行为列表中的一个元素。因而如果想输出所有内容，需要对列表进行遍历。

方法四：分行读入，逐行处理。

使用 readlines(n)方法时，给出了参数 n，表示一次读 n 行，返回值为列表，每行为列表中的一个元素。例如，读 poem.txt 中的内容时，一次只读一行的代码如下。

```
f = open('poem.txt','r',encoding = 'utf - 8')
txt = f.readlines(1)
while len(txt) > 0:
    print(txt[0],end = '')
    txt = f.readlines(1)
f.close()
```

运行结果：

秦时明月汉时关，
万里长征人未还。
但使龙城飞将在，
不叫胡马度阴山。

拓展：

除了使用 open()方法，还可以使用 with open() as file：这种方法。

使用 with 语句的好处就是到达语句末尾时会自动关闭文件，即使出现异常也会自动关闭文件。

```
with open('poem.txt',encoding = 'utf - 8') as f:
    for line in f.readlines():
        print(line,end = '')
```

运行结果：

秦时明月汉时关，
万里长征人未还。
但使龙城飞将在，
不叫胡马度阴山。

【案例 7-1】 文件读取举例：词频统计，以《哈姆雷特》为例。

观看视频

在现实中常常会遇到这样的问题，一篇文章需要统计多次出现的词语，从而分析文章内容。在对网络信息进行自动检索和归档时，也会遇到这样的问题。

词频统计本质就是词语数量的累加问题，对每一个词语设计一个计数器，每出现一次，相应的计数器就加 1。因为一篇文章中的词语量比较大，为避免词语计数器发生混乱，可以将词语与相应的计数器组成一对键值对。

《哈姆雷特》代表着整个西方文艺复兴时期文学的最高成就，很多国内外的电影都以此为原型。

先获取《哈姆雷特》的文章内容，以 hamlet.txt 的文本文件保存，该书可以从网络上找到并下载。

第一步，获取英文文本。内容存储在文本文件中，此处需要用到前文的文件打开与读取方法。

打开文件：open(文件名，打开方式)。

读取全文：read()。

第二步，统一大小写。由于同一个单词会存在大小不同的形式，但计数时应该不区分大小写，将它们归为一个单词。

统一转换为小写：lower()。

第三步，去掉标点符号。标点符号不参与计数，为避免标点符号对分词造成影响，需要将原文中的各类标点符号用 replace()方法替换成空格。

第四步，提取单词。利用相应的方法将单词进行分解并提取，英文文本以空格或标点符号来分隔词语，获得单词并统计数量相对容易。

统一用空格来分隔单词：split()。

第五步，创建字典，用于存储词语及对应的计数器。

第六步，遍历文本，对计数器值进行修改。计数器值的变化就是对值进行修改，而修改是在原有的基础上进行加 1，则可以使用字典的"d.get(key,default)＋1"的方式来实现。如果词语在字典中存在，则获得原有值，在这个值的基础上加上 1；如果这个词语不存在，则将它的默认值设为 0，表示第一次出现。

第七步，字典转换为列表，按词频排序。由于字典是无序的，想要显示词频最高的词语，需要先转换为序列类型，才能实现排序。转换函数 list()，排序函数 sort()，字典转换为列表会是一个二元关系，即二维列表，排序需要使用 key 属性，使用 lambda 函数指定排序的依据。

第八步，遍历列表，输出词语及词频。按需要将前 10 个高频词及次数输出。

```python
def get_text():
    file = open('hamlet.txt','r')
    text = file.read()
    text = text.lower()
    for char in '!"#$%&()*+,-./:;<=>?@[\\]^_`{|}~':
        text = text.replace(char,' ')
    return text
txt = get_text()
words = txt.split()
counts = {}
for w in words:
    counts[w] = counts.get(w,0) + 1
items = list(counts.items())
items.sort(key = lambda x:x[1],reverse = True)
```

```
for i in range(10):
    word,count = items[i]
    print("{:<12}{:>5}".format(word,count))
```

运行结果：

```
the          1138
and           965
to            754
of            669
you           550
i             542
a             542
my            514
hamlet        462
in            436
```

从运行结果看出,高频词语大多是冠词、代词、连接词等语法型词汇,并不能代表文章的含义。想要优化程序,可以采用集合类型构建一个排除词汇库 excludes,在输出结果中将这个词库中的内容先排除掉。在原有的程序上添加代码修改如下。

```
def get_text():
    text = open('hamlet.txt','r').read()
    text = text.lower()
    for char in '!"#$%&()*+,-./:;<=>?@[\\]^_'{|}~':
        text = text.replace(char,' ')
    return text
txt = get_text()
words = txt.split()
counts = {}
for w in words:
    counts[w] = counts.get(w,0) + 1

excludes = {'the','and','of','is','you','i','my','in','a','this','it'}
for word in excludes:
    del counts[word]

items = list(counts.items())
items.sort(key = lambda x:x[1],reverse = True)
for i in range(10):
    word,count = items[i]
    print("{:<12}{:>5}".format(word,count))
```

运行结果：

```
to            754
hamlet        462
that          391
not           314
lord          309
his           296
```

```
but          269
with         268
for          247
your         242
```

修改后的运行结果还是存在很多语法词汇,如果希望排除得更多,可以在集合中继续增加内容,感兴趣的读者可以进一步完善该功能。

7.1.5 文件的写入

Python 提供了三个与文件内容写入有关的方法,见表 7-3。

表 7-3 文件内容写入方法

方　　　法	含　　　义
file.write(s)	向文件写入一个字符串或字节流
file.writelines(lines)	将一个元素全为字符串的列表写入文件
file.seek(offset)	改变当前文件操作指针的位置,offset 的值：0—文件开头；1—当前位置；2—文件结尾

write()方法中的参数 s 表示要写入文件中的字符串,在一次打开和关闭操作之间,每调用一次 write()方法,程序向文件中追加一行数据,并返回本次写入文件中的字节数。

一次写入：

```
s = '秦时明月汉时关,万里长征人未还.但使龙城飞将在,不叫胡马度阴山.'
f = open('poem2.txt','w',encoding = 'utf - 8')
f.write(s)
f.close()
```

按行写入：

```
s = '秦时明月汉时关,万里长征人未还。但使龙城飞将在,不叫胡马度阴山。'
f = open('poem2.txt','w',encoding = 'utf - 8')
for i in range(0,len(s),8):
    f.write(s[i:i + 8] + '\n')
f.close()
```

writelines(lines)方法中的参数 lines 是元素为字符串的列表。

一次写入：

```
ls = ['秦时明月汉时关,','万里长征人未还。','但使龙城飞将在,','不叫胡马度阴山。']
f = open('poem2.txt','w',encoding = 'utf - 8')
f.writelines(s)
f.close()
```

按行写入：

```
ls = ['秦时明月汉时关,','万里长征人未还。','但使龙城飞将在,','不叫胡马度阴山。']
f = open('poem2.txt','w',encoding = 'utf - 8')
```

```
for line in ls:
    f.writelines(line + '\n')
f.close()
```

7.1.6 文件的读写位置

从前面的程序运行结果中可以发现,每一次文件的打开与关闭之间进行的读写操作都是连续的,程序总是从上次读写的位置继续向下进行读写操作。实际上,每个文件对象都有一个称为"文件读写位置"的属性,该属性用于记录文件当前读写的位置。

Python方法中提供了一些获取文件读写位置、修改文件读写位置的方法,以实现文件的随机读写,见表7-4。

表7-4 文件读写位置方法

方　法	含　义
file. tell()	获取文件当前的读写位置,默认为 0
file. seek(offset)	改变当前文件操作指针的位置,offset 的值：0—文件开头；1—当前位置；2—文件结尾

tell()方法返回当前读写的位置信息。在文件读取时会发现一个英文字符占一个位置。一个中文占三个位置。若 hello. txt 文件中存储内容为"Hello,Python",执行下列代码。

```
f = open('hello.txt','r')
print("未读取内容之前的位置:",f.tell())
t = f.read(5)
print("读取内容为:",t)
print("读取部分内容之后的位置:",f.tell())
f.close()
```

运行结果：

```
未读取内容之前的位置: 0
读取内容为: Hello
读取部分内容之后的位置: 5
```

若 peom. txt 文件中存储了中文信息,执行下列代码。

```
f  = open('poem.txt', 'r', encoding = 'utf - 8')
print("未读取内容之前的位置:", f.tell())
t = f.read(4)
print("读取内容为:",t)
print("读取部分内容之后的位置:", f.tell())
f.close()
```

运行结果：

```
未读取内容之前的位置: 0
读取内容为: 秦时明月
读取部分内容之后的位置: 12
```

一般来说,文件的读写是顺序的,但有时需要从指定位置开始读写,则可使用 seek (offset)方法进行定位。

以写入文件后并读取刚写的文件为例:写完文件后,指针定位在文件末尾,如果读取内容,则会读出空。只能使用 seek()方法重新定位指针位置,才能读取内容。seek(0)定位到文件开头。

```python
ls = ['秦时明月汉时关,','万里长征人未还.','但使龙城飞将在,','不叫胡马度阴山.']
f = open('poem2.txt','w+',encoding = 'utf-8')
for line in ls:
    f.writelines(line + '\n')
print('写入完成后指针位置:',f.tell())
f.seek(0)
print('重新定位后指针位置:',f.tell())
t = f.read()
print(t)
f.close()
```

运行结果:

```
写入完成后指针位置:104
重新定位后指针位置:0
秦时明月汉时关,
万里长征人未还。
但使龙城飞将在,
不叫胡马度阴山。
```

7.2　文件的迭代

迭代是一个过程的多次重复,在 Python 中,实现了__iter()__方法的对象都是可迭代对象(如序列、字典)。文件对象也是一个可迭代的对象,在对文件内容进行访问时,可通过迭代方式对文件对象进行遍历访问文件内容。结果与使用 readlines()方法访问文件内容相同。

通过迭代器遍历访问文件对象。

```python
f = open('poem.txt','r',encoding = 'utf-8')
for line in f:
    print(line,end = '')
f.close()
```

运行结果:

```
秦时明月汉时关,
万里长征人未还。
但使龙城飞将在,
不叫胡马度阴山。
```

迭代器还具有"记忆"功能,若在第一次循环中只访问了部分文件内容,后续再次访问时，会从上次获取到的文件内容位置继续往后访问。

```
f = open('poem.txt','r',encoding = 'utf - 8')
i = 0
print('第一次访问')
for line in f:
    print(line,end = '')
    i += 1
    if i == 2:
        break
print('第二次访问')
i = 0
for line in f:
    i += 1
    print(line,end = '')
    if i == 2:
        break
```

运行结果：

```
第一次访问
秦时明月汉时关,
万里长征人未还。
第二次访问
但使龙城飞将在,
不叫胡马度阴山。
```

7.3 数据维度与数据格式化

7.3.1 数据维度

从广义上讲，维度是与事物"有联系"的概念的数量，根据"有联系"的概念的数量，事物可分为不同的维度。例如，与线有联系的概念有长度，则线为一维事物；与长方形面积有联系的概念有长度和宽度，则长方形面积为二维事物；与长方体体积有联系的概念有长度、宽度、高度，则长方体体积为三维事物。

相应的数据也有维度，那数据的维度有哪些呢？

计算机是能够根据指令操作数据的设备，因此操作数据是程序最重要的任务。除了单一数据类型（数字、浮点数等），更多的数据需要根据不同维度组织起来，以便进行管理和程序处理。根据组织数据时与数据"有联系"的参数的数量，数据维度可以分为一维数据、二维数据和高维数据。

一维数据是由具有对等关系的有序或无序数据构成，采用线性方式组织，对应数学中的集合和一维数组。在 Python 语法中，一维列表、一维元组和集合都是一维数据。一维数据的各个元素可用逗号、空格等分隔。如国际经济合作论坛 20 国集团（G20）的成员就是一个一维数据。可表示为

```
中国,美国,日本,德国,法国,英国,意大利,加拿大,俄罗斯,欧盟,澳大利亚,南非,阿根廷,巴西,印度,印度尼西亚,墨西哥,沙特阿拉伯,土耳其,韩国
```

　　二维数据关系的参数数量为2,也称为表格数据,对应数学中的矩阵、表格。在 Python 语法中,二维列表、二维元组都是二维数组。存储的学生信息如表 7-5 所示。

表 7-5　学生信息

学　　号	姓　　名	性　　别	年　　龄
20200001	张华	女	19
20200002	赵云	男	18
20200003	李全	男	19
20200004	黄依萍	女	20

　　多维数据采用键值对等简单的二元关系展示数据间的复杂结构,以对象方式组织,属于更好的数据组织方式。高维数据在网络中十分常用,如 HTML、XML、JSON 等都是高维数据。Python 中字典类型的数据是多维数据。如学生的成绩信息用字典表示。

```
dic = [{'姓名':'张华','大学英语':'92','高等数学':'90','程序设计':'90'},
      {'姓名':'赵云','大学英语':'82','高等数学':'95','程序设计':'96'},
      {'姓名':'李全','大学英语':'89','高等数学':'92','程序设计':'78'},
      {'姓名':'黄依萍','大学英语':'96','高等数学':'89','程序设计':'83'}]
```

观看视频

7.3.2　一维和二维数据的存储与读写

　　数据包括文件存储和程序使用两种状态。存储不同维度的数据需要适合维度特点的文件存储格式,处理不同维度数据的程序需要使用相适应的数据类型或结构。因此,对于数据处理,需要考虑存储格式、表示与读写等问题。

1. 数据存储

　　一维数据呈线性排列,一般用特殊字符分隔,具体示例如下。

　　(1) 使用空格分隔,如:中国 美国 日本 德国 英国 意大利。

　　(2) 使用逗号分隔,如:中国,美国,日本,德国,英国,意大利。

　　注意:此处用于分隔的逗号必须是英文输入法的半角逗号,不能使用中文逗号。

　　(3) 其他符号或符号组合分隔,如:中国 & 美国 & 日本 & 德国 & 英国 & 意大利。

　　注意:同一文件或同组文件一般使用同一种分隔符;分隔符不能出现在数据中;分隔符为英文半角符号,不使用中文符号作为分隔符。

　　二维数据可视为多条一维数据的集合,当二维数据只有一个元素时,这个二维数据就是一维数据。国际上通用的一维和二维数据存储格式为 CSV(Commae-Separeted-Values,逗号分隔值)。CSV 文件以纯文本形式存储表格数据,文件的每一行对应表格中的一条数据记录,每条记录由一个或多个字段组成,字段之间也使用逗号分隔。CSV 格式的应用有如下一些基本规则。

　　(1) 纯文本格式,通过单一编码表示字符。

　　(2) 以行为单位,开头不留空行,行之间没有空行。

　　(3) 每行表示一个一维数据,多行表示二维数据。

　　(4) 以逗号(英文半角)分隔每列数据,列数据为空也要保留逗号。

　　(5) 对于表格数据,可以包含或不包含列名,包含时列名放置在文件第一行。

例如,学生的成绩信息可表示为 score.csv。

```
学号, 姓名, 大学英语, 高等数学, 程序设计
20200001, 张华, 92, 90, 90
20200002, 赵云, 82, 95, 96
20200003, 李全, 89, 92, 78
20200004, 黄依萍, 96, 89, 83
```

CSV 文件广泛应用于商业和科学,尤其是不同体系结构下网络应用程序之间表格信息的转换。

CSV 格式存储的文件扩展名为.csv,可通过 Windows 平台的记事本或 Excel 等工具打开,其他操作系统平台可使用文本编辑工具打开。

Python 提供了一个专门用于读写 CSV 的标准库,可通过 import csv 命令使用。基本的读写功能:csv.reader()、csv.writer()。

2. 数据读取

将 CSV 文件读取到列表:

```
f = open('score.csv', encoding = 'utf - 8')
ls = []
for line in f:
  line = line.replace('\n','')
  ls.append(line.split(','))
print(ls)
f.close()
```

运行结果:

```
[['学号', '姓名', '大学英语', '高等数学', '程序设计'], ['20200001', '张华', '92', '90', '90'],
['20200002', '赵云', '82', '95', '96'], ['20200003', '李全', '89', '92', '78'], ['20200004', '黄
依萍', '96', '89', '83']]
```

打开文件后对文件对象进行迭代,在循环中逐条获取文件中的记录,将一行作为一个列表元素。line.replace('\n','')是为了处理每行最后一个元素后面的换行符"\n"。对于数据的表达和使用来说,这个换行符是多余的,用 replace()方法将其去除。line.split(',')是将文件每行中用逗号分隔的数据分离成二维列表的元素。

3. 数据写入

将 score.csv 中的内容读出来,并添加总分项,将各科成绩进行求和,添加到每个学生的信息中。

```
f1 = open('score.csv','r + ',encoding = 'utf - 8')
ls = []
for line in f1:
  line = line.replace('\n','')
  ls.append(line.split(','))

f1.seek(0)
```

```
ls[0].append('总分')
for s in ls[1:]:
  total = sum(list(map(int,s[2:])))
  s.append(str(total))
for line in ls:
  f1.write(','.join(line) + '\n')
f1.close()
```

7.3.3　高维数据的存储与读写

二维数据可以看成一维数据的集合，以此类推，三维数据可以看成二维数据的集合，但是这样层层嵌套的方式组织数据，会让多维数据的表示非常复杂，为了直观地表示数据间复杂的组织关系，一般在表示高维数据时不采用结构化的形式，而是用最基本的二元关系，即键值对的形式进行格式化。

网络上传递的数据大都是高维数据，JSON（JavaScript Object Notation）是网络中最常见的高维数据格式，它是一种轻量级的数据交换格式，其本质是一种被格式化了的字符，既易于人类阅读和编写，也易于机器解析和生成。网络中常用 JSON 对高维数据进行表达和存储。JSON 表示键值对的基本格式如："key":"value"。

JSON 存储数据应遵循以下语法规则。

（1）数据存储在键值对中，如："学号":"20200001"。

（2）键值对之间用英文逗号隔开，如："学号":"20200001","姓名":"张华"。

（3）花括号用于保存一个 JSON 对象，如：{"学号":"20200001","姓名":"张华"}。

（4）方括号用于保存一组对象集合，即键值对数据组成的数组。如：

```
"计科 2020 学生": [ {'姓名':'张华','大学英语':'92','高等数学':'90','程序设计':'90'},
          {'姓名':'赵云','大学英语':'82','高等数学':'95','程序设计':'96'},
          {'姓名':'李全','大学英语':'89','高等数学':'92','程序设计':'78'},
           {'姓名':'黄依萍','大学英语':'96','高等数学':'89','程序设计':'83'}
           ]
```

从最外层看，这个数据首先是一个键值对，key 是"计科 2020 学生"，value 与 key 之间用冒号连接，value 本身是一个数组，这个数组中存储了多名学生的信息，每个学生用一个花括号组织。

采用对象、数组方式组织起来的键值对可以表示任何结构的数据，这为计算机组织复杂数据提供了极大的便利。目前，万维网上使用的高维数据主要是 JSON 和 XML。

拓展：

XML（Extensibale Markup Language，可扩展标记语言）是 W3C 推荐的一种开放式语言，它用来为 Internet 上传送及携带的数据信息提供标准格式，它用成对的标签来表示键值对。如：

```
<计科 2020 学生>
    <姓名>张华</姓名><大学英语> 92 </大学英语>,<高等数学> 90 </高等数学>
    <姓名>赵云</姓名><大学英语> 82 </大学英语>,<高等数学> 95 </高等数学>
```

```
 <姓名>学生</姓名><大学英语> 89 </大学英语>,<高等数学> 92 </高等数学>
   <姓名>黄依萍</姓名><大学英语> 96 </大学英语>,<高等数学> 89 </高等数学>
</计科 2020 学生>
```

XML 与 JSON 都可以表示高维数据,但是 XML 对 key 要存储两次< key ></key >,而 JSON 只需要存储一次,且在数据交换时产生更少的网络带宽和存储需求,因此比 XML 更为常用。

使用 JSON 存储数据时,需要先导入 json 库:

```
import json
```

JSON 库主要包括两类函数:操作类函数和解析类函数。操作类函数主要完成外部 JSON 格式和程序内部数据类型之间的转换功能,解析类函数主要用于解析键值对内容。表 7-6 为 JSON 操作函数的具体描述。JSON 格式包括对象和数组,分别用花括号{}和方括号[]表示,分别对应键值对的组合关系和对等关系。与 Python 数据类型进行转换时,一般来说,JSON 格式对应的对象将被 JSON 库解析成字典,数组被解释成列表。

表 7-6　JSON 操作函数

函　数	描　述
json. dumps(obj,sort_keys＝False,indent＝None)	将 Python 数据类型转换为 JSON 格式,编码
json. loads(string)	将 string 类型转换为 dict 字典或 dict 链表
son. dumps(obj,fp,sort_keys＝False,indent＝None)	将 Python 数据类型转换为 JSON 格式,输出到文件
json. load(fp)	从文件中读入 JSON 格式数据转换为 Python 数据类型

JSON 库中包含两个过程:编码(Encoding)和解码(Decoding)。编码是将 Python 数据类型转换为 JSON 格式的过程,解码是将 JSON 格式中解析数据到对应的 Python 数据类型的过程。编码与解码实质上是数据类型序列化和反序列化的过程。

json. dumps()中的 obj 可以是 Python 的列表或字典类型,当输入字典时,dumps()将其转换为 JSON 格式字符串。默认是顺序存放,sort_keys 可以对字典按照 key 进行排序,控制输出。indent 用于增加数据缩进,使生成的 JSON 格式字符串更具可读性。由于 JSON 库默认采用 Unicode 编码处理非西文字符,涉及中文时,想正常读取中文,需要加上 ensure_ascii＝False。

Python 数据类型与 JSON 互转:

```
import json
st = {"学号":"20200001","姓名":"张华","大学英语":"92"}
js = json.dumps(st,ensure_ascii = False)
print(js)
js2 = json.dumps(st,sort_keys = True,indent = 4,ensure_ascii = False)
print(js2)
ps = json.loads(js2)
print(ps)
```

运行结果:

```
{"学号": "20200001", "姓名": "张华", "大学英语": "92"}
{
    "大学英语": "92",
    "姓名": "张华",
    "学号": "20200001"
}
{'大学英语': '92', '姓名': '张华', '学号': '20200001'}
```

利用 JSON 读取文件、写入文件：

```
d = {"计科 2020 学生": [ {'姓名':'张华','大学英语':'92','高等数学':'90','程序设计':'90'},
        {'姓名':'赵云','大学英语':'82','高等数学':'95','程序设计':'96'},
        {'姓名':'李全','大学英语':'89','高等数学':'92','程序设计':'78'},
            {'姓名':'黄依萍','大学英语':'96','高等数学':'89','程序设计':'83'}
            ]}

f = open("js1.json",'r + ',encoding = 'utf - 8')
json. dump(d,f,ensure_ascii = False , indent = 4)
f. seek(0)
ps = json. load(f)
print (ps)
f. close()
```

运行结果：

```
{'计科 2020 学生': [{'姓名': '张华', '大学英语': '92', '高等数学': '90', '程序设计': '90'}, {'姓
名': '赵云', '大学英语': '82', '高等数学': '95', '程序设计': '96'}, {'姓名': '李全', '大学英语':
'89', '高等数学': '92', '程序设计': '78'}, {'姓名': '黄依萍', '大学英语': '96', '高等数学': '89',
'程序设计': '83'}]]}
```

同时会创建文件 js1.json。

7.4 文件应用

7.4.1 用户登录案例

许多应用都会涉及数据的存储与应用，文件作为存储数据的基本形式，与各种应用密不可分。特别是在各类层出不穷的 App 中，用户登录是最基本的模块。

1. 功能分析

一般来说，用户登录分为管理员登录和普通用户登录，在用户使用软件时，系统会判断用户是否存在，若存在，则验证用户名与密码是否正确而决定是否登录成功，否则，询问用户是否注册，流程图见图 7-1。

根据以上功能需求，用户管理模块应该包含以下文件（由于受限数据库连接知识未介绍，此处全用 CSV 文件）。

管理员用户文件 admin.csv，用于保存管理员的账户信息。

普通用户文件 user.csv，用于保存普通用户注册的信息。

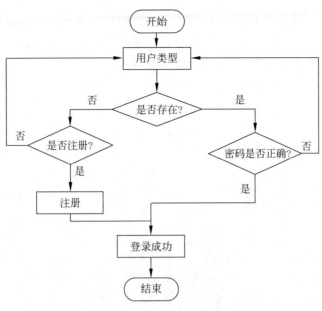

图 7-1 用户登录流程图

2. 程序设计

结合功能需求,设计程序接口,用户登录模块应包含的函数及其功能分别如下。

main():程序的入口。

menu():登录菜单。

login():登录模块。

register():用户注册。

get_user():获取管理员或用户的账号信息。

user_exist():判断用户名是否存在。

1) 主函数 main()

为用户提供程序入口,先调用主菜单,让用户根据菜单进行选择,如果用户输入的选项不存在,则给出提示,让用户重新输入选择。再根据用户的选择调用登录函数。

```python
def main():
    menu()
    n = input('请选择你的用户类型:')
    while n not in ['1', '2']:
        n = input('你的选择不正确')
    login(n)
```

2) 显示主菜单函数 menu()

主要用于显示界面,提供提示给用户。

```python
def menu():
    print('--' * 15)
    print('      请选择你的账号类型:')
    print('           1.管理员')
    print('           2.学生')
    print('--' * 15)
```

3) 获取用户信息函数 get_user()

传递一个文件参数，指明是打开哪个文件，以决定是获取管理员还是用户的账号信息。如果获取信息只需要账号、密码，则可以使用切片方式。

函数返回值为获取到的存放用户信息的列表。

```python
def get_user(file):
    user = []
    f = open(file, 'r', encoding = 'utf - 8')
    t = f.read().split('\n')
    for u in t:
        if len(u) > 2:
            user.append(u.split(',')[:2])
    return user
```

4) 登录判断函数 login()

登录函数也设置一个参数，即传递用户选择的用户类型。根据传递的参数，决定调用获取用户信息的函数 get_user() 时传递哪一个文件信息给函数。如果用户选择"1"，则是管理员身份登录，则传递文件参数"admin.csv"给 get_user() 函数。如果用户选择"2"，则以学生身份登录，则传递文件参数"user.csv"给 get_user() 函数。调用 get_user() 函数时会得到用户信息的列表，将用户输入的账号与密码进行判断，先判断用户名是否存在，即调用 user_exist() 函数，并将输入的用户名和文件名作为参数传递过去。

如果调用 user_exist() 函数获得返回值为真，则判断密码与列表中的密码是否相同，若相同，则登录成功；若不同，则给出提示。

如果调用 user_exist() 函数获得返回值为假，则表示用户名不存在，询问是否要注册新用户。若要注册，则调用注册函数，并将用户名和用户类型作为参数传递过去。若无须注册，则输出提示信息。

```python
def login(n):
    if n == '1':
        file = 'admin.csv'
        user = get_user(file)[1:]
    elif n == '2':
        file = 'user.csv'
        user = get_user(file)[1:]
    username = input('请输入你的登录账号:')
    psw = input('请输入你的密码:')
    if user_exist(username, file):
        if [username, psw] in user:
            print('-- ' * 15)
            print('    登录成功!')
            print('-- ' * 15)
        else:
            print('用户名与密码不相符')
    else:
        ans = input('用户名不存在,是否注册 Y/N?')
        if ans.lower() == 'n':
            print('感谢使用')
        elif ans.lower() == 'y':
```

```
        register(username, n)
    else:
      print('你的选择不对')
      main()
```

5）判断用户是否存在函数 user_exist()

设定用户名和文件名作为参数，根据文件名，调用 get_user()函数，获得用户信息列表，再查看用户名是否在列表中存在，若存在，则返回真；若不存在，则返回假。

```
def user_exist(username, file):
  user = get_user(file)[1:]
  for u in user:
    if username == u[0]:
      return True
    else:
      return False
```

6）用户注册函数 register()

将用户账号和用户类型作为参数，如果用户类型是管理员，则只要求用户输入密码，将用户账号和密码作为一个列表元素追加写入文件 admin.csv 中；如果用户类型是学生，则还需输入姓名、性别、年龄信息，将这些信息组合成一个列表元素，追加写入文件 user.csv 中。

注意：写完文件，一定要关闭，否则会影响下次读取数据。

```
def register(username, f):
  psw = input('请输入你的密码:')
  if f == '2':
    name = input('请输入你的姓名:')
    sex = input('请输入你的性别:')
    age = input('请输入你的年龄:')
    newnuser = [username, psw, name, sex, age]
    f1 = open('user.csv', 'a', encoding = 'utf - 8')
    f1.writelines('\n' + ','.join(newnuser))
    f1.close()
  else:
    newnuser = [username, psw]
    file = open('admin.csv', 'a', encoding = 'utf - 8')
    file.writelines('\n' + ','.join(newnuser))
    file.close()
  print('-- ' * 15)
  print('    已注册成功,请登录')
  print('-- ' * 15)
  login(f)
```

运行结果见图 7-2。

7.4.2 jieba 分词

jieba 库主要提供分词功能，可以辅助自定义分词词典。jieba 的分词原理是利用一个中文词库，将待分词的内容与分词词库进行比对，通过图结构和动态规划方法找到最大概率的

观看视频

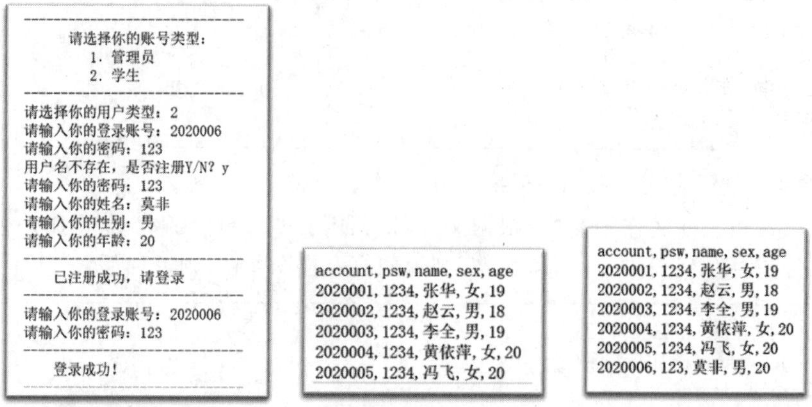

(a) 登录注册过程   (b) 注册之前的user.csv文件   (c) 注册成功后的user.csv文件

图 7-2   运行结果

词组。jieba 库常用分词函数见表 7-7。

表 7-7   **jieba 库常用分词函数**

函 数	描 述
jieba. cut(s)	精确模式,返回一个可迭代的数据类型
jieba. cut(s,cut_all＝True)	全模式,输出文本 s 中所有可能单词
jieba. cut_for_search(s)	搜索引擎模式,适合搜索引擎建立索引的分词结果
jieba. lclut(s)	精确模式,返回一个列表类型
jieba. lcut(s,cut_all＝True)	全模式,返回一个列表类型
jieba. lcut_for_search(s)	搜索引擎模式,返回一个列表类型
jieba. add_word(w)	向分词字典中增加新词 w

jieba 分词的原理如下。

(1) 利用一个中文词库,确定汉字之间的关联概率。

(2) 汉字间概率大的组成词组,形成分词结果。

(3) 除了分词,用户还可以添加自定义的词组。

jieba 库支持以下三种分词模式。

(1) 精确模式,将句子最精确地切开,适合文本分析。

(2) 全模式,把句子中所有可以成词的词语都扫描出来,速度快,但不能消除歧义,有冗余。

(3) 搜索引擎模式,在精确模式的基础上,对长词再次切分,提高召回率,适合用于搜索引擎分词。

jieba 是第三方库,需要先安装才能使用。在命令行中安装的命令如下:

```
pip install jieba
```

需要使用 jieba 分词时,需要先导入 jieba 库。

```
>>> import jieba
>>> words = '中国是一个伟大的国家!'
```

```
>>> jieba.lcut(words)
['中国', '是', '一个', '伟大', '的', '国家', '!']
>>> jieba.lcut(words,cut_all = True)
['中国', '国是', '一个', '伟大', '的', '国家', '!']
>>> jieba.lcut_for_search(words)
['中国', '是', '一个', '伟大', '的', '国家', '!']
```

【案例7-2】　人物出场次数统计。

人物出场次数统计是 Python 中词汇统计常见的案例。中文文章需要分词才能进行词频统计,中文分词用的是第三方库 jieba 库。

用 jieba 库来进行人物出场统计时,很多非人名的词汇会出现,这时可以将人名先提出来存放到文件中。同时有些人名会出现特殊情况,如在《天龙八部》中,在前半部中乔峰的名字是乔峰,在后半部中名字变成了萧峰。再例如,天山童姥有时也叫童姥。还有很多人的人名比较生僻,在分词时经常会出现不准确的切分,所以需要进行一些相关的处理。

统计《天龙八部》的人物出场次数前 10 名的人物名称及次数。

```python
import jieba
def get_text():
    f = open('天龙八部.txt','r',encoding = 'utf - 8')
    text = f.read()
    f.close()
    txt = jieba.lcut(text)
    return(txt)
def get_name():
    f = open('name.txt','r',encoding = 'utf - 8')
    name = (f.read().replace(' ','')).split(',')
    f.close()
    return name
def get_count(txt):
    name = get_name()
    count = {}
    for word in txt:
        if len(word) == 1:
            continue
        elif word == '乔峰' or word == '萧峰':
            rword = '乔峰'
        elif '段誉' in word:
            rword = '段誉'
        else:
            rword = word
        if rword in name:
            count[rword] = count.get(rword,0) + 1
    return count
def output(count):
    items = list(count.items())
    items.sort(key = lambda x:x[1],reverse = True)
    print('排名\t姓名    \t次数\t')
    for i in range(30):
        word,count = items[i]
        print('{:<4}\t{:<6}\t{}'.format(i + 1,word,count))
if __name__ == '__main__':
```

```
txt = get_text()
count = get_count(txt)
output(count)
```

运行结果见图 7-3。

排名	姓名	次数
1	段誉	2988
2	乔峰	2329
3	虚竹	1546
4	王语嫣	920
5	慕容复	821
6	段正淳	780
7	木婉清	751
8	鸠摩智	600
9	阿朱	546
10	游坦之	515

图 7-3　人物出场次数

7.4.3　wordcloud 词云

当我们手中有一篇文档时，例如，新闻稿、书籍、小说、电影剧本，若想快速了解其主要内容是什么，则可以采用绘制 wordcloud 词云图的方法，显示主要的关键词，即高频词来快速了解内容。

所谓词云就是通过形成"关键词云层"或"关键词渲染"，对文本中出现频率较高的"关键词"在视觉上突出。词云图过滤掉大量的文本信息，使浏览者只要一眼扫过文本就可以领略文本的主旨，如图 7-4 所示。

图 7-4　词云示意图

wordcloud 是 Python 的一个第三方库,称为词云,也叫作文字云,是根据文本中的词频,对内容进行可视化的汇总。

安装 word_cloud 可以使用 Python 自带的 pip 工具来进行,在命令行的安装命令如下:

```
pip install wordcloud
```

wordcloud 库基本使用方法:wordcloud 库把词云当作一个 WordCloud 对象,根据文本中词语出现的频率等参数绘制词云,再绘制词云的形状,词云的尺寸和颜色都可以设定。

先创建 WordCloud 对象,语句格式:

```
w = wordcloud.WordCloud(string)
```

以 WordCloud 对象为基础,再进行配置参数、加载文本、输出文件等操作,常用的方法如表 7-8 所示。

表 7-8　WordCloud 对象的常用方法

方　　法	描　　述
$w.$generate(txt)	向 WordCloud 对象 w 中加载文本 txt,如 $w.$generate("Python and WordCloud")
$w.$to_file(filename)	将词云输出为图像文件,如 $w.$to_file("outfile.png")

创建词云的步骤如下。

(1) 创建对象并配置参数:

```
w = wordcloud.WordCloud(...)
```

(2) 加载文本:

```
w.genertae(txt)
```

(3) 输出文件:

```
w.to_file(filename)
```

文件格式可以是.png 或者.jpg 等。

例如:

```
import wordcloud
words = 'Life is too short to learn Python. Python is a beautiful language'
w = wordcloud.WordCloud()
w.generate(words)
w.to_file('p.png')
```

运行结果见图 7-5。

如果将字符串由英文改成中文,代码如下。

```
import wordcloud
words = '人生苦短,我用 Python,Python 是一种优美的语言'
w = wordcloud.WordCloud()
w.generate(words)
w.to_file('p.png')
```

运行结果如图 7-6 所示。

图 7-5 英文词云图

图 7-6 中文词云图

从图 7-6 中发现中文不能显示了，会出现乱码。这是由于 wordcloud 自带的字体 DroidSansMono. ttf 不支持中文。

解决方法为使用支持中文的字体来替代，这就涉及 WordCloud()类中的属性设置了。配置对象属性：

```
w = wordcloud.WordCloud(<参数>)
```

WordCloud()中的属性设置如表 7-9 所示。

表 7-9 **WordCloud()中的常用属性**

参　　数	描　　述
width	指定词云对象生成图片的宽度，默认为 400px
height	指定词云对象生成图片的高度，默认为 200px
min_font_size	指定词云中字体的最小字号，默认为 4 号
max_font_size	指定词云中字体的最大字号，根据高度自动调节
font_step	指定词云中字体字号的步进间隔，默认为 1
font_path	指定字体文件的路径，默认为 None
max_words	指定词云显示的最大单词数量，默认为 200
stop_words	指定词云的排除词列表，即不显示的单词列表
mask	指定词云形状，默认为长方形，需要引用 imread()函数
background_color	指定词云图片的背景颜色，默认为黑色

除了表中列出的这些常见属性外，还有如下属性。

prefer_horizontal：float 类型，词语水平方向排版出现的频率，默认为 0.9（所以词语垂直方向排版出现频率为 0.1）。

scale：float 类型，按照比例进行放大画布，如设置为 1.5，则长和宽都是原来画布的 1.5 倍。默认为 1。

mode：string 类型，当参数为"RGBA"并且 background_color 不为空时，背景为透明。默认为"RGB"。

relative_scaling：float 类型，词频和字体大小的关联性。默认为 0.5。

color_func：调用 callable，生成新颜色的函数，如果为空，则使用 self. color_func。默认为 None。

regexp：string 类型或 None(可选)，使用正则表达式分隔输入的文本。

collocations：bool 类型，是否包括两个词的搭配。默认为 True。

colormap：string 类型或 matplotlib colormap，给每个单词随机分配颜色，若指定 color_ func,则忽略该万法。默认为"viridis"。

例如,设置背景为白色,将中文字体以黑体显示,代码如下。

```
import wordcloud
words = '人生苦短,我用 Python,Python 是一种优美的语言'
w = wordcloud.WordCloud(background_color = 'white', font_path = "simhei.ttf")
w.generate(words)
w.to_file('p.png')
```

运行结果如图 7-7 所示。

如果想要显示的词云以某种图片的样式显示,像图 7-4 中的词云就是以某种指定的形状显示,则需要设置 mask 属性。同时需要有一张相应的用于遮罩的图像,例如,将图 7-5 显示成五角星的形状,需要先准备一张五角星的图像文件 fivestart.png,如图 7-8(a)所示,再修改代码如下。

图 7-7　正确显示的中文词云

```
import wordcloud
from imageio import imread
words = 'Life is too short to learn Python ,Python is a beautiful language'
image = imread("fivestart.png")
w = wordcloud.WordCloud(font_path = "simhei.ttf",mask = image)
w.generate(words)
w.to_file('p.png')
```

运行结果如图 7-8(b)所示。

(a) 遮罩图像　　　　　(b) 遮罩显示词云效果

图 7-8　遮罩显示词云

其实从图 7-7 中可以看出,中文是没有被分割的,整个一句作为一个整体显示,这不符合中文的词语显示习惯,故需要与 jieba 库结合来显示词云。一般来说,要将中文文本变成词云的步骤如下。

(1)分隔:以空格分隔单词。

(2)统计:统计单词出现次数并过滤。

(3)字体:根据统计配置字号。

(4)布局:设置颜色、环境、尺寸。

【案例 7-3】　词云显示工作报告

《关于做好 2023 年全面推进乡村振兴重点工作的意见》存储在文档"乡村振兴.txt"中,

编写程序，用词云提取显示乡村振兴的重点工作，并以五角星文件 fivestar.png 作为词云显示形状。

案例分析：

首先是文件的读取，利用文件的读方法将文本内容一次性读取出来。

再用 jieba 库对中文内容进行分词，得到词语列表。

对列表中的词语以空格分隔进行合并，使整个列表内容再次变成一个字符串。以匹配 WordCloud 对象的参数是字符串类型的要求。

需要用图像形状作为 mask 属性，故先导入图像的读取 imageio 库，将读图像文件的方法 imread() 导入。用 imread() 方法将图像 chinamap.jpg 读取出来。

创建词云对象，并按需求进行属性参数设置。

生成词云，并将词云图像保存成文件。

实现代码：

```python
iimport jieba
import wordcloud
from imageio import imread
mk = imread("fivestart.png")
f = open("乡村振兴.txt", "r", encoding = "utf - 8")
txt = f.read()
f.close()
ls = jieba.lcut(txt)
text = " ".join(ls)
w = wordcloud.WordCloud(\
    width = 1000, height = 700,\
    background_color = "white",
    font_path = 'STZHONGS.TTF', mask = mk)
w.generate(text)
w.to_file("grw2.png")
```

运行结果如图 7-9 所示。

图 7-9 词云显示工作报告

习题

1. 自动轨迹绘制。打开文本文件,读取其中的数据,根据数据脚本来绘制图,由数据脚本来实现自动绘制轨迹。数据内容如图 7-10(a 所示),每一行的第 1 个数字表示行进的距离;第 2 个数字表示是否需要转向,0 表示左转,1 表示右转;第 3 个数字表示转向的角度;第 4、5、6 个数字表示线条的 RGB 值。最后根据数据可绘制如图 7-10(b)所示的五角星。

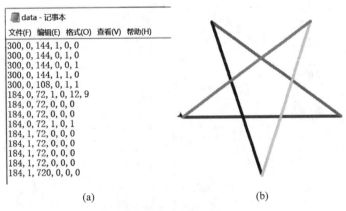

(a)　　　　　　　　　　(b)

图 7-10　运行结果

2. 统计《三国演义》中的人物出场次数,输出前 20 名的出场人物。

3. 新建一个文件,命名为 price.csv,在文件中输入如题 4 中的内容,从 CSV 文件中读取数据到列表,逐行处理 CSV 格式数据。去掉内容中的逗号,打印到屏幕。

4. 将下列数据写入 price.csv 文件中。

北京	101.7	122.7	123.5
上海	101.4	133.1	133.8
南京	103.6	134.9	134.2
杭州	102.4	119.1	119.5
天津	102.4	117.0	116.9
石家庄	102.7	108.1	108.2
沈阳	100.1	101.4	101.6
大连	99.4	99.7	100.2
长春	100.1	101.2	101.0
哈尔滨	99.8	101.3	101.4

5. 读取 price.csv 文件,将其中的数据读出,将数字部分计算百分比后输出到 price_out.csv 文件。

6. 将小说《三国演义》中的内容以词云的形式显示出来。

第8章

面向对象程序设计

知识导图

本章知识导图如图 8-0 所示。

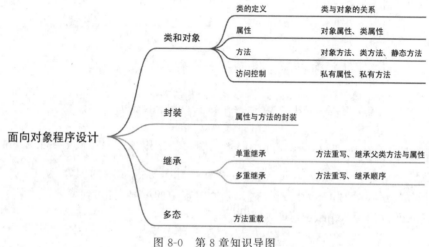

图 8-0　第 8 章知识导图

问题导向

- 如果面向过程中的函数中用到较多的全局变量,如何优化?
- 问题复杂度高且要重复利用,如何更好地解决?
- 一个项目如何分配任务和定义接口?

重点与难点

- 类与对象的关系。
- 类方法与类属性,对象方法与对象属性。
- 单重继承与多重继承。
- 装饰器的应用。

前人栽树,后人乘凉。每次旅行之前,大家都会参考前人的旅行体验和攻略,做出自己的旅行规划。Python 提供了一种新的旅游攻略:面向对象程序设计。不同于以往面向过程编程中直白地表示变量、定义函数,在面向对象编程的方法中,将所有的实际事物看成对象,对象相应的特征看成属性——对应变量,对象相应的动作、行为看成方法——对应函数。

具有相同特征的事物统一称为一个类,所有的方法、属性又封装在类中。

现实世界中存在各种不同形态的事物,这些事物之间存在着各种各样的联系。在程序中通过对象来映射现实中的事物,用对象之间的关系来描述事物之间的联系,这种思想就是面向对象。

面向对象程序设计(Object Oriented Programming,OOP)是对现实世界事物所包含的属性和行为进行概念化建模以反映其特征,通过编程"虚拟"地将它们实现在计算机系统中。

前面章节都是面向过程的程序设计,是把计算机程序看成一系列的命令集合,即一组函数的执行。面向过程的思想是分析出解决问题的步骤,然后用函数把这些步骤一一实现,使用的时候依次调用即可。只考虑在函数中封装代码逻辑,而不考虑函数的归属关系。

面向对象则是把解决问题的事物提取为多个对象,而建立对象的目的也不是为了完成一个个步骤,而是为了描述某个事物在解决整个问题的过程中所发生的行为。面向对象是一个更大的封装,根据对象职责明确函数的归属关系。

例如,如何把一头大象装进冰箱? 如图 8-1 所示。谁来开门? 这正是面向过程和面向对象的根本区别。

图 8-1 把大象放进冰箱

面向过程的解决思路是:一是打开冰箱门,二是把大象装进去,三是关上冰箱门。过程由程序员来控制。当需要放很多头大象进去时,就需要程序员逐个打开冰箱的门,每增加一个冰箱,就需要去打开一次门。

面向对象的思想是:冰箱会自己把门打开,自己把大象装进去,自己把门关上。人们不需要了解这一过程是如何实现的,只需要在把大象装进冰箱的时候,跟冰箱说一句:"嘿,你把大象装进去吧。"在此过程中,分析出每个参与解决问题的对象(冰箱),并确定这些对象的行为(开门,装大象,关门),最终由这些对象解决问题的编程思想。在面向对象编程中,冰箱设计图纸就被称为类,而按照这张图纸生产出来的一台台冰箱,则被称为类的实例或者对象,这一生产过程,就被称为类的实例化。

8.1 类和对象

所谓"物以类聚,人以群分",类(Class)是具有相似特征和行为的事物的集合,即同一类型的事物。如大学生、小学生都属于学生类。

"万物皆对象",对象(Object)是一个抽象概念,表示任意存在的事物,通常将对象划分为两个部分,即静态部分与动态部分。静态部分被称为"属性",是描述对象某一方面的特征或状态,任何对象都具备自身属性,这些属性不仅是客观存在的,而且是不能被忽视的,如学生的姓名、性别等。动态部分是对象的行为,即对象执行的动作,称之为方法,如看书、上课、写代码等。

类是对某类事物的抽象的描述,是同一类对象的模板,即属于该类的对象的设计方案的固定格式,而对象是现实中该类事物的一个具体的个体,如张三是一名小学生。简单来说,类是对象的抽象,对象是类的实例化。

8.1.1 类的使用

1. 类的定义

类(Class)是指把具有相同特性(数据)和行为(函数)的对象抽象为类。类的特性通过数据来体现,类的行为通过函数来操作。现实世界的对象都可能抽象为数据和函数相结合的一种特殊结构的新数据类型。其中,通过类的局部变量来实现对数据的读写操作,通过函数来实现对类的相关行为进行操作。

对事物抽象成类的过程需要如下几步。

(1) 归类,将所有同类型的事物归为一类。

(2) 提取事物特性。

(3) 确定事物相关的操作行为。

在 Python 中,类表示具有相同属性和方法的对象的集合,在使用类时,需要先定义类,然后再创建类的实例,使用关键字 class 来定义类,定义格式如下。

```
class 类名(父类名):            # 使用 class 定义类
  属性名 = 属性值              # 定义类属性
  def  方法名():               # 定义方法
    方法体
```

一般来说,定义类时,类名首字母大写。如果类继承自某一个父类,则将父类写在括号中,若无父类则用 object,也可省略不写。

定义一个冰箱类和相应方法的代码如下。

```
class Fridge():
  def open(self):
    print('打开冰箱门')
  def pack(self, goods):
    self.goods = goods
      print('将 % s 装进冰箱' % self.goods)
  def close(self):
    print('关上冰箱门')
```

2. 对象的创建

对象是类的实例化,类是对象的抽象,即创建对象的模板。创造类之后,需要通过创建对象来使用类,格式如下。

```
对象名 = 类名()
```

通过冰箱类来创建一个实际的冰箱对象,代码如下。

```
fridge1 = Fridge()
```

8.1.2 属性与方法

1. 类属性

属性是用于描述事物的特征,如颜色、大小、数量等。可以分为类属性和对象属性。

观看视频

类属性存储了类的各种数据,定义在类的内部、方法的外部,由该类所有的对象共同拥有。类属性可以通过类名访问,也可以通过对象名访问,但只能通过类名修改。

属性调用格式如下。

对象名.属性名

如给冰箱类定义两个属性:冰箱编号、物品编号。代码如下。

```
class Fridge():
    No = 0                              ♯类属性 - 冰箱编号
    Num = 0                             ♯类属性 - 物品编号
```

2. 对象属性

对象属性是对象特征的描述,定义非常灵活,可在方法内部定义,也可在调用实例时动态添加。

在对象方法里可以使用 self 关键字定义和访问对象属性,同名的对象属性会覆盖类属性。在类中定义的方法经常需要有自己需要的参数,这类参数称为对象属性,可以在方法中定义,也可以调用时定义。在方法中定义时以 self 作前缀,且只能通过对象名访问。如给冰箱类定义一个对象属性:物品名称,在调用时添加一个新属性 Num。代码如下。

```
class Fridge():
    Num = 0
    def pack(self, goods):                  ♯在方法中定义一个对象属性 goods
        self.Num += 1                       ♯利用对象对类属性进行修改
        self.goods = goods                  ♯对象属性 - 物品名称
        print('冰箱装入 % d 号物品 % s' % (self.Num,self.goods))
fridge1 = Fridge()
fridge1.Num = 4                             ♯调用时添加新的对象属性 Num
fridge1.pack('大象')
fridge2 = Fridge()
fridge2.pack('小象')
```

运行结果:

```
冰箱装入 5 号物品大象
冰箱装入 1 号物品小象
```

上面的代码中,先创建了一个对象 fridge1,再通过属性赋值设置 Num 的值为 4,再通过对象 fridge1 调用了方法 pack(),并传入"大象"给对象属性 goods,而对象 fridge2 创建后直接调用方法 pack()。从运行结果看,fridge1 修改的 Num 值仅对当前对象本身有效,对其他对象无效,因此对象 fridge2 调用时,再次重新编号。

由此可知,对象和类都可访问类属性的值,但是对象不能修改类属性的值,但是可以通过定义与类属性同名的属性,覆盖类属性。

对象属性可动态创建,也可动态删除,使用语句:

del 对象名.属性名

例如,删除上面冰箱对象 fridge1 的 Num 属性:

```
del fridge1.Num
print(fridge1.Num)
```

输出结果将会是 0。如果类属性中并无相应同名属性，会因为无法访问相应属性，而导致解释器发出异常，运行结果将会报错。

3. 对象方法

对象方法，也称实例方法，是在类中定义的，以关键字 self 作为第一个参数的方法。对象方法的 self 参数代表调用这个方法的对象本身，在方法调用时，可以不用传递这个参数，系统会自动将调用方法的对象作为 self 参数传入。

类中定义的方法必须有一个参数 self，位于参数列表的开头，代表类的实例即对象自身。在内部可以使用 self 调用类的属性和成员函数。在外部则使用对象名来调用对象方法，且不需要传递这个参数。如果在外部通过类名来调用对象方法，则需要显式为 self 传值。

```
class Fridge():
  Num = 0
  def pack(self, goods):              # 定义对象方法
    self.Num += 1                     # 同名对象属性覆盖类属性
    self.goods = goods
    print('冰箱装入 % d 号物品 % s' % (self.Num,self.goods))
fridge1 = Fridge()
fridge1.pack('大象')                   # 调用对象方法
Fridge.pack(fridge1,'小象')
```

上面代码中的 pack(self,goods) 为对象方法，调用时，无须为 self 传递参数。

对象方法是属于对象的方法，对象可以直接调用，但是类不可以直接调用对象方法，如果类想要调用对象方法，需要传递类或者该类的对象作为参数给 self。代码如下。

```
class Fridge():
  Num = 0
  def pack(self, goods):
    self.Num += 1
    self.goods = goods
    print('冰箱装入 % d 号物品 % s' % (self.Num,self.goods))
fridge1 = Fridge()
fridge1.pack('大象')                   # 对象直接调用对象方法
Fridge.pack(fridge1,'小象')            # 类通过传递类的对象调用对象方法
Fridge.pack(Fridge,'小象')            # 类通过传递类调用对象方法
```

4. 构造方法和析构方法

在类的方法中有两种特殊的方法，分别在类创建时和销毁时自动调用，分别是构造方法 __init__() 和析构方法 __del__()。

使用类名()可以创建对象，但实际上，每次创建对象后，系统会自动调用 __init__() 方法。每个类都有一个默认的构造方法，如果在自定义类时显式定义了，则创建对象时调用定义的 __init__()。

__init__()方法的第一个参数是 self，即代表对象本身，不需要显式传递实参。但是在

创建类时传入的参数实际上都传递给了__init__()。如将冰箱开门的动作设为自动,只要创建冰箱自动就会调用开门动作。代码如下。

```
class Fridge():
  No = 0
  Num = 0
  def __init__(self):                    # 自定义构造方法
    Fridge.No += 1
    print('打开 % d 号冰箱门' % Fridge.No)
fridge1 = Fridge()                        # 实例化对象时自动调用构造方法
fridge2 = Fridge()
```

运行结果:

```
打开 1 号冰箱门
打开 2 号冰箱门
```

在创建对象时,系统会自动调用__init__()方法;在对象被清除的时候,系统则会自动调用析构方法__del__()。

__del__()的使用说明如下。

函数名和参数:Python 解释器内部约定,保留方法。

调用条件:当实例对象被真实删除时,才调用该函数内语句。

真实删除:当前对象的引用数为 0 或当前程序退出(垃圾回收)。

清除对象使用 del 语句,del 语句可以删除对象的一个引用,代码如下。

```
class Fridge():
  No = 0
  def __init__(self):
    Fridge.No += 1
    print('打开 % d 号冰箱门' % Fridge.No)
  def __del__(self):                      # 自定义构造方法
    print('冰箱被销毁了')
fridge1 = Fridge()
del fridge1                               # 清除对象
```

运行结果:

```
打开 1 号冰箱门
冰箱被销毁了
```

5. 类方法

类方法是使用修饰器@classmethod 修饰的方法,由所有实例对象共享,可以对外提供简单易用的接口。它以 cls 作为第一个参数,代表类本身,在调用时,不需要传递这个参数,系统会自动将调用它的类作为参数传入。

类方法可以对类属性进行修改。类方法只能操作类属性和其他类方法,不能操作实例属性和实例方法。

通过前面对象方法的知识,我们知道,在对象方法中无法给类属性赋值,在对象方法中对类属性赋值相当于动态创建一个同名的对象属性。下面的代码分别使用对象方法和类方法来对类属性进行操作。

```
class Fridge():
  No = 0
  Num = 0
  def add_No1(self):              #定义对象方法
    self.No += 1                  #修改类属性 No
    print('打开%d 号冰箱门'%Fridge.No)
  @classmethod
  def add_No2(cls):              #定义类方法
    cls.No += 1                  #修改类属性 No
    print('打开%d 号冰箱门'%Fridge.No)
fridge1 = Fridge()
fridge1.add_No1()                #通过对象调用对象方法
Fridge.add_No2()                 #通过类调用类方法
fridge1.add_No2()                #通过对象调用类方法
```

运行结果：

```
打开 0 号冰箱门
打开 1 号冰箱门
打开 2 号冰箱门
```

从运行结果可以看出，调用了对象方法 add_No1()后，类属性 No 的值并没有改变，因为对象方法中的代码 self.No+=1 实际上是创建了一个同名的对象属性，并不是改变类属性的值。而调用了 add_No2()后，通过语句 cls.No+=1，类属性 No 的值才真正被修改为 1 了。

Python 是一种很灵活的语言，对于类方法的调用也相当灵活，可以由类调用类方法，也可以由对象调用类方法。但是当用对象调用类方法时，系统会自动将对象所属的类作为第一个默认参数传递给类方法的 cls。

类方法可以与对象方法进行转换，通过使用内置函数 classmethod()的方式将一个普通的方法转换为类方法。如语句 p_to_class=classmethod(add_No)就能将对象方法 add_No1()转换为类方法。

6. 静态方法

静态方法是使用装饰器@staticmethod 进行修饰的方法，它不需要传入默认参数，所以与类并没有很强的联系。也正是因为没有传入默认参数，静态方法中不能直接访问类的属性和方法，需要通过<类名. 方法名>或<类名. 属性名>的方式来访问。

静态方法相当于面向过程中定义的函数，适合进行与类无关的操作，不需要在方法内使用类的相关数据。例如一些工具类，只需要根据传入的参数进行操作即可。

静态方法与类方法的区别如下。

（1）类方法有 cls 参数，而静态方法没有。

（2）类方法可以根据传入的参数访问类的数据，静态方法不可以。

（3）静态方法不经过实例化就可以直接使用。

（4）静态方法和静态变量属于某一个类，而不属于类的对象。

对象方法、类方法和静态方法三种方法的特征归纳如表 8-1 所示。

表 8-1　对象方法、类方法和静态方法的特征

方　　法	第一个参数	修　饰　器	类和对象访问
对象方法	self	无	对象.方法名 类.方法名(类)或类.方法名(对象)
类方法	cls	@classmethod	对象和类均可直接访问
静态方法	无	@staticmethod	对象和类均可直接访问

8.1.3　访问限制

在开发过程中，经常会遇到不希望对象的某些属性被外界随意访问和修改的情况。这时需要限制外界对属性的操作在我们的控制范围之内，此时一般的处理方式是：将属性定义为私有属性，再添加一个公有方法，用于属性的操作。

私有属性和私有方法的定义一般是在变量名称前加上双下画线，如__age()。

调用时可通过对象名. _类名__私有属性名，或者类名._类名__私有属性名进行访问。

例如，在冰箱的制造中，核心技术都想保密，可以将核心技术涉及的属性设为私有属性，再定义一个公有方法来访问，如设置冰箱制冷的温度为私有属性，代码如下。

```python
class Fridge():
  def __init__(self):
    self.__temperature = 0           #定义私有属性,初始值为0
    self.control = False
  def get_temperature(self):         #定义公有方法,用于访问私有属性
    if self.control:
      print('当前制冷温度是:', self.__temperature)
    else:
      print('设置无效,限制访问!')
  def set_temperature(self,temperature):   #定义公有方法,用于修改私有属性
    if - 30 < temperature < 15:
      self.__temperature = temperature
      self.control = True
    else:
      print('超出了冰箱的制冷范围!')
      self.control = False
fridge1 = Fridge()
fridge1.set_temperature(18)
fridge1.get_temperature()
```

运行结果：

```
超出了冰箱的制冷范围!
设置无效,限制访问!
```

在上述代码中，定义了 get_temperature()方法，用于获取对象私有属性__temperature 的值，由于在方法中访问私有属性，故设置了一定的条件进行判断（也可以不设），检测是否有权限进行访问控制。又定义了 set_temperature()方法，用于设置私有属性的值，在方法

中对传入的参数进行了判断，只有在规定的温度范围内才被视为有温度设置，这样可以确保对象数据属性的合理性。

除了这种通过公有方法来访问和设置私有属性的方法，Python 还提供了另一种既能检查参数，又能像直接访问公有属性那样的便捷方式，即使用@property 装饰器。

@property 装饰器可以把方法变成属性调用，把一个 get 方法变成属性，只需要为它加上@property 装饰器即可，还可能创建另一个装饰器@XXX. setter，把 set 方法也变成属性的赋值方法。将上面的代码进行如下修改。

```python
class Fridge():
  def __init__(self):
    self.__temperature = 0          #定义私有属性,初始值为 0
    self.control = False
  @property                         #用@property 装饰器将 get 方法变成属性
  def temperature(self):
    if self.control:
      print('当前制冷温度是:',self.__temperature)
    else:
      print('设置无效,限制访问!')
  @temperature.setter               #用@XXX.setter 装饰器将 set 方法变成属性
  def temperature(self,temperature):
    if -30 < temperature < 15:
      self.__temperature = temperature
      self.control = True
    else:
      print('超出了冰箱的制冷范围!')
      self.control = False
fridge1 = Fridge()
fridge1.temperature = 18           #通过直接赋值设置属性__temperature 的值
fridge1.temperature               #对属性直接访问
```

8.1.4 面向对象的方法应用——简易计算器

【案例 8-1】 简易计算器。

计算器的实现可以用面向过程和面向对象两种不同的方式实现。将计算器的设计从面向过程转换为面向对象实现，以更深入地理解面向对象编程中方法的定义与应用。

用面向过程的方法来实现简易运算器，可以将各种计算封装成一个函数，一个函数负责一种计算。实现代码如下。

```python
result = 0
def add(n):
  global result
  result += n
def minus(n):
  global result
  result -= n
def multiply(n):
  global result
```

```
    result * = n
def divide(n):
  global result
  result /= n
#计算(5+6-3)*4/2
add(5)
add(6)
minus(3)
multiply(4)
divide(2)
print(result)
```

在这段代码中存在如下问题。

首要问题是 result 是一个全局变量,在很多地方都可以修改,一旦在程序编写过程中不小心修改了它的值,会直接导致结果出错。

其次,代码特别散乱,各函数都是独立的个体,没有相关性。

改进思想:把这些零散的东西封装起来,放入一个整体的内部,就可以使各运算变成一个工具箱来使用。采用面向对象的思想来实现,首先是针对全局变量,可以将它封装成类属性;其次针对函数的不相关性,在运算方法中,不需要对实例对象进行操作,只需要操作类属性,那么参数传递也只需要传递类,故而可以将计算函数封装成类方法。实现代码如下。

```
class Caculator(object):
  result = 0
  @classmethod
  def __init__(cls,n):
    cls.result = n
  @classmethod
  def add(cls,n):
    cls.result += n
  @classmethod
  def minus(cls,n):
    cls.result -= n
  @classmethod
  def multiply(cls,n):
    cls.result * = n
  @classmethod
  def divide(cls,n):
    cls.result /= n

#计算(5+6-3)*4/2
c1 = Caculator(5)
c1.add(6)
c1.minus(3)
c1.multiply(4)
c1.divide(2)
print(c1.result)
```

这段代码解决了面向过程的缺陷,但又存在新问题:一个类属性在内存空间中只有一个内存地址,就使得无法进行多个表达式的运算。因为同时进行多个运算时,都在修改同一个内存地址的值,就会造成结果混乱。

改进思想：将类属性 result 改成实例属性，将各运算方法改成实例方法，将初始化值改成构造方法，输出结果变成实例方法。调用时，先创建对象，让对象调用对应的实例方法，则可实现多表达式的运算。实现代码如下。

```python
class Caculator(object):
    def __init__(self,n):
        result = 0
        self.result = n
    def add(self,n):
        self.result += n
    def minus(self,n):
        self.result -= n
    def multiply(self,n):
        self.result *= n
    def divide(self,n):
        self.result /= n
    def show(self):
        print('计算结果是:%d' % self.result)

#计算(5+6-3)*4/2
c1 = Caculator(5)
c1.add(6)
c1.minus(3)
c1.multiply(4)
c1.divide(2)
c1.show()
```

如果想添加一个容错功能，当传入的参数不是数值时，给出报错，则添加一个实例方法来实现容错功能。实现代码如下。

```python
class Caculator(object):
    def check(self,n):
        if type(n)!= type(1):
            raise TypeError('不是整数')
    def __init__(self,n):
        self.check(n)
        self.result = n
    def add(self,n):
        self.check(n)
        self.result += n
    def minus(self,n):
        self.check(n)
        self.result -= n
    def multiply(self,n):
        self.check(n)
        self.result *= n
    def divide(self,n):
        self.check(n)
        self.result /= n
    def show(self):
        print('计算结果是:%d' % self.result)

#计算(5+6-3)*4/2
```

```
c1 = Caculator(5)
c1.add(6)
c1.minus(3)
c1.multiply(4)
c1.divide(2)
print(c1.result)
```

添加容错功能后产生了新的问题：添加容错处理后，破坏了方法的单一职责功能。

改进：通过使用装饰器，将容错功能封装在装饰器中，通过装饰器装饰相应方法，使函数具有某种功能。

装饰器（Decorate）的作用就是为已经存在的函数或对象添加额外的功能。装饰器本质上是一个 Python 的高阶函数，它可以让其他函数在不需要做任何代码变动的前提下增加额外功能。它接收一个函数作为参数，然后返回一个新函数。使用装饰器要用 Python 提供的 @ 语法，这样可以避免手动编写 $f = \text{decorate}(f)$ 这样的代码。

使用装饰器有两大优势：一是使代码可读性更高，感觉高大上；二是代码结构更加清晰，代码冗余度更低。

在使用装饰器时，需要注意以下几点。

（1）函数先定义，再修饰它；反之编译器不认识。

（2）修饰符"@"后面必须是之前定义的某一个函数。

（3）每个函数可以有多个修饰符。

不带参数的装饰器基本格式：

```
def decorate (func):
    def inner(args):
      功能语句
      return func(args)
    return inner
    @ decorate
    def function(args):
        函数体
```

注意：inner()函数中的参数必须与被装饰的 function()函数的参数完全一致。

带参数的装饰器基本格式：

```
def decorate (parameter):
    def decorat_inner (func):
    def inner(args):
      功能语句
      return func(args)
    eturn inner
  return decorat_inner

  @ decorate(实参)
  def function(args):
      函数体
```

用装饰器给计算器添加一个数字判断和语音播报的功能，代码如下。

```python
import win32com.client
class Calculator():
  def __say(self,word):
    speaker = win32com.client.Dispatch('SAPI.SpVoice')
    speaker.Speak(word)
  def check(func):                      #定义装饰器,在不影响原有方法结构的同时添加某些功能
    def inner(self,n):                  #功能函数,参数必须与被修饰的方法中的参数完全相同
      if not isinstance(n, int):
        raise TypeError('当前不是整数')
      return func(self,n)               #调用需要装饰的函数 func,并将值返回给外界
    return inner                        #不带括号表示把这个函数传给外界,带括号就是执行
  def sayWord(word = ''):
    def sayNum(func):
      def inner(self,n):
        self.__say(word + str(n))
        return func(self,n)
      return inner
    return sayNum
  @check
  @sayWord('')
  def __init__(self,n):
    self.result = n
  @check
  @sayWord('加')
  def jia(self,n):
    self.result += n
    return self
  @check
  @sayWord('减')
  def jian(self,n):
    self.result -= n
    return self
  @check
  @sayWord('乘')
  def cheng(self,n):
    self.result * = n
    return self
  @check
  @sayWord('除')
  def chu(self,n):
    self.result /= n
    return self
  def show(self):
    print('计算结果是:',self.result)
    self.__say('计算结果是 % d'% self.result)
    return self
c1 = Calculator(2)
c1.jia(6).jian(3).cheng(4).chu(2).show()
```

8.2 封装

8.2.1 面向对象特征

面向对象有三大特征：封装、继承、多态。

　　封装(Encapsulation)：是指将对象的属性和行为(数据和操作)都包裹起来形成一个整体，不需要外界关心内部的具体实现细节。封装包含对象的属性和行为，对象的属性由若干个数据组成，而对象的行为则由若干个操作组成，这些操作是通过函数实现的，也称为方法。

　　继承(Inheritance)：主要描述的是类与类的关系，继承提供了创建新类的一种方法，在不必重写类的情况下，对原有类的功能进行扩展，表现了特殊类与一般类的关系。特殊类具有一般类的全部属性和行为，并还具有自己的特殊属性和行为，这就是特殊类对一般类的继承。通常将一般类称为父类(基类)，特殊类称为子类(派生类)。继承不仅增加了代码的复用性，还提高了开发效率，为程序的后期维护也提供了便利。

　　多态(Polymorphism)：多态与继承紧密相关，指一种行为对应多种不同的实现，即对象根据接收到的消息做出动作，同样的消息在被不同的对象接收时，可产生完全不同的结果。多态性的表现就是允许不同类的对象对同一消息做出响应，即同一消息可以调用不同的方法，而实现的细节则由接收对象自行决定。

　　通常把隐藏属性、方法与方法实现细节的过程称为封装。封装有利于模块化设计，使代码更容易维护，同时因不能直接调用、修改内部私有信息，能提高系统安全。

　　例如，要计算圆的面积，可以在圆的类中定义一个方法，每次需要计算某个圆的面积时，只需要调用这个方法，并传入圆的半径值即可得到圆的面积，整个过程不需要关心圆的面积是如何计算的。

```python
class Circle():
  def get_area(self, r):
    return 3.14 * r * r
c1 = Circle()
c1.get_area(10)
```

【**案例8-2**】　学生信息管理系统面向对象版。

案例设计目的：

- 理解并掌握类与对象的定义与创建。
- 掌握类的属性和方法使用规则。
- 掌握封装的应用。
- 熟练运用面向对象程序设计思想。

观看视频

案例分析：

　　由第6章函数中用面向过程方法实现的学生信息管理系统改编成面向对象方法来实现，系统模块设计可改成如图8-2所示。

图8-2　学生信息管理系统模块图

设计思路：

将学生作为一个类，为它创建学号、姓名、各科成绩等属性。

创建一个字典用于保存学生的学号、姓名、各科成绩。由于字典和列表的全局特性，只要不是在函数中创建同名字典，则所有函数可访问主程序中的字典。学生的学号具有唯一性，可将学号作为 key，姓名及各科成绩作为 value。

　　添加学生信息：先判断输入的学号是否已经存在，若存在则重新输入，若不存在则继续输入姓名及各科成绩，最后将所有输入内容作为一个元素添加到字典中。

　　修改学生信息：先判断输入的学号是否存在，若存在则输入要修改的信息，若不存在则重新输入学号。最后将对应学号的 value 进行修改。

　　删除学生信息：先判断输入的学号是否存在，若存在，则将学号对应的元素从字典中删除，若不存在则给出提示。

　　查询学生信息：先判断输入的学号是否存在，若存在，则将学号对应的元素信息显示出来，若不存在则给出提示。

　　显示学生信息：对字典进行遍历，将字典中所有的信息按指定格式显示出来。涉及成绩的总分与排名，通过调用成绩排名函数获取，调用时需要将学号作为参数传递过去。

　　成绩排名：对字典进行遍历，对每个学生的成绩进行求和，并将对应的学号和求和数据保存到列表中。然后对列表进行降序排序，元素对应的索引值加 1 即为每个学生的排名。函数的参数即学号，将该学号对应的总分和排名作为返回值。

```python
class Management():
    def __init__(self):
        self.st = {}
        self.total = 0
        self.rank = 0

    def get_Stu(self):
        f = open('student.txt', 'r + ', encoding = 'utf - 8')
        infomation = f.readlines()
        f.close()
        for item in infomation:
            item = item.replace('\n', '')
            info = item.split(',')
            self.st[info[0]] = info[1:]

    @staticmethod
    def menu():
        print('* ' * 20)
        print('*          学生成绩管理系统          * ')
        print('* ' * 20)
        print('*      请选择你需操作的业务          * ')
        print('*          1. 显示学生信息          * ')
        print('*          2. 添加学生信息          * ')
        print('*          3. 修改学生信息          * ')
        print('*          4. 删除学生信息          * ')
        print('*          5. 查询学生信息          * ')
        print('*          6. 保存学生信息          * ')
        print('*          0. 退出管理系统          * ')
        print('* ' * 20)

    @staticmethod
    def input_info():
```

```
        name = input('请输入姓名:')
        math = input('请输入高等数学成绩:')
        english = input('请输入大学英语成绩:')
        program = input('请输入程序设计成绩:')
        return[name,math,english,program]

    def show_info(self):
        print('--'*50)
        print('  学号\t| 姓名 \t|高等数学\t|大学英语\t|程序设计\t|   总分   \t|排名 \t  |')

        for s in self.st:
            self.get_rank(s)
            print('{:^7}'.format(s), end = '\t|')
            for info in self.st[s]:
                print('{:^6}'.format(info), end = '\t|')
            print('{:^6}\t|{:^6}'.format(self.total,self.rank), end = '   |')
            print()
        print('--'*50)

    def add_info(self):
        while True:
            stuID = input('请输入学号:')
            if stuID in self.st:
                print('该学号已存在,请重新输入!')
            else:
                break
        self.st[stuID] = self.input_info()

    def modify_info(self):
        stuID = input('请输入学号:')
        if stuID not in self.st:
            print('该学号不存在!')
        else:
            self.st[stuID] = self.input_info()
            print('-'*20)
            print('|            已修改成功            |')
            print('-'*20)

    def get_rank(self,stuID):
        self.ranks = []
        for s in self.st:
            score = list(map(eval,self.st[s][2:]))
            Sum = sum(score)
            self.ranks.append([s,Sum])
        self.ranks.sort(key = lambda x:x[1],reverse = True)
        for i in range(len(self.ranks)):
            if self.ranks[i][0] == stuID:
                self.total = self.ranks[i][1]
                self.rank = i+1

    def query_info(self):
        stuID = input('请输入要查询的学号:')
        if stuID in self.st:
            self.get_rank(stuID)
            print('  学号\t| 姓名 \t|高等数学\t|大学英语\t|程序设计\t|   总分   \t|排名 \t  |')
```

```
        print('{:^7}'.format(stuID), end = '\t|')
        for info in self.st[stuID]:
            print('{:^6}'.format(info), end = '\t|')
        print('{:^6}\t|{:^6}'.format(self.total,self.rank), end = '   |')
        print()
    else:
        print('该学号不存在')

def del_info(self):
    stuID = input('请输入要删除的学号:')
    if stuID in self.st:
        del self.st[stuID]
        print('- ' * 20)
        print('|            已删除该学生信息              |')
        print('- ' * 20)
    else:
        print('该学号不存在')

def save_info(self):
    f = open('student.txt','w',encoding = 'utf-8')
    for ID in self.st:
        self.st[ID][2:] = map(str,self.st[ID][2:])
        f.write(ID + ',' + ','.join(self.st[ID]) + '\n')
    print('- ' * 20)
    print('|            已保存所有学生信息              |')
    print('- ' * 20)

if __name__ == '__main__'  :
    mana = Management()
    mana.get_Stu()
    while True:
        mana.menu()
        selcet = input('请输入操作编号:')
        if selcet == '1':
            mana.show_info()
        elif selcet == '2':
            mana.add_info()
        elif selcet == '3':
            mana.modify_info()
        elif selcet == '4':
            mana.del_info()
        elif selcet == '5':
            mana.query_info()
        elif selcet == '6':
            mana.save_info()
        else:
            break
```

运行结果如图 8-3 所示。

8.2.2　封装实践应用

【案例 8-3】　简易计算器界面版。

将计算器由数字输入变成鼠标单击按钮的方式,实现数据的加减乘除四则运算。效果

```
* * * * * * * * * * * * * * * *
*        学生成绩管理系统        *
* * * * * * * * * * * * * * * *
*      请选择你需操作的业务       *
*       1. 显示学生信息         *
*       2. 添加学生信息         *
*       3. 修改学生信息         *
*       4. 删除学生信息         *
*       5. 查询学生信息         *
*       6. 保存学生信息         *
*       0. 退出管理系统         *
* * * * * * * * * * * * * * * *
请输入操作编号：1
```

学号	姓名	高等数学	大学英语	程序设计	总分	排名
2020001	张华	87	90	98	188	1
2020002	韩信	90	99	78	177	3
2020003	何瑟	84	90	94	184	2
2020004	王昭	91	88	76	164	4

图 8-3　学生信息管理系统运行效果

如图 8-4 所示。

案例分析：

模块设计：包含 4 大模块，一是初始化设置，二是界面设计，三是接收响应数据处理，四是计算结果展示。

初始化设置：

（1）创建窗口前设置相关属性。

（2）设置组件显示变量。

（3）设置标识判断运算符是否被按下。

（4）加载组件布局函数。

（5）运行组件。

图 8-4　简易计算器

界面设计：

（1）创建 2 个 Label，用于显示按键值和运算结果，上方 Label 显示中间数据，下方 Label 显示当前按键与计算结果。

（2）创建 14 个按钮，设置按钮属性，数字键及运算符的键均响应 pressnum（）函数，"="键响应 equal（）函数，CE 键清零，←键退一格，消除当前结果的最后一位数字。

（3）布局每个按钮的放置位置，可采用 place(x,y)方法指定 x 与 y 的坐标位置，将每个控件的位置固定好。

接收响应数据处理：分成两个部分，一部分只响应数字，另一部分响应运算符。

响应数字：主要功能是接收数字，没有碰到运算符，就将数字拼接在一起，但运算符之后的数字另外拼接。

（1）判断是否是运算符，不是则跳过，是则将标签中结果变量设为 0，并将按键标识设为 False。

（2）获取变量中原有的数字，如果原数字为 0，则将变量值改为当前按下键的数字，不是 0，则在原数字后连上当前按下的键的数字。

响应运算符：主要解决首次按键时运算符不能计算的缺陷，同时将接收到的运算符拼接到已按下的数字后。

（1）先获取标签变量中的数字。

（2）将数字和当前运算符都添加到列表中。

（3）将运算符按下标识设为 True。

计算结果展示：将所有按键字符进行计算，得出结果。

（1）获取到标签变量中的字符串（运算符按下之后新得到的数字），并将它添加到列表。

（2）将对列表中的所有字符进行组合拼接，再进行运算，即去掉双引号。

（3）将计算结果显示在组件的变量中。

（4）设置判断运算符按键标识为 True。

（5）清空列表，以便于下一轮计算。（如果标签变量的数据未清空，会作为下一轮运算的初始值。）

实现代码：

```python
from tkinter import *
class Calculator():
  def __init__(self):
    self.root = Tk()                        # 创建窗口
    self.root.title('Python 计算器')
    self.root.geometry('260x380')           # 设置窗口大小
    self.result = StringVar()               # 运算结果及当前按键
    self.result.set('0')
    self.re = StringVar()                   # 显示中间结果
    self.re.set('')
    self.press = False                      # 判断运算符前按数字
    self.numuser = False                    # 判断运算符是否按两次
    self.lists = []                         # 存储中间按下的内容

    self.menu()                             # 窗口布局
    self.root.mainloop()

  def menu(self):                           # 窗口布局
    lab1 = Label(self.root, textvariable = self.re, font = ('宋体', 18),
          bg = 'white', anchor = 'e')
    lab1.place(x = 10, y = 10, width = 240, height = 20)
    lab1 = Label(self.root, textvariable = self.result,
          font = ('宋体', 26), bg = 'white', anchor = 'e')
    lab1.place(x = 10, y = 30, width = 240, height = 30)
    bt1 = Button(self.root, text = '<--', font = ('宋体', 16), command = self.del_one)
    bt1.place(x = 10, y = 70, width = 50, height = 50)
    bt2 = Button(self.root, text = 'CE', font = ('宋体', 16), command = self.CE)
    bt2.place(x = 70, y = 70, width = 50, height = 50)
    bt3 = Button(self.root, text = 'C', font = ('宋体', 16), command = self.C)
    bt3.place(x = 130, y = 70, width = 50, height = 50)
    bt4 = Button(self.root, text = '/', font = ('宋体', 16), command = lambda:self.compute('/'))
    bt4.place(x = 190, y = 70, width = 50, height = 50)
    bt5 = Button(self.root, text = '7', font = ('宋体', 16), command = lambda:self.pressnum('7'))
    bt5.place(x = 10, y = 130, width = 50, height = 50)
    bt6 = Button(self.root, text = '8', font = ('宋体', 16), command = lambda:self.pressnum('8'))
    bt6.place(x = 70, y = 130, width = 50, height = 50)
    bt7 = Button(self.root, text = '9', font = ('宋体', 16), command = lambda:self.pressnum('9'))
    bt7.place(x = 130, y = 130, width = 50, height = 50)
    bt8 = Button(self.root, text = '*', font = ('宋体', 16), command = lambda:self.compute('*'))
    bt8.place(x = 190, y = 130, width = 50, height = 50)
```

```
        bt9 = Button(self.root, text = '4', font = ('宋体', 16), command = lambda:self.pressnum('4'))
        bt9.place(x = 10, y = 190, width = 50, height = 50)
        bt10 = Button(self.root, text = '5', font = ('宋体', 16), command = lambda:self.pressnum('5'))
        bt10.place(x = 70, y = 190, width = 50, height = 50)
        bt11 = Button(self.root, text = '6', font = ('宋体', 16), command = lambda:self.pressnum('6'))
        bt11.place(x = 130, y = 190, width = 50, height = 50)
        bt12 = Button(self.root, text = '-', font = ('宋体', 16), command = lambda:self.compute('-'))
        bt12.place(x = 190, y = 190, width = 50, height = 50)
        bt13 = Button(self.root, text = '1', font = ('宋体', 16), command = lambda:self.pressnum('1'))
        bt13.place(x = 10, y = 250, width = 50, height = 50)
        bt14 = Button(self.root, text = '2', font = ('宋体', 16), command = lambda:self.pressnum('2'))
        bt14.place(x = 70, y = 250, width = 50, height = 50)
        bt15 = Button(self.root, text = '3', font = ('宋体', 16), command = lambda:self.pressnum('3'))
        bt15.place(x = 130, y = 250, width = 50, height = 50)
        bt16 = Button(self.root, text = '+', font = ('宋体', 16), command = lambda:self.compute('+'))
        bt16.place(x = 190, y = 250, width = 50, height = 50)
        bt17 = Button(self.root, text = '0', font = ('宋体', 16), command = lambda:self.pressnum('0'))
        bt17.place(x = 10, y = 310, width = 50, height = 50)
        bt18 = Button(self.root, text = '.', font = ('宋体', 16), command = lambda:self.pressnum('.'))
        bt18.place(x = 70, y = 310, width = 50, height = 50)
        bt19 = Button(self.root, text = '=', font = ('宋体', 16), command = lambda: self.equal())
        bt19.place(x = 130, y = 310, width = 110, height = 50)
    def pressnum(self, num):
        if self.press == False:
            pass
        else:                              # 前面有运算符按下
            self.result.set(0)
            self.press = False             # 表示已有数字按下
            self.numuser = False
        oldnum = self.result.get()
        if oldnum == '0':
            if num == '.':
                self.result.set('0.')
            else:
                self.result.set(num)
        else:
            if num == '.' and '.' in oldnum:
                self.result.set(oldnum)
            else:
                self.result.set(oldnum + num)
    def compute(self, sign):
        if self.numuser:                   # 前面按下的也是运算符,这是第二次按下,修改运算符
            self.lists[-1] = sign
        else:
            num = self.result.get()        # 将运算符之前的数字获取到,存储到列表
            self.lists.append(num)
            self.lists.append(sign)
            self.numuser = True            # 表示运算符按下
            self.press = True
        self.re.set(''.join(self.lists))
    def equal(self):
        curnum = self.result.get()         # 获取当前数字
        if curnum == '0' and self.lists[-1] == '/':   # 如果当前数字是 0,前面运算符是除号
            pass                           # 则不进行操作
        else:
```

```
            self.lists.append(curnum)           # 否则将当前数字与前面的中间结果组合
            curstr = ''.join(self.lists)
            endnum = eval(curstr)                # 将组合后的表达式去引号得到运算结果
            self.result.set(str(endnum))         # 将运算结果显示在屏幕上
            self.press = True                    # 设置按运算符键为 True
            self.lists.clear()                   # 清除中间结果
            self.re.set('')
    def del_one(self):
        now = self.result.get()                  # 获取当前数字
        if now == '' or now == '0':              # 如果当前数字是 0,则不删除
            self.result.set('0')
            return
        else:                                    # 不是 0,每次去掉最后一位
            n = len(now)
            if n > 1:
                now = now[:-1]
                self.result.set(now)
            else:
                self.result.set('0')
    def CE(self):                                # 全部清除:中间结果,当前数字
        self.lists.clear()
        self.result.set('0')
        self.re.set('')

    def C(self):
        self.result.set(0)
Calculator()
```

8.3 继承

8.3.1 继承关系

现实世界中的事物相互间有许多联系,通常将具有相同特征和行为的事物划分为同一个种类,如动物、植物、人类等。相同种类的事物之间又存在着各种关系,其中,从属关系就是常见的一种。如植物中包含蔬菜、水果等,其中,蔬菜又可分为瓜类、叶类等,水果又可分为浆果类、核果类、瓜果类等。关系图表示如图 8-5 所示。

图 8-5　植物分类图

图 8-5 反映了植物的分类的层级关系,从植物到瓜果分成三个层级,低层级的植物具备了高层级植物的所有特征和行为,并且增加了高层级不具备的、自身所特有的特征和行为。所有的瓜果都是植物,但并不是所有的植物都是瓜果。从高层级到低层级是一个从抽象到具体的过程,反过来,从低层级到高层级则是一个从具体到抽象的过程。

从面向对象的角度来看待,所有的事物都对应一个类,如植物类、水果类、瓜果类等。每

一个事物都有自己的特征和行为,对应类的属性和方法。在层级关系中,可以看成一个类继承了另一个类,并自动拥有了另一个类的属性和方法,并且可以进一步扩展完善,添加新的特征和方法。一般地,当一个类继承自其他类时,继承类称为子类,被继承类称为父类或超类。例如,水果继承自植物,故植物是父类,水果是子类。在 Python 中,继承的语法格式如下。

```
class 子类(父类):
```

如果在定义类的时候没有标注父类,则默认继承自 object。万物皆对象,故 object 是所有类的父类。植物与水果的关系可用如下代码表示。

```
class Plant():
  def __init__(self):
    self.water = '水分'
    print('植物需要 % s' % self.water)
  def grow(self):
    print('植物有 % s 才能生长' % self.water)
class Fruit(Plant):                    # 子类 Fruit 继承自 Plant
  pass
apple = Fruit()
apple.grow()                           # 子类继承父类的属性和方法
```

运行结果:

```
植物需要水分
植物有水分才能生长
```

在类 Plant 中定义了构造方法和对象方法,在构造方法中定义了对象属性 self.water,在对象方法中引用了对象属性。类 Fruit 继承自 Plant,能自动继承父 Plant 的方法和属性。

但不是所有的父类属性和方法都被继承,子类不能直接访问父类的私有属性和私有方法,需要通过"_类名__私有元素"来访问父类的私有属性或私有方法。但这种访问并不建议使用,一般情况下,私的属性和方法都是不对外公开的,只能用来做其他内部的事情。

8.3.2　重写方法

子类能继承父类的属性和方法,同时子类也可拓展父类。大部分时候,子类总是以父类为基础,额外增加新的方法,但有时需在父类的方法上进行修改,即子类重写父类的方法,这种子类与父类同名的方法的现象被称为方法重写(Overwriting),也被称为方法覆盖。

子类对父类方法进行重写,必须与父类相应的方法同名。

```
class Plant():
  def __init__(self):
    self.water = '水分'
    print('植物需要 % s' % self.water)
  def grow(self):
    print('植物有 % s 才能生长' % self.water)
class Fruit(Plant):
  def grow(self):                      # 子类重写父类方法
    print('水果有 % s 和光照才能生长' % self.water)
apple = Fruit()
apple.grow()                           # 调用的是子类重写后的方法
```

运行结果：

```
植物需要水分
水果有水分和光照才能生长
```

8.3.3　super 关键字

子类可以对父类的所有公有方法进行重写，但是在进行构造方法重写时，一定要先调用父类的构造方法。

在子类中定义构造函数时，由于父类的构造函数不会被自动调用，所以在子类的构造函数中要先调用父类的构造函数，并传以必要的参数，用于初始化父类的属性，然后再通过赋值语句初始化子类中新增加的属性成员。如果不显式调用父类构造函数，父类的构造函数就不会被执行，导致子类实例访问父类初始化方法中初始的变量就会出现问题。例如：

```
class Plant():
  def __init__(self):
    self.water = '水分'
    print('植物需要 % s' % self.water)
  def grow(self):
    print('植物有 % s 才能生长' % self.water)
class Fruit(Plant):
  def grow(self):                   # 子类重写父类方法
    print('水果有 % s 和光照才能生长' % self.water)
apple = Fruit()
apple.grow()                        # 调用的是子类重写后的方法
```

由于父类 Plant 的构造函数中有参数 water，而子类 Fruit 中并未显式调用父类，创建对象时也未传递参数，故运行时会现如下错误。

```
TypeError: __init__() missing 1 required positional argument: 'water'
```

还有一种情况，如果在子类中定义了构造方法，就不会再自动调用父类的构造方法。而当在子类的其他方法中调用父类的属性时，由于子类定义 __init__() 方法就相当于重写了父类的 __init__() 方法，如果在子类中未对这些父类的属性进行初始化，使用时就会出错。例如：

```
class Plant():
  def __init__(self):
    self.water = '水分'
    print('植物需要 % s' % self.water)
  def grow(self):
    print('植物有 % s 才能生长' % self.water)
class Fruit(Plant):
  def __init__(self):
    print('水果需要光照')
  def grow(self):
    print('水果有 % s 和光照才能生长' % self.water)
apple = Fruit()
apple.grow()
```

则会报错：

```
AttributeError: 'Fruit' object has no attribute 'water'
```

为避免这些错误，如果父类、之父都定义了构造方法，经常在定义子类的构造方法时，先调用父类的构造方法，格式如下。

```
class 子类名(父类名):
  def __init__(self,[参数]):
    父类名.__init__(self,[参数])
```

对父类构造函数的调用，其实也是对父类构造函数的重写。对父类构造方法的调用代码如下。

```
class Plant():
  def __init__(self):
    self.water = '水分'
    print('植物需要 % s' % self.water)
  def grow(self):
    print('植物有 % s 才能生长' % self.water)
class Fruit(Plant):
  def __init__(self):
    Plant.__init__(self)                    ♯调用父类构造方法
    print('水果需要光照')
  def grow(self):
    print('水果有 % s 和光照才能生长' % self.water)
apple = Fruit()
apple.grow()
```

运行结果：

```
植物需要水分
水果需要光照
水果有水分和光照才能生长
```

除了使用父类名.__init__()的方式调用父类外，Python 还提供了 super()关键字。super()关键字的经典场合就是在__init__()方法中，用于调用父类的一个方法，调用格式有两种写法。

格式一：

```
class 子类名(父类名):
  def __init__(self,[参数]):
    super().__init__([参数])
```

格式二：

```
class 子类名(父类名):
  def __init__(self,[参数]):
    super(子类名, self).__init__([参数])
```

利用 super()调用父类方法，代码如下。

```
class Plant():
  def __init__(self):
    self.water = '水分'
    print('植物需要 % s' % self.water)
  def grow(self):
    print('植物有 % s 才能生长' % self.water)
class Fruit(Plant):
  def __init__(self):
    super().__init__(self)          # 用 super()调用父类构造方法
    print('水果需要光照')
  def grow(self):
    print('水果有 % s 和光照才能生长' % self.water)
apple = Fruit()
apple.grow()
```

super()主要是用于解决多继承问题，避免多继承带来的一些问题。

【**案例 8-4**】　烟花绽放。要求在黑色背景上，实现颜色随机的烟花喷发出来的绽放效果。

案例分析：

利用 turtle 库，将 turtle 画笔设置成圆形，由画笔在屏幕上移动的状态形成烟花的绽放效果。可定义一个类继承自 turtle，除了调用父类的构造方法，还添加烟花绽放需要的一些效果，如笔速、画笔随机颜色、画笔形状大小、降落速度等。

动态效果则可以由以下三个模块实现。

初始化：继承父类 turtle 的初始化方法，设置笔画速度、随机颜色、形状。

产生圆：位置，初始速度。

移动圆：坐标变化，超出边界如何处理。

```
from turtle import *
from random import *
class Fire(Turtle):
  def __init__(self):
    Turtle.__init__(self, visible = False, shape = 'circle')
    self.pu()
    self.speed(0)
    c = (random(), random(), random())
    self.color(c, c)
    self.shapesize(0.3, 0.3)
    self.accspeed = -0.1
    self.initmove()
  def initmove(self):
    self.goto(0, 0)
    self.x = randint(-2, 2)
    self.y = randint(3, 5)
    self.showturtle()
    self.move()
  def move(self):
    x = self.x + self.xcor()
    x = self.x + self.xcor()
    y = self.y + self.ycor()
```

```
        if y > - h/2:
            self.y = self.y + self.accspeed
            self.goto(x, y)
            screen.ontimer(self.move, 5)
        else:
            self.hideturtle()
            self.initmove()

if __name__ == '__main__':
    screen = Screen()
    h = 600
    screen.setup(600, 600)
    screen.bgcolor('black')
    screen.delay(0)
    for i in range(200):
        Fire()
    screen.mainloop()
    #done()
```

运行效果如图 8-6 所示。

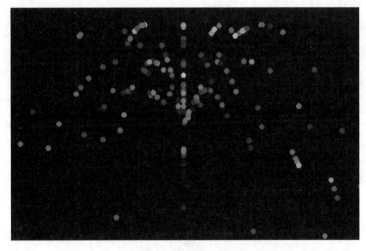

图 8-6　烟花绽放效果

8.3.4　多重继承

　　一个派生类有两个或多个基类称为多继承。可从两个或多个基类中继承所属的属性和方法。如有些水果既是水果又是蔬菜,如西红柿、黄瓜等。归属关系如图 8-7 所示。

　　派生类西红柿既具有水果的一些特点,也具有蔬菜的一些特点,相当于有两个基类,这种关系称为多继承。现实生活中有多种多继承的案例,如儿子的基类可以是父亲,也可以是母亲。当一个类继承了多个基类时,具有以下特点。

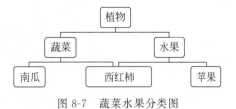

图 8-7　蔬菜水果分类图

　　(1) 拥有全部基类的属性和方法。

　　(2) 子类可以作任一父类使用。

当派生类从多个基类派生,而又没有自己的构造函数时,如何来判断它是继承哪一个基类的构造方法呢? 一般遵循以下原则。

（1）按顺序继承。哪个基类在最前面且它又有自己的构造函数,就继承它的构造函数。

（2）如果最前面第 1 个基类没有构造函数,则继承第 2 个基类的构造函数,第 2 个没有的话,再往后找,以此类推。

此原则同样适用于不同基类中的同名方法。

西红柿的继承关系用代码表示如下。

```python
class Plant(object):
  def __init__(self):
    print("这是植物 ")
class Fruit(Plant):
  def __init__(self):
    print("这是水果味道 ")
class Vegetable:
  def __init__(self):
    print("这是蔬菜味道")
class Tomato(Vegetable,Fruit):
    pass
tomato = Tomato()
```

由于类 Tomato 没有自己的构造方法,同时,有两个基类,其中,基类 Vegtable 在前,故继承的会是 Vegtable 的构造方法。运行结果:

```
这是蔬菜味道
```

这种从同一种基类派生出来的继承方式是按照广度优先顺序来进行的。继承顺序如图 8-8 所示。

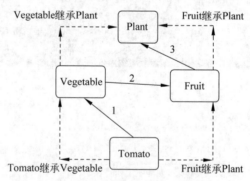

图 8-8　交叉继承广度优先继承顺序

广度优先遍历是从 Tomato 开始往上搜索到 Vegetable,若 Vegetable 没有数据,则搜索和 Vegetable 同级的 Fruit 里的数据,若同级的 Fruit 里还是没有数据,再继续往上搜索到 Plant。而如果 Tomato 在往上的基类 Vegetable 中找到数据,则继承 Vegetable 的数据。因此上例代码的输出结果只有"这是蔬菜味道"。

如果 Vegetable 和 Fruit 不是从同一基类派生出来的,则会采用深度优先的继承方式,继承顺序如图 8-9 所示。

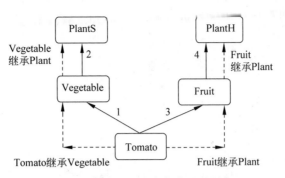

图 8-9　正常继承广度优先继承顺序

假设 Vegetable 和 Fruit 不是从同一基类派生出来的代码如下。

```
class PlantS(object):
  def __init__(self):
    print("这是草本植物 ")
class PlantH(object):
  def __init__(self):
    print("这是挂果植物 ")
class Fruit(PlantH):
  def __init__(self):
    print("这是水果味道 ")
class Vegetable(PlantS):
  pass
class Tomato(Vegetable, Fruit):
  pass
t1 = Tomato()
```

由于 Vegetable 和 Fruit 拥有不同的基类,继承顺序采用深度优先,深度优先遍历是从 Tomato 开始往上搜索到 Vegetable,若 Vegetable 没有数据,则搜索 Vegetable 的基类 PlantS 里的数据,若基类 PlantS 里还是没有数据,再继续往上搜索,但往上基类是 object, 则停止该方向的深度遍历,进行 Tomato 基类的广度优先遍历,找到 Fruit,在这个方向继续进行深度优先,如果 Fruit 里没有数据,则会继续往上找到 PlantH。这段代码的输出结果是:

```
这是草本植物
```

如果派生类也定义了自己的构造函数,同时也调用多个基类的构造函数,那么顺序为: 按继承顺序,哪个在前先调用哪一个基类的构造函数。

例如,给西红柿类也创建构造方法,同时调用父类的构造方法,代码如下。

```
class Plant(object):
  def __init__(self):
    print("这是植物 ")
class Fruit(Plant):
  def __init__(self):
    Plant.__init__(self)
    print("这是水果味道 ")
class Vegetable: (Plant)
  def __init__(self):
```

```
        Plant.__init__(self)
        print("这是蔬菜味道")
    class Veg_Fruit(Vegetable,Fruit):
      def __init__(self,name):
        self.name = name
        print(self.name,'即是蔬菜')
        Vegetable.__init__(self)
        Fruit.__init__(self)
        print('也是水果')
    tomato = Veg_Fruit('西红柿')
```

运行结果：

```
西红柿 即是蔬菜
这是植物
这是蔬菜味道
这是植物
这是水果味道
也是水果
```

从运算结果看到其中共同的基类 Plant 的构造方法调用了两次，这个是父类名调用构造方法时，由于 Vegetable 和 Fruit 都是继承自 Plant，每一次的调用都会调用访问一次父类 Plant。想要优化这个情况，可以将调用父类的方法格式改成 super()函数。

使用 super() 函数的好处在于，如果要改变子类继承的父类（由 A 改为 B），需要修改一行代码，如上面两例中由 class Vegetable(PlantS)改成 class Vegetable(Plant)，需要对父类调用方法的语句都需要逐一修改，若采用 super()函数，只需要修改 class Vegetable(Plant)即可，而不需要在 class Vegetable 的大量代码中去查找、修改基类名，另外一方面，代码的可移植性和重用性也更高。

super()函数改写不同基类的代码如下。

```
    class PlantS(object):
      def __init__(self):
        super().__init__()
        print("这是低矮植物 ")

    class PlantH(object):
      def __init__(self):
        super().__init__()
        print("这是高大植物 ")

    class Vegetable(PlantS):
      def __init__(self):
        super().__init__()
        print("这是蔬菜味道 ")

    class Fruit(PlantH):
      def __init__(self):
        super().__init__()
        print("这是水果味道 ")
```

```
class Tomota(Vegetable,Fruit):
  def __init__(self):
    super().__init__()
    print("既是水果也是蔬菜")

print(Tomota.__mro__)
obj = Tomota()
```

运行结果：

```
这是高大植物
这是水果味道
这是低矮植物
这是蔬菜味道
既是水果也是蔬菜
```

从运行结果可以看出，当基类不同时，遵循的继承调用顺序是 Tomota→Vegetable→PlantS→Fruit→PlantH→object。Tomota 先进入自身的__init__()方法，发现调用父类构造方法语句 super().__init__()方法，则进入父类 Vegetable 的__init__()方法，在Vegetable 中又存在父类构造方法的调用，则进入 PantS 类的构造方法。然后按顺序依次执行对应构造方法的输出语句。

super()函数改写相同基类的代码如下。

```
class Plant(object):
  def __init__(self):
    print("这是植物 ")

class Fruit(Plant):
  def __init__(self):
    super().__init__()
    print("这是水果味道 ")

class Vegetable(Plant):
  def __init__(self):
    super().__init__()
    print("这是蔬菜味道")

class Veg_Fruit(Vegetable,Fruit):
  def __init__(self,name):
    self.name = name
    print(self.name,'即是蔬菜')
    super().__init__()
    print('也是水果')
tomato = Veg_Fruit('西红柿')
```

运行结果：

```
西红柿 即是蔬菜
这是植物
这是水果味道
这是蔬菜味道
也是水果
```

从运行结果可以看出，同基类时，按照广度优先的顺序依次继承。从自身的 __init__()
方法进入，遇到 super().__init__()，按照广度优先顺序，进入直接基类 Vegetable()，再进入
类 Fruit()，这两个类的 __init__() 方法又调用其共同基类 super().__init__()，即 Plant 的
__init__() 方法，因而输出顺序是"这是植物""这是水果味道""这是蔬菜味道"。共同基类
plant 的 __init__() 方法只会被执行一次。

由此可知，super 是用来解决多重继承问题的，直接用类名调用父类方法在使用单继承
的时候没问题，但是如果使用多继承，会涉及查找顺序（MRO）、重复调用（钻石继承）等种种
问题。注意 super() 的本质不是父类，而是执行 MRO 顺序中的下一个类！

MRO（Method Resolution Order）就是类的方法解析顺序表，其实也就是继承父类方法
时的顺序表。按不同的继承方式，MRO 查找顺序不同，具体示意图如图 8-10 和图 8-11
所示。

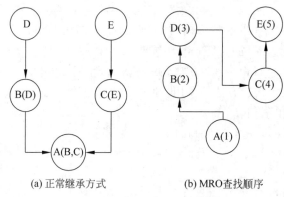

(a) 正常继承方式　　　　　　　　(b) MRO查找顺序

图 8-10　正常继承方式继承顺序

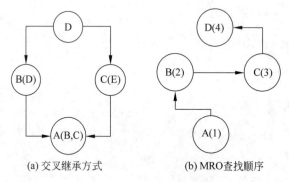

(a) 交叉继承方式　　　　　　　　(b) MRO查找顺序

图 8-11　正常继承方式继承顺序

8.4　多态

多态是面向对象编程中的一个重要概念，它指的是同一种类型的对象，在不同的情况下
表现出不同的行为。换句话说，多态允许使用不同的对象，但调用相同的方法，从而获得不
同的结果。

多态性，可以理解为一个事物的多种形态。多态可以提高代码的可重用性和灵活性，使
得代码更容易扩展和维护。在 Python 中，多态通常与继承一起使用，可以通过方法重写和

多重继承来实现。

在 Python 中,多态是通过方法重写和动态绑定实现的。当一个对象调用一个方法时,Python 会查找该对象的类及其超类,以找到与方法名称相匹配的方法。如果在子类中找到了该方法,则使用子类的方法覆盖父类的方法,从而实现多态。

类具有继承关系,并且子类类型可以向上转型看作父类类型。例如,现在有一父类 Person,如果从 Person 派生出 Student 和 Teacher,并都写了一个 whoAmI() 方法,代码如下。

```python
class Person(object):
  def __init__(self, name, gender):
    self.name = name
    self.gender = gender
  def whoAmI(self):
    return 'I am a Person, my name is %s' % self.name

class Student(Person):
  def __init__(self, name, gender, score):
    super(Student, self).__init__(name, gender)
    self.score = score
  def whoAmI(self):
    return 'I am a Student, my name is %s' % self.name

class Teacher(Person):
  def __init__(self, name, gender, course):
    super(Teacher, self).__init__(name, gender)
    self.course = course
  def whoAmI(self):
    return 'I am a Teacher, my name is %s' % self.name
```

在一个函数中,如果接收一个变量 x,则无论该 x 是指 Person、Student 还是 Teacher 类的实例,都可以正确打印出结果。

```python
def who_am_i(x):
  print x.whoAmI()

p = Person('Tim', 'Male')
s = Student('Bob', 'Male', 88)
t = Teacher('Alice', 'Female', 'English')

who_am_i(p)
who_am_i(s)
who_am_i(t)
```

运行结果:

```
I am a Person, my name is Tim
I am a Student, my name is Bob
I am a Teacher, my name is Alice
```

这种行为称为多态。也就是说,方法调用将作用在 x 的实际类型上。s 是 Student 类型，它实际上拥有自己的 whoAmI()方法以及从 Person 继承的 whoAmI()方法，但调用 s. whoAmI()总是先查找它自身的定义，如果没有定义，则顺着继承链向上查找，直到在某个父类中找到为止。

由于 Python 是动态语言，所以传递给函数 who_am_i(x)的参数 x 不一定是 Person 或 Person 的子类型。任何数据类型的实例都可以，只要它有一个 whoAmI()的方法即可。

```python
class Book(object):
  def whoAmI(self):
    return 'I am a book'
```

这是动态语言和静态语言（例如 Java）最大的差别之一。动态语言调用实例方法，不检查类型，只要方法存在，参数正确，就可以调用。

Python 是一种动态语言，崇尚“鸭子类型”。以下是维基百科中对“鸭子类型”的论述。

在程序设计中，鸭子类型（Duck Typing）是动态类型的一种风格。在这种风格中，一个对象有效的语义，不是由继承自特定的类或实现特定的接口，而是由当前方法和属性的集合决定。这个概念的名字来源于由 James Whitcomb Riley 提出的鸭子测试，“鸭子测试”可以这样表述：“当看到一只鸟走起来像鸭子、游泳起来像鸭子、叫起来也像鸭子，那么这只鸟就可以被称为鸭子。”

在鸭子类型中，关注的不是对象的类型本身，而是它是如何使用的。例如，在不使用鸭子类型的语言中，可以编写一个函数，它接受一个类型为鸭子的对象，并调用它的走和叫方法。在使用鸭子类型的语言中，这样的一个函数可以接受一个任意类型的对象，并调用它的走和叫方法。如果这些需要被调用的方法不存在，那么将引发一个运行时错误。任何拥有这样的正确的走和叫方法的对象都可被函数接受的这种行为引出了以上表述，这种决定类型的方式因此得名。

鸭子类型通常得益于不测试方法和函数中参数的类型，而是依赖文档、清晰的代码和测试来确保正确使用。从静态类型语言转向动态类型语言的用户通常试图添加一些静态的（在运行之前的）类型检查，从而影响了鸭子类型的益处和可伸缩性，并约束了语言的动态特性。

多态的作用：让具有不同功能的函数可以使用相同的函数名，这样就可以用一个函数名调用不同内容（功能）的函数。

Python 中多态的特点如下。

（1）只关心对象的实例方法是否同名，不关心对象所属的类型。

（2）对象所属的类之间，继承关系可有可无。

（3）多态的好处是可以增加代码的外部调用灵活度，让代码更加通用，兼容性比较强。

（4）多态是调用方法的技巧，不会影响到类的内部设计。

1. 对象所属的类之间没有继承关系

例如下列代码调用同一个函数 fly()，传入不同的参数（对象），可以完成不同的功能。

```python
class Duck(object):                                    # 鸭子类
  def fly(self):
    print("鸭子沿着地面飞起来了")
```

```
class Swan(object):                          #天鹅类
    def fly(self):
        print("天鹅在空中翱翔")

class Plane(object):                         #飞机类
    def fly(self):
        print("飞机隆隆地起飞了")

def fly(obj):                                #实现飞的功能函数
    obj.fly()

duck = Duck()
fly(duck)

swan = Swan()
fly(swan)

plane = Plane()
fly(plane)
```

运行结果：

```
鸭子沿着地面飞起来了
天鹅在空中翱翔
飞机隆隆地起飞了
```

2. 对象所属的类之间有继承关系（应用更广）

例如祖辈类与称父母辈的类之间有继承关系，而每个类中都有一个方法 p。如果外部定义了一个函数，是调用类中的方法 p，则呈现多态性，达成不同的功能。代码如下：

```
class gradapa(object):
    def __init__(self,money):
        self.money = money
    def p(self):
        print("this is gradapa")

class father(gradapa):
    def __init__(self,money,job):
        super().__init__(money)
        self.job = job
    def p(self):
        print("this is father,我重写了父类的方法")

class mother(gradapa):
    def __init__(self, money, job):
        super().__init__(money)
        self.job = job
    def p(self):
        print("this is mother,我重写了父类的方法")
        return 100

#定义一个函数,函数调用类中的 p()方法
def fc(obj):
    obj.p()
gradapa1 = gradapa(3000)
```

```
father1 = father(2000,"工人")
mother1 = mother(1000,"老师")

fc(gradapa1)      #这里的多态性体现是向同一个函数传递不同参数后,可以实现不同功能
fc(father1)
print(fc(mother1))
```

运行结果：

```
this is gradapa
this is father,我重写了父类的方法
this is mother,我重写了父类的方法
100
```

习题

1. 用面向对象方法改写猜数字游戏。

2. 编写程序模拟队列结构,自定义类实现带超时功能队列结构。要求实现入队、出队以及修改队列大小和判断队列是否为空、是否为满的功能,同时要求再入队。

3. 面向对象方法实现小学生四则运算系统。要求：随机产生两个操作数；当为除法运算时,分母不能为0,且被除数必须是除数的倍数；当为减法运算时,被减数要大于减数；产生题目后,能接收用户的输入,并对输入进行正误判断,进行计分,测试完成给出计分成绩,退出给出再见信息。

4. 仿照学生成绩管理系统用面向对象方法实现图书信息管理系统。要求设计一个存储图书信息文件,文件格式可以为.txt、.csv、.xlsx等类型。程序能实现图书信息的添加、修改、删除、查询等功能。

5. 仿照学生成绩管理系统用面向对象方法实现银行系统。模拟开户、查询、取钱、存钱、销户的功能。

第**9**章

多线程

知识导图

本章知识导图如图 9-0 所示。

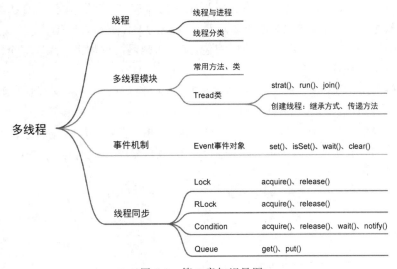

图 9-0　第 9 章知识导图

问题导向

- 同一件事情,一个人做与多人做,谁的速度快?
- 如何让程序模拟多个人做同一件事情?
- 如何保证多人做同一事情又不让数据有冲突?

重点与难点

- 线程的创建与启动。
- 线程的阻塞。
- 事件处理机制。
- 线程同步方式。

9.1　多线程的定义

人类在日常生活中发现，如果一件事情同时让多个人一起做，那么它的完成速度比一个人单独做要快得多，特别是在生产线上，体现得更为明显。例如，要生产 1000 个零件，一台机器生产需要 1h，如果 10 台机器同时生产，那么生产时间可以缩短为 0.1h。

在这里，1 台机器生产零件的方式称为单线程或单进程，10 台机器同时生产称为多线程或多进程。

多线程技术的引入并不仅仅是为了提高处理速度和硬件资源的利用率，更重要的是可以提高系统的可扩展性和用户体验。采用多线程技术编写的代码移植到多处理器平台上不需要改写就能立刻适应新的平台。

虽然对于单核 CPU 计算机，使用多线程并不能提高任务完成速度，但有些场合必须要使用多线程技术，或采用多线程技术可以让整个系统的设计更加人性化。

【**案例 9-1**】　对于一个 ZIP 格式的压缩包，默认密码是 6 位数字。编写一个能暴力破解加密 ZIP 文件的小程序。

暴力破解的基本思路是，调用 Python 中的 zipfile 模块的 trypassword() 函数，尝试从 0 到 999 999 的所有数字，成功解压时即为相应的压缩密码。

最直白粗暴的实现方法：先导入 zipfile 库，利用遍历数字进行匹配的方式实现。如果密码是 6 位数字，则在 000 000～999 999 进行遍历，发现数字匹配时，则结束。

实现代码：

```
import time
import zipfile
def trypassword(zf,psw):
  try:
    zf.extractall(pwd = bytes(psw,'ascii'))
    print('找到密码是:' + psw)
    return True
  except:
    pass

def unzip():
  zf = zipfile.ZipFile('stu.zip','r')
  n = 10 ** 6
  for i in range(n):
    psw = '%06d' % i                    #将数字字符化,不够6位,在前面添0
    if trypassword(zf,psw):
      break

  zf.close()                            #关闭文件
  return True
start = time.clock()
s = time.perf_counter()
unzip()
print('用时:%.2f 秒'%(time.clock() - start))
```

运行结果：

```
找到密码是：565656
用时：58.27 秒
```

该案例用到 zipfile 的如下相关方法：

zipfile. Zipfile(filename, 'r')：创建压缩文件的对象，以只读方式打开。

extractall(pwd＝bytes(密码, 'ascii')：进行密码匹配，给出参数 pwd 的值，需以字节流的方式，指明提供的密码是 ASCII 码(UTF-8)。

从程序代码中可以看出，使用暴力破解的过程，一直只有一个线程在工作，耗时比较长才能找到密码。

如果使用多个线程同时工作来匹配密码，会不会减少运行时间呢？

1. 进程

接触过计算机的读者都使用过多种软件。例如，启动 Word 软件时，是先用鼠标双击它的图标，这时 Word 软件将从硬盘读取到内存，并弹出 Word 窗口。这个正在内存中运行的 Word 程序就是一个进程。

通俗地说，进程就是在计算机内存中运行的一个软件，即一个应用程序在处理机上的一次执行过程，它是一个动态的概念。

进程是线程的容器，也就是说，线程是进程中的一部分，进程包含多个线程在运行。

在 Windows 操作系统中，启动"任务管理器"，弹出的子窗口中有一个"进程"选项卡，在这里可看到该操作系统目前正在运行的各种进程。如图 9-1 所示。

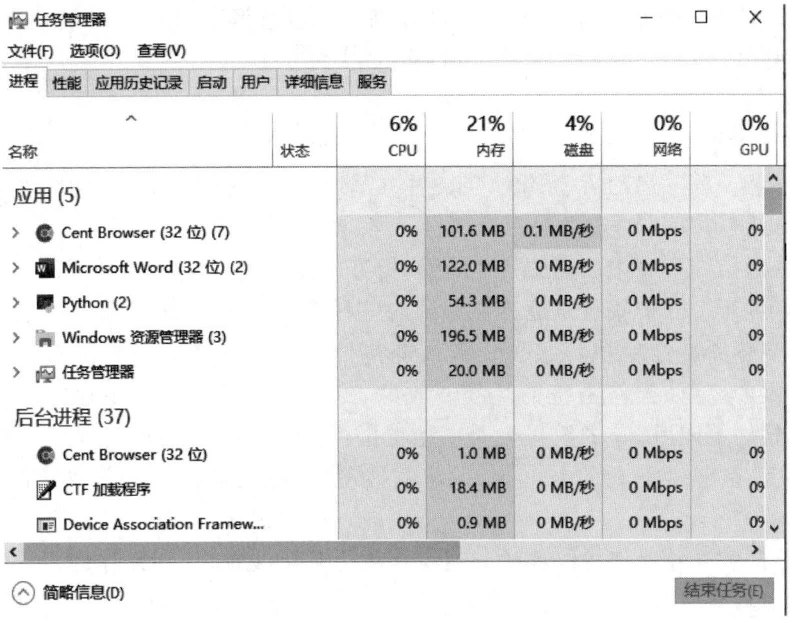

图 9-1　任务管理器中的进程

2. 线程

磁盘上的应用程序文件被打开并执行时会创建一个进程，但是进程本身并不是执行单元，从来不执行任何东西，主要用作线程和相关资源的容器。要使进程中的代码真正运行起来，必须拥有至少一个能在这个环境中运行代码的执行单元，也就是线程。

线程有时被称为轻量级进程（Light Weight Process，LWP），是程序执行流的最小单元。一个标准的线程由线程 ID、当前指令指针、寄存器集合和堆栈组成。

线程是进程内的一个执行单元，也是进程内的可调度实体。线程是操作系统调度的基本单位，负责执行包含在进程地址空间中的代码并访问其中的资源。

当一个进程被创建时，操作系统自动为它创建一个线程，通常称之为主线程。一个进程可以包含多个线程，主线程根据需要再动态地创建其他子线程。例如，利用“迅雷”下载资源时，发现它可以同步下载多个文件，这个下载过程就用到了多线程。

操作系统为每一个线程保存单独的寄存器环境和单独的堆栈。但是所有的子线程共享进程的地址空间、对象句柄、代码、数据和其他资源。

线程不能脱离进程而独立存在，但允许同属于同一个进程的多个线程之间进行数据共享和同步控制。一般来说，除了主线程的生命周期与所属进程的生命周期一样之外，其他的子线程的生命周期均小于所属进程的生命周期。

简而言之，一个程序至少有一个进程，一个进程至少有一个线程。一个线程可以创建和撤销另一个线程；同一个进程中的多个线程之间可以并发执行。

线程被创建之后，并不是始终保持着一种状态，可以分为如下几种。

New：新建。新创建的线程经过初始化以后，进入就绪状态。

Runnable：就绪。等待系统调度，被调度以后进入运行状态。

Running：运行。

Blocked：阻塞。解除阻塞以后，会进入就绪状态重新等待调度。

Dead：消亡。线程方法执行完毕返回或者异常终止。

3. 线程分类

线程可以分为以下几种类型。

（1）主线程。程序启动后，系统会创建并立刻运行一个线程，该线程称为程序的主线程（Main Thread）。

（2）子线程。在程序中创建的其他线程，相对主线程来说，就是主线程的子线程。

（3）守护线程。守护线程是运行在后台的一种特殊的线程，故也称为后台线程。它独立于控制终端且周期性地执行某种任务或等待处理某些发生的事件。它的作用是为其他线程提供服务，譬如操作系统的垃圾回收站、打印服务等。守护线程的另一个特点是当主线程如软件关闭时，守护线程会同步终止执行。这在退出前还需要处理部分数据保存等的情况下，是非常不利的。由此，退出主线程前，需要处理其他资源，建议使用守护线程方式。

（4）前台线程。相对守护线程的其他线程称为前台线程，应用程序的主线程以及使用Thread 构造的线程都默认为前台线程。

前台线程和后台线程的区别在于：应用程序必须运行完所有的前台线程才可以退出；而对于后台线程，应用程序则可以不考虑其是否已经运行完毕而直接退出，所有的后台线程在应用程序退出时都会自动结束。

9.2 Python 线程模块

9.2.1 线程模块

Python 多线程模块包括 thread、threading、queue 等。

Python 主要是通过 thread 和 threading 这两个模块来实现多线程支持。Python 的 thread 模块是比较底层的模块，Python 的 threading 模块是在 thread 的基础上开发了更高层次的线程编程接口，并提供了大量的方法和类来支持多线程编程，可以更加方便地被用户使用。标准库 threading 提供的常用方法如表 9-1 所示。

表 9-1 标准库 threading 的常用方法

方　　法	功　能　说　明
ative count()、activeCount()	返回当前处于 alive 状态的 Thread 对象数量
current_thread()、currentThread()	返回当前 Thread 对象
get_ident()	返回当前线程的线程标识符。线程标识符是一个非负整数，并没有特殊含义，只是用来标识线程，该整数可能会被循环利用。Python 3.3 及以后版本支持该方法
enumerate()	返回当前处于 alive 状态的所有 Thread 对象列表
main_thread()	返回主线程对象，即启动 Python 解释器的线程对象。Python 3.4 及以后版本支持该方法
stack_size([size])	返回创建线程时使用的栈的大小，如果指定 size 参数，则用来指定后续创建的线程使用的栈的大小，size 必须是 0（表示使用系统默认值）或大于 32K（K 表示 1024）的正整数

threading 模块除了这些方法之外，还提供了 Thread、Rlock、Condition、Semaphore、Event 等类。具体如表 9-2 所示。

表 9-2 threading 模块中常用的类

类	功　能　说　明
Thread(target=,args=())	线程类，用于创建和管理线程
Event	事件类，用于线程同步
Condition	条件类，用于线程同步
Lock、RLock	锁类，用于线程同步
Semaphore、BoundedSemaphore	信号量类，用于线程同步
Timer	用于在指定时间之后调用一个函数的情况

threading 还提供了 TIMEOUT_MAX 常量，主要用于线程同步获取锁时的最大允许等待时间。在调用 Lock. acquire()、RLock. aquire()、Condition. wait() 等方法超过这个常量限定的最大时间后，将会抛出 OverflowError 异常错误信息。

9.2.2 Thread 类

1. 创建线程

Thread 类是 threading 模块中最常用的功能，通过调用用户指定的函数 func，独立生成一个活动的线程。

调用用户指定的函数 func 有以下两种方式。

（1）在 Thread 创建实例对象时，把 func 以参数形式传递给构造函数。

（2）通过继承 Tread 类，并重写 run()方法，调用 func 函数。在 Tread 的子类中，只允许对__init__()和 run()方法进行重写。

对应到操作时，使用 Thread 类来创建管理线程对象，有以下两种方式。

方法一：传递给 Thread 对象一个可执行方法。

线程名 = threading. Thread(target = func, args = ())

方法二：继承 threading. Thread 定义子类并重写 run()方法。

```
class 子类名(threading.Thread):          # 继承父类 threading.Thread
  def __init__(self [,args]):
    threading.Thread.__init__(self)
    …
  def run(self):                          # 把要执行的代码写到 run 函数里面
    …
线程名 = 子类名(参数)
```

其中，Thread 类的构造函数调用形式如下。

Thread(group = None, target = None, name = None, kwargs = {}, * , daemon = None)

group：用于保留，作为将来的扩展功能。可以忽略该参数，或使 group＝None。

target：设置线程需要执行的自定函数 func，如 target＝func，设置完成后，被 run()方法调用，不设置，则线程不执行任何动作。

name：指定需要执行的线程名称。不指定时，该类自动生成一个 Thread-N 形式的线程名称。

args：当自定义函数 func 带有参数时，把参数以元组的形式通过 args 传递给 func。

daemon：通过设置 False 或 True 确定是否守护线程。当为 None 时，守护线程属性将会继承父线程的状态（主线程默认情况下都为非）。

【案例 9-2】 用传递函数的方式创建两个线程，分别输出指定范围的数值，代码如下。

```
# 方法一,通过 threading.Thread 创建多线程
import threading
import time
def func(x, y):
  for i in range(x, y):
    print(i, end = ' ')
  print(time.ctime())
  # time.sleep(2)
t1 = threading.Thread(target = func, args = (15, 20))
t1.start()
t2 = threading.Thread(target = func, args = (5, 10))
t2.start()
```

运行结果如图 9-2 所示。

实现两个线程的同时输出，即两个线程并发运行。

图 9-2 程序运行结果

【案例 9-3】 用继承的方式生成多个列表,代码如下。

```
#方法二,继承生成多列表,必须改写 run()方法
import threading
import time
class myThread(threading.Thread):              #继承父类 threading.Thread
    def __init__(self, nums):
        threading.Thread.__init__(self)
        self.nums = nums
    def run(self):
        for i in self.nums:
            print(i, end = '  ')
        print(time.ctime())
        time.sleep(2)
for i in range(5):
    nums = [item for item in range(i,20,5)]
    t1 = myThread(nums)
    t1.start()
```

运行结果如图 9-3 所示。

图 9-3 程序运行结果

同样可以发现多个线程是并发的,多个线程同时输出列表元素,结果会出现你中有我、我中有你的现象。

2. Thread 的主要成员

创建了线程后,可以调用其 start()方法来启动,该方法会自动调用该类对象的 run()方法,此时线程处于 alive 状态,直到线程的 run()方法运行结束。Thread 对象的主要方法如表 9-3 所示。

表 9-3 Thread 对象的主要方法

方　法	说　　明
start()	自动调用 run()方法,启动线程,执行线程代码。每个线程只能启动一次。必须在 run()方法前被调用
run()	运行线程。使线程处于活动状态。在 run()方法里执行指定的用户自定义函数 func。可以在 Thread 子类中被重写
join(timeout＝None)	阻塞调用线程。等待调用该方法的线程对象运行,一直到该线程执行结束,阻塞才会释放。timeout 可以设置阻塞时间,单位为 s。该方法在 run()后运行
name()	读取或设置线程名称,初始名称由构造广泛设置
ident()	线程标识 ID,如果线程尚未启动,则为 None,否则为非零整数

续表

方　法	说　　明
daemon()	布尔值（False 或 True）。表示线程是否为守护线程。必须在 start()之前设置。初始值从创建线程继承
is_alive()、isAlive()	测试线程是否处于 alive 状态

一旦一个线程对象被创建，其活动必须通过调用线程的 start()方法来启动，然后再调用 run()方法来执行用户自定义的函数。

图 9-2 和图 9-3 中出现的乱序现象则可以由 join()阻塞线程来解决。join()方法在 run()方法后执行，这会阻塞调用线程，直到调用 join()方法的线程运行终止，才能执行后续代码。

为案例 9-2 的代码添加 join()方法，改进代码如下。

```python
# 方法一,通过 threading.Thread 创建分线程,join 阻塞
import threading
import time
def func(x,y):
  for i in range(x,y):
    print(i,end = ' ')
  print(time.ctime())
  time.sleep(1)
t1 = threading.Thread(target = func,args = (15,20))
t1.start()
t1.join(4)
t2 = threading.Thread(target = func,args = (5,10))
t2.start()
```

运行结果：

```
15  16  17  18  19  Mon Dec 14 22:07:50 2020
5  6  7  8  9  Mon Dec 14 22:07:51 2020
```

为案例 9-3 的代码添加 join()方法，改进代码如下。

```python
# 方法二,继承生成多列表
import threading
import time
class myThread(threading.Thread):              # 继承父类 threading.Thread
  def __init__(self, nums):
    threading.Thread.__init__(self)
    self.nums = nums
  def run(self):
    for i in self.nums:
      print(i,end = ' ')
    print(time.ctime())
    time.sleep(1)
for i in range(5):
  nums = [item for item in range(i,20,5)]
  t1 = myThread(nums)
  t1.start()
  t1.join()
```

运行结果：

```
0   5   10   15   Mon Dec 14 22:06:53 2020
1   6   11   16   Mon Dec 14 22:06:54 2020
2   7   12   17   Mon Dec 14 22:06:55 2020
3   8   13   18   Mon Dec 14 22:06:56 2020
4   9   14   19   Mon Dec 14 22:06:57 2020
```

9.2.3　多线程破解密码

1．单线程破解

对案例 9-1 的暴力破解密码采用线程的方式来实现，如果同一时刻只有一个线程去匹配密码，实现代码如下。

```python
#单线程
import time
import zipfile
import threading
f = True
def trypassword(zf,psw):
  try:
    zf.extractall(pwd = bytes(psw, 'ascii'))
    print('找到密码是:' + psw)
    global f
    f = False              #找到密码将 f 置为 False,否则一直为 True
  except:
    pass

def unzip():
  zf = zipfile.ZipFile('stu.zip','r')
  n = 10 ** 6
  for i in range(n):
    num = '%06d' % i
    if f:
      t = threading.Thread(target = trypassword, args = (zf, num))
      t.start()
      t.join()
  zf.close()              #关闭文件
  return True
start = time.clock()
unzip()
print('程序用时:%.2f 秒'%(time.clock() - start))
```

运行结果：

```
找到密码是:565656
程序用时: 129.08 秒
```

2．多线程破解

单线程耗时非常长才找到密码，原因是在不停地创建线程，用创建的这一个线程去匹配密码，造成时间开销比较大。如果同时创建了多个线程，同时用多个线程去匹配查找密码，时间会不会减少呢？设计代码如下。

```python
#多线程,数量8
import time
import zipfile
import threading
f = True
def trypassword(zf,psw):
    for nums in psw:
        try:
            zf.extractall(pwd = bytes(nums,'ascii'))
            print('找到密码是:' + nums)
            global f,start
            print('用时 %.2f' % (time.clock() - start))
            f = False
        except:
            pass
def unzip():
    zf = zipfile.ZipFile('stu.zip','r')
    n = 10 ** 6
    threadcount = 8                        #线程数量为8
    for i in range(threadcount):
        num = ['%06d' % item for item in range(i,n,threadcount)]
        if f:
            t = threading.Thread(target = trypassword, args = (zf, num))
            t.start()
            t.join()
    zf.close()                             #关闭文件
    return True
start = time.clock()
unzip()
print('程序用时:%.2f' % (time.clock() - start))
```

运行结果：

```
找到密码是:565656
用时 7.25
程序用时:13.30
```

发现当线程数量增加时,用时大大地减少了。在这段代码中,是同一时刻有 8 个线程在进行密码查找。那么是否是线程越多越好呢？答案是否！

首先,分配 CPU 资源的单位是进程。一个进程所获得到的 CPU 资源是一定的。程序在执行的过程中消耗的是 CPU,例如,一个单核 CPU,多个线程同时执行工作时,需要不断切换执行(上下文切换),单个线程时间耗费更多了,而单线程只是一个线程在跑。

例如,匹配密码时,假如 10 次匹配可全部匹配完,在单线程的情况下,如果 10 次匹配共需要 1min。单线程是先执行完第一次匹配,用了 6s,再执行第二匹配,也用 6s,总计 1min。多线程是 10 个密码一起执行进行匹配,但是每一个密码匹配都要 1min。所以,多线程的总体执行时间和单线程是一样的,但是多线程中单个线程的执行时间是单线程的多倍。

那为什么常常发现多线程的处理速度更快呢？多线程提高的是并发数量,例如,现在有一个 4 核 CPU 的服务器,同一时间可执行 4 个线程,这样处理线程任务的速度比较快。但是多出来的线程,如 5 个、6 个、7 个,还是要等待。

从运行结果中发现,找到密码时用时 7.25s,但是程序并未马上结束,还在继续其他的线程运行,直到循环中创建的线程全部终止,所以程序用时延后多秒。

要解决这种不必要的时间开销,需要用到事件机制。

9.3 事件机制

9.3.1 Event 事件对象

每执行一个事情,肯定有该事情的执行后状态,事件就是该事情发生的信号。在程序中,多线程之间需要通信,而事件就是方便线程之间的通信。

Python 中提供了 Event 对象用于线程间通信,它是由线程设置的信号标志,如果信号标志为真,则其他线程等待直到信号接触。

Event 事件处理的机制:全局定义了一个内置标志 Flag,如果 Flag 值为 False,那么当程序执行 event.wait()方法时就会阻塞,如果 Flag 值为 True,那么执行 event.wait()方法时便不再阻塞。事件 Event 是用于堵塞进程执行的一个用途,可以让进程之间做到同时堵塞同时进行,类似于一种断点的效果,常用于一种信号状态的传递。

Event 的常用方法如表 9-4 所示。

表 9-4 Event 的常用方法

方　　法	说　　明
set()	将 Event 对象内部的信号标志设为 True,并通知所有处于等待阻塞状态的线程恢复运行状态
isSet()	获取其内部信号标志的状态,返回 True 或 False
wait(timeout)	只有在内部信号为 True 的时候才会很快地执行并完成返回。当内部信号标志为 False 时,则 wait 方法一直等待到其为 True 时才返回
clear()	清除 Event 对象内部的信号标志,即将其设为 Flase,当使用 Event 的 clear()方法后,isSet()方法返回 Flase

使用 Event 的 set()方法可以设置 Event 对象内部的信号标志为 True。Event 对象提供了 isSet()方法来判断其内部信号标志的状态。当使用 event 对象的 set()方法后,isSet()方法返回 True。

使用 Event 对象的 clear()方法可以清除 Event 对象内部的信号标志,即将其设为 False,当使用 Event 的 clear()方法后,isSet()方法返回 Flsae。

如果标志为 True 将立即返回,否则阻塞线程至等待阻塞状态,等待其他线程调用 set()。

Event 其实就是一个简化版的 Condition。但是 Event 没有锁,无法使线程进入同步阻塞状态。

【案例 9-4】 利用事件触发实现红绿灯状态的车辆通行。

```
import threading
import time
import random
```

```
    def light(e):
      global start
      while start:
        if e.is_set():
          e.clear()
          print('\033[31m红灯亮了\033[0m')
        else:
          e.set()
          print('\033[32m绿灯亮了\033[0m')
        time.sleep(2)

def cars(e,i):
  if not e.is_set():                    #表示'红灯亮了:':
    print('car%i在等待'%i)
    e.wait()                            #'等红灯'阻塞直到得到一个事件状态变为True的信号
  #'车通行'
  print('\033[0;32;40mcar%i通过\033[0m'%i)
def stop_thread(thread):
  _async_raise(thread.ident, SystemExit)
if __name__ == '__main__':
  start = True
  e = threading.Event()
  traffic = threading.Thread(target=light,args=(e,))

  traffic.start()

  for i in range(1,10):

    car = threading.Thread(target=cars, args=(e,i))
    car.start()
    car.join()
    time.sleep((random.random()))
  else:
    start = False                       #终止线程,否则将无限制继续
    print('汽车已全部通过')
```

运行结果：

```
绿灯亮了
car1 通过
car2 通过
car3 通过
红灯亮了
car4 在等待
car5 在等待
car6 在等待
car7 在等待
绿灯亮了
car4 通过
car7 通过
car6 通过
car5 通过
car8 通过
```

car9 通过
汽车全部通过

9.3.2 事件机制辅助密码破解

为了解决案例 9-1 中密码找到了但程序还需要再运行一段时间才能结束,采用事件机制来实现,一个线程找到密码,就通知其他线程结束。

改进策略:

(1) 创建一个事件机制的对象。

(2) 在密码匹配循环中添加一个事件判断 isSet()。如果 isSet() 的结果是 False,则继续尝试密码匹配。找到密码则用 set() 方法将 Event 对象内部的信号标志设为 True,由此可通知所有处于等待阻塞状态的线程。

```python
# 启用事件机制的多线程破解密码
import zipfile, time, threading
evt = threading.Event()
def trypassword(zf, pswlist):
    for psw in pswlist:
        if not evt.isSet():
            try:
                zf.extractall(pwd = bytes(psw, 'ascii'))
                print('密码是:' + psw)
                global start
                print('用时 %.2f' % (time.clock() - start))
                evt.set()
                break
            except:
                pass
        else:
            break
    return True
def unzip():
    zf = zipfile.ZipFile('stu.zip', 'r')
    n = 10 ** 6
    threadcount = 8
    for i in range(threadcount):
        pswlist = ['%06d' % item for item in range(i, n, threadcount)]
        thread = threading.Thread(target = trypassword, args = (zf, pswlist))
        thread.start()
        thread.join()
    zf.close()
    return True
start = time.perf_counter()
unzip()
print('程序用时: %.2f' % (time.clock() - start))
```

运行结果:

```
密码是:565656
用时 7.08
程序用时: 7.24
```

9.4　线程同步

多线程间共享全局变量，如果多个线程共同对某个数据修改，则可能出现不可预料的结果，为了保证数据的正确性，需要对多个线程进行同步。引用线程同步技术就是通过技术手段，使多线程有序使用共享数据，避免数据出错问题的发生。

Python 中提供了多个用于控制同步的同步原语，这些原语包含在 Python 的标准库 threading 中。这里主要介绍 Lock、Rlocks、Semphores、Events、Conditions。

9.4.1　Lock

Lock 是 Python 里最简单的同步原语，由 _thread 扩展模块直接实现。一旦一个线程获得一个锁，随后获取它的尝试将被阻塞，直到它被释放 。Lock 是比较低级的同步原语，当被锁定以后不属于特定的线程，任何线程都可以释放它。原始锁有两个状态：锁定 locked 和解锁 unlocked。刚创建时状态是 unlocked。

Lock 有两个方法：acquire() 和 release()。

acquire() 方法建立一个锁，建立成功返回 True，建立失败返回 False。基本格式是：

acquire(blocking = True, timeout = − 1)

其中，timeout 参数指定加锁多少秒。

release() 方法释放锁，用来将 locked 状态改为 unlocked() 并立即返回。如果 acquire() 加锁失败，则阻塞，表明其他线程已经加锁。release() 方法只有当状态是 locked 时调用方法才能得到 True；如果是 unlocked 状态，调用 release() 方法会抛出 RunTimeError 异常。

这两个方法必须是成对出现的，acquire() 后面必须先 release() 后才能再 acquire()，否则会造成死锁。

需要注意的是，Python 有一个 GIL(Global Interpreter Lock) 机制，任何线程在运行之前必须获取这个全局锁才能执行，每当执行完 100 条字节码，全局锁才会释放，切换到其他线程执行。

例如，多个线程对 x 值进行修改时，要保证值不会混乱，采用 Lock 锁机制，代码如下。

```python
import threading
import time
class myThread(threading.Thread):
  def __init__(self):
    threading.Thread.__init__(self)
  def run(self):
    global x
    lock.acquire()
    x += 3
    print(x)
    ＃释放锁
    lock.release()
lock = threading.Lock()
t1 = [ ]
for i in range(5):
```

```
t = myThread()
    t1.append(t)
x = 0
for a in t1:
    a.start()
```

运行结果:

```
3
6
9
12
15
```

如果把 lock. acquire() lock. release() 这两句注释掉再运行, 会发现多个线程之间没有规律,输出结果杂乱无章,如图 9-4 所示。

从代码中可以看出使用 Lock 类实现数据同步,经过了以下 三个步骤。

（1）创建锁对象:

lock＝threading. Lock()。

（2）锁定资源:

lock. acquire()。

（3）释放资源:

lock. release()。

```
36

9
1215
```

图 9-4　没有同步的输出

【案例 9-5】　多线程实现窗口卖票。

```
import threading
import time
lock = threading.Lock()
k = 10
class a(threading.Thread):
    def __init__(self):
        threading.Thread.__init__(self)
    def run(self):
        global k,lock
        while(k > 0):
            lock.acquire()
            if(k > 0):
                print("a 窗口卖出一张票,还剩" + str(k - 1) + "张票",time.ctime())
                k = k - 1
            if k <= 0):
                print("票卖完了")
            time.sleep(1)
            lock.release()
class b(threading.Thread):
    def __init__(self):
        threading.Thread.__init__(self)
```

```
    def run(self):
      global k,lock

      while(k>0):
        lock.acquire()
        if(k>0):
          print("b窗口卖出一张票,还剩" + str(k-1) + "张票",time.ctime())
          k = k - 1
        if(k<0 or k==0):
          print("票卖完了")
        time.sleep(1)
        lock.release()
  t1 = a()
  t2 = b()
  t2.start()
  t1.start()
```

运行结果：

```
b窗口卖出一张票,还剩 9 张票 Wed Dec 16 13:40:34 2020
a窗口卖出一张票,还剩 8 张票 Wed Dec 16 13:40:34 2020
a窗口卖出一张票,还剩 7 张票 Wed Dec 16 13:40:35 2020
b窗口卖出一张票,还剩 6 张票 Wed Dec 16 13:40:35 2020
a窗口卖出一张票,还剩 5 张票 Wed Dec 16 13:40:35 2020
a窗口卖出一张票,还剩 4 张票 Wed Dec 16 13:40:36 2020
b窗口卖出一张票,还剩 3 张票 Wed Dec 16 13:40:36 2020
a窗口卖出一张票,还剩 2 张票 Wed Dec 16 13:40:36 2020
b窗口卖出一张票,还剩 1 张票 Wed Dec 16 13:40:37 2020
a窗口卖出一张票,还剩 0 张票 Wed Dec 16 13:40:37 2020
票卖完了
票卖完了
```

9.4.2　RLock

使用 Thread 对象的 Lock 和 Rlock 可以实现简单的线程同步,这两个对象都有 acquire()和 release()方法,对于那些需要每次只允许一个线程操作的数据,可以将其操作放到 acquire()和 release()方法之间。

RLock 类对象是可重复锁,它可以被同一个线程多次获取,可以避免 Lock 多次锁定产生的死锁问题。acquire()和 release()同样提供"锁定"和"解锁"功能。与 Lock 的区别在于,可以嵌套调用锁定和解锁方法。

Lock 和 RLock 的区别如下。

threading.Lock:它是一个基本的锁对象,每次只能锁定一次,其余的锁请求,须等待锁释放后才能获取。

threading.RLock:它代表可重入锁(Reentrant Lock)。对于可重入锁,在同一个线程中可以对它进行多次锁定,也可以多次释放。如果使用 RLock,那么 acquire()和 release()方法必须成对出现。如果调用了 n 次 acquire()加锁,则必须调用 n 次 release()才能释放锁。

RLock 锁具有可重入性。也就是说,同一个线程可以对已被加锁的 RLock 锁再次加

锁,RLock 对象会维持一个计数器来追踪 acquire()方法的嵌套调用,线程在每次调用
acquire()加锁后,都必须显式调用 release()方法来释放锁。所以,一段被锁保护的方法可
以调用另一个被相同锁保护的方法。

Lock 是控制多个线程对共享资源进行访问的工具。通常,锁提供了对共享资源的独占
访问,每次只能有一个线程对 Lock 对象加锁,线程在开始访问共享资源之前应先请求获得
Lock 对象。当对共享资源访问完成后,程序释放对 Lock 对象的锁定。

在实现线程安全的控制中,比较常用的是 RLock。通常使用 RLock 的代码格式如下。

```
class X:
  #定义需要保证线程安全的方法
  def m():
    #加锁
    self.lock.acquire()
    try:
      #需要保证线程安全的代码
      #…方法体
    #使用 finally 块来保证释放锁
    finally:
      #修改完成,释放锁
      self.lock.release()
```

使用 RLock 对象来控制线程安全,当加锁和释放锁出现在不同的作用范围内时,通常
建议使用 finally 块来确保在必要时释放锁。

通过使用 Lock 对象可以非常方便地实现线程安全的类,线程安全的类具有如下特征。
- 该类的对象可以被多个线程安全地访问。
- 每个线程在调用该对象的任意方法之后,都将得到正确的结果。
- 每个线程在调用该对象的任意方法之后,该对象都依然保持合理的状态。

总的来说,不可变类总是线程安全的,因为它的对象状态不可改变;但可变对象需要额
外的方法来保证其线程安全。

例如,用 RLock 进行线程同步来实现窗口卖票,可以重复上锁、解锁,但是上锁次数和
解锁次数一定要相互对应。代码如下。

```
#RLock 多线程同步实现 - 窗口卖票
import threading
import time

class Ticket(threading.Thread):
  def __init__(self,k,p):
    threading.Thread.__init__(self)
    self.p = p
    self.k = k
  def run(self):
    global k,lock,No

    while(k>0):
      rlock.acquire()
      if(k>0):
```

```
            print(self.k + "窗口卖出" + str(No[k - 1]) + "号票,还剩" + str(k - 1) + "张票", time.
    ctime())
            k = k - 1
        rlock.acquire()
        if(k <= 0):
            print("票卖完了")
            break
        rlock.release()
        rlock.release()
        time.sleep(self.p)
rlock = threading.RLock()
k = 5
No = ['%03d' % i for i in range(1, k + 1)]
t1 = Ticket('B', 1)
t2 = Ticket('A', 2)
t2.start()
t1.start()
```

运行结果：

```
A 窗口卖出 005 号票,还剩 4 张票 Wed Dec 16 22:37:11 2020
B 窗口卖出 004 号票,还剩 3 张票 Wed Dec 16 22:37:11 2020
B 窗口卖出 003 号票,还剩 2 张票 Wed Dec 16 22:37:12 2020
A 窗口卖出 002 号票,还剩 1 张票 Wed Dec 16 22:37:13 2020
B 窗口卖出 001 号票,还剩 0 张票 Wed Dec 16 22:37:13 2020
票卖完了
```

9.4.3 Condition

Condition 对象可以在某些事件触发后才处理数据或执行特定的功能代码,可以用于不同线程之间的通信或通知,以实现更高级别的同步。

Condition 对象除了提供与 Lock 类似的 acquire()和 release()方法,还提供了 watit()、warit_for()、notify()和 notify_all()等方法。

wait(timeout =None) 方法释放锁,并阻塞当前线程直到超时或其他线程针对同一个 condition 对象调用 notify()、notify_all()方法,被唤醒的线程会重新尝试获取锁并在成功获取锁之后结束 wait()方法,然后继续执行。

wait_for(predicate, timeout=None)方法阻塞当前线程直到超时或条件得到满足。

notify(n=1)唤醒等待该 condition 对象的一个或多个线程,该方法不负责释放锁。

notify_all()方法会唤醒等待该 condition 对象的所有线程。

用 Condition 进行线程同步实现窗口卖票的代码如下。

```
import threading
import time
class window_a(threading.Thread):
    def __init__(self):
        threading.Thread.__init__(self)
    def run(self):
        global k, lock
```

```
        while(k > 0):
          if condition.acquire():
            if(k > 0):
                print("a窗口卖出一张票,还剩" + str(k - 1) + "张票",time.ctime())
                k = k - 1
                condition.notify()

            if k <= 0:
                print("票卖完了")
                condition.wait()
            condition.release()
            time.sleep(0.5)

class window_b(threading.Thread):
    def __init__(self):
        threading.Thread.__init__(self)
    def run(self):
        global k,lock

        while(k > 0):
          if condition.acquire():
            if(k > 0):
                print("b窗口卖出一张票,还剩" + str(k - 1) + "张票",time.ctime())
                k = k - 1
                condition.notify()
            if k <= 0:
                print("票卖完了")
                condition.wait()
            condition.release()
            time.sleep(1)
k = 10
condition = threading.Condition()
t1 = window_a()
t2 = window_b()
t2.start()
t1.start()
```

运行结果:

```
b窗口卖出一张票,还剩 9 张票 Wed Dec 16 22:25:43 2020
a窗口卖出一张票,还剩 8 张票 Wed Dec 16 22:25:43 2020
a窗口卖出一张票,还剩 7 张票 Wed Dec 16 22:25:44 2020
b窗口卖出一张票,还剩 6 张票 Wed Dec 16 22:25:44 2020
a窗口卖出一张票,还剩 5 张票 Wed Dec 16 22:25:44 2020
a窗口卖出一张票,还剩 4 张票 Wed Dec 16 22:25:45 2020
b窗口卖出一张票,还剩 3 张票 Wed Dec 16 22:25:45 2020
a窗口卖出一张票,还剩 2 张票 Wed Dec 16 22:25:45 2020
a窗口卖出一张票,还剩 1 张票 Wed Dec 16 22:25:46 2020
b窗口卖出一张票,还剩 0 张票 Wed Dec 16 22:25:46 2020
票卖完了
```

9.4.4 Queue

queue 模块实现多生产者、多消费者队列。提供的 Queue 类实现多线程编程所需要的锁原语,是线程案例的,不需要额外的同步机制,尤其适合需要在多个线程之间进行信息交换的场合。Queue 类对象的 get()和 put()方法都支持一个超时参数 timeout,调用该方法时如果超时会抛出异常。

当信息必须在多个线程之间交换时,queue 在线程编程中特别有用,是多线程之间案例共享数据的最佳选择技术之一。

put()方法用于插入数据,格式:

```
Queue.put(item,block = True,timeout = None)
```

put()方法可以将 item 插入到队列中,如果 block 为 True(默认),且 timeout 为正值,则会阻塞 timeout 指定的时间,直到该队列有剩余的空间。如果超时,那么会抛出 Queue. Full 异常,如果 block 为 False,但是该 Queue 已经满了,那么会立即抛出 Queue. Full 异常。

get()方法用于读取数据,格式:

```
Queue.get(block = True,timeout = None)
```

get()方法从队列中读取并删除一个元素。如果 block 为 True(默认),并且 timeout 为正值,那么在等待时间内没有取到任何元素,会抛出 Queue. Empty 异常;如果 block 为 False,有两种情况存在,如果 Queue 有一个值可用,则立即返回该值;如果队列为空,则立即抛出 Queue. Empty 异常。

Python 的 queue 模块中提供了同步的、线程安全的队列类,包括 FIFO(先入先出)队列 Queue、LIFO(后入先出)队列 LifoQueue 和优先级队列 PriorityQueue。这些队列都实现了锁原语,能够在多线程中直接使用。可以使用队列来实现线程间的同步。

Queue 模块中除了 put()和 get()方法之外,其他常用方法如下。

Queue. qsize(): 返回队列的大小。

Queue. empty(): 如果队列为空,那么返回 True,反之 False。

Queue. full(): 如果队列满了,那么返回 True,反之 False。Queue. full 与 maxsize 大小对应。

Queue. get_nowait(): 相当于 Queue. get(False)。

Queue. put_nowait(item): 相当于 Queue. put(item,False)。

Queue. task_done(): 在完成一项工作之后,Queue. task_done()函数向任务已经完成的队列发送一个信号。

Queue. join() 实际上意味着等到队列为空,再执行别的操作。

例如,用 Queue 进行线程同步,以实现窗口卖票时的排队现象,实现代码如下。

```python
import threading
import time
import queue

class Ticket(threading.Thread):
    def __init__(self,guest,window):
        threading.Thread.__init__(self,name = guest)
        self.guest = guest
        self.window = window
    def run(self):
        global k,lock,q1,q2,i
```

```
        while(k>0):
            q1.put(self.getName() + str(i))
            q2.put(k)
            print(self.getName() + str(i) + '排到队伍 %s 尾部 ' % self.window,time.ctime())
            if(k>0):
                print(self.window,"窗口卖出一张票,还剩" + str(k-1) + "张票",time.ctime())
                print(q1.get(),'买到了 %03d 号票'% q2.get())
                k = k - 1
                i += 1
            if(k<=0):
                #print(self.getName(),i,'排到队伍 B 尾部 ')
                print("票卖完了")
                i += 1
            time.sleep(1)
k = 5
q1 = queue.Queue()
q2 = queue.Queue()
i = 1
t1 = Ticket('乘客','A')
t2 = Ticket('乘客','B')
t2.start()
time.sleep(0.1)
t1.start()
```

运行结果：

```
乘客 1 排到队伍 B 尾部   Wed Dec 16 23:42:25 2020
B 窗口卖出一张票,还剩 4 张票 Wed Dec 16 23:42:25 2020
乘客 1 买到了 005 号票
乘客 2 排到队伍 A 尾部   Wed Dec 16 23:42:25 2020
A 窗口卖出一张票,还剩 3 张票 Wed Dec 16 23:42:25 2020
乘客 2 买到了 004 号票
乘客 3 排到队伍 B 尾部   Wed Dec 16 23:42:26 2020
B 窗口卖出一张票,还剩 2 张票 Wed Dec 16 23:42:26 2020
乘客 3 买到了 003 号票
乘客 4 排到队伍 A 尾部   Wed Dec 16 23:42:26 2020
A 窗口卖出一张票,还剩 1 张票 Wed Dec 16 23:42:26 2020
乘客 4 买到了 002 号票
乘客 5 排到队伍 B 尾部   Wed Dec 16 23:42:27 2020
B 窗口卖出一张票,还剩 0 张票 Wed Dec 16 23:42:27 2020
乘客 5 买到了 001 号票
票卖完了
```

9.5　多线程实践

【案例 9-6】　多线程爬取小说。

多线程可以实现多任务同步进行。下面的代码实现了利用多线程爬取笔趣阁网站的小说。

先输入小说名称和多线程数量,在网站上按章节进行爬取,并将爬取的数据先保存到字典中,再按小说的章节进行排序,最后将内容保存到指定路径的文本文件中,以输入进来的小说名当作文件名保存。具体代码如下。

```python
import threading
import time
from bs4 import BeautifulSoup
import codecs
import requests

begin = time.clock()

#多线程类
class myTread(threading.Thread):
    def __init__(self,threadID,name,st):
        threading.Thread.__init__ (self)
        self.threadID = threadID
        self.name = name
        self.st = st
    def run(self):
        print('start ',str(self.name))
        threadget(self.st)
        print('end ',str(self.name))

txtcontent = {}                          #存储小说所有内容

novellist = {}                           #存放小说列表
def getnovels(html):
    soup = BeautifulSoup(html,'lxml')
    list = soup.find('div',id = 'main').find_all('a')
    baseurl = 'http://www.paoshu8.com'
    for l in list:
        novellist[l.string] = baseurl + str(l['href']).replace('http:','')

#获取页面 HTML 源码
def getpage(url):
    headers = {
        'user - agent':'Mozilla/5.0 (Windows NT 10.0; WOW64) AppleWebKit/537.36 (KHTML, like
Gecko) Chrome/63.0.3239.132 Safari/537.36'
    }
    page = requests.get(url).content.decode('utf - 8')
    return page

chaptername = []                         #存放小说章节名字
chapteraddress = []                      #存放小说章节地址

#获取小说所有章节以及地址
def getchapter(html):
    soup = BeautifulSoup(html,'lxml')
    try:
        alist = soup.find('div',id = 'list').find_all('a')
        for list in alist:
            chaptername.append(list.string)
            href = 'http://www.paoshu8.com' + list['href']
            chapteraddress.append(href)
```

```
          return True
       except:
          print('未找到章节')
          return False

#获取章节内容
def getdetail(html):
    soup = BeautifulSoup(html,'lxml')
    try:
       content = '    '
       pstring = soup.find('div',id = 'content').find_all('p')
       for p in pstring:
          content += p.string
          content += '\n    '
       return content
    except:
       print('出错')
       return '出错'

def threadget(st):
    max = len(chaptername)
    #print('threadget 函数',st,max)
    while st < max:
       url = str(chapteraddress[st])
       html = getpage(url)
       content = getdetail(html)
       txtcontent[st] = content
       print('下载完毕' + chaptername[st])
       st += thread_count

url = 'http://www.paoshu8.com/xiaoshuodaquan/'          #小说大全网址
html = getpage(url)
getnovels(html)                                          #获取小说名单

name = input('请输入想要下载小说的名字:\n')
if name in novellist:
    print('开始下载')
    url = str(novellist[name])
    html = getpage(url)
    getchapter(html)

    thread_list = []
    thread_count = int(input('请输入需要开的线程数'))
    for id in range(thread_count):
       thread1 = myTread(id,str(id),id)
       thread_list.append(thread1)
    for t in thread_list:
       t.setDaemon(False)
       t.start()
    for t in thread_list:
       t.join()
    print('\n 子线程运行完毕')
    txtcontent1 = sorted(txtcontent)
    file = codecs.open('小说' + name + '.txt','w','utf - 8')   #小说存放在本地的地址
    chaptercount = len (chaptername)
```

```
    #写入文件中
    for ch in range(chaptercount):
      title = '\n      第' + str (ch + 1) + '章   ' + str (chaptername[ch]) + '     \n\n'
      content = str(txtcontent[txtcontent1[ch]])
      file.write(title + content)
    file.close()
    end = time.clock()
    print('下载完毕,总耗时',end - begin,'秒')
else:
    print('未找见该小说')
```

运行结果如图 9-5 和图 9-6 所示。

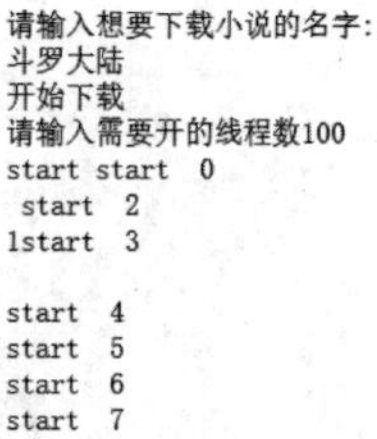

```
请输入想要下载小说的名字:
斗罗大陆
开始下载
请输入需要开的线程数100
start start  0
 start  2
1start  3

start  4
start  5
start  6
start  7
```

图 9-5　输入小说名和线程数量

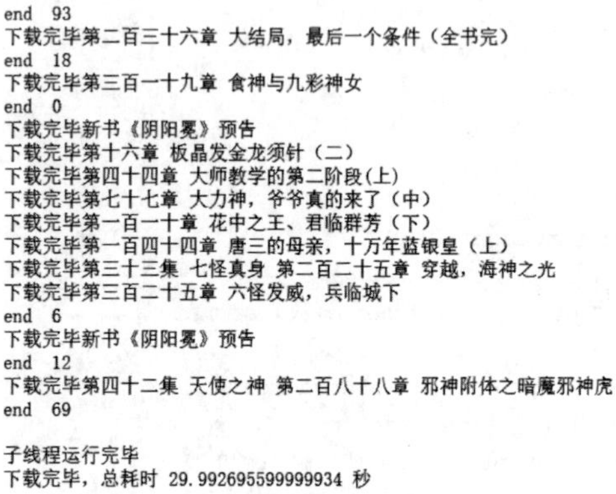

```
end  93
下载完毕第二百三十六章 大结局，最后一个条件（全书完）
end  18
下载完毕第三百一十九章 食神与九彩神女
end  0
下载完毕新书《阴阳冕》预告
下载完毕第十六章 板晶发金龙须针（二）
下载完毕第四十四章 大师教学的第二阶段(上)
下载完毕第七十七章 大力神，爷爷真的来了（中）
下载完毕第一百一十章 花中之王、君临群芳（下）
下载完毕第一百四十四章 唐三的母亲，十万年蓝银皇（上）
下载完毕第三十三集 七怪真身 第二百二十五章 穿越，海神之光
下载完毕第三百二十五章 六怪发威，兵临城下
end  6
下载完毕新书《阴阳冕》预告
end  12
下载完毕第四十二集 天使之神 第二百八十八章 邪神附体之暗魔邪神虎
end  69

子线程运行完毕
下载完毕，总耗时 29.992695599999934 秒
```

图 9-6　爬取过程

【案例 9-7】 俄罗斯方块。

```
#coding = utf - 8
from tkinter import *
from random import *
from tkinter.messagebox import showinfo
import threading
from time import sleep
class BrickGame(object):
    start = True                          #是否开始
    isDown = True                         #是否到达底部
    window = None                         #窗体
    frame1 = None                         #frame
    canvas = None                         #绘图类
    title = "俄罗斯方块"                   #标题
    width = 350                           #宽和高
    height = 670
    rows = 20                             #行和列
    cols = 10
    #几种方块
    brick = [
    [   [
          [1,1,0],
          [0,1,1],
```

```
        [0,0,0]       ],
     [
        [0,0,1],
        [0,1,1],
        [0,1,0]       ],
     [
        [0,0,0],
        [0,1,1],
        [1,1,0]       ],
     [
        [1,0,0],
        [1,1,0],
        [0,1,0]       ]
  ],
  [   [
        [1,1,1],
        [0,1,0],
        [0,0,0]       ],
     [
        [0,0,1],
        [0,1,1],
        [0,0,1]       ],
     [
        [0,0,0],
        [0,1,0],
        [1,1,1]       ],
     [
        [1,0,0],
        [1,1,0],
        [1,0,0]       ]
  ],
  [
     [
        [0,0,0],
        [0,1,1],
        [0,1,1]       ],
     [
        [0,0,0],
        [0,1,1],
        [0,1,1]       ],
     [
        [0,0,0],
        [0,1,1],
        [0,1,1]       ],
     [
        [0,0,0],
        [0,1,1],
        [0,1,1]       ]
  ],
  [
     [
        [1,1,1],
        [0,1,0],
        [0,1,0]       ],
     [
```

```
                [0,0,1],
                [1,1,1],
                [0,0,1]      ],
            [
                [0,1,0],
                [0,1,0],
                [1,1,1]      ],
            [
                [1,0,0],
                [1,1,1],
                [1,0,0]      ]
        ],
        [
            [
                [0,1,0],
                [0,1,0],
                [0,1,0]      ],
            [
                [0,0,0],
                [1,1,1],
                [0,0,0]      ],
            [
                [0,1,0],
                [0,1,0],
                [0,1,0]      ],
            [
                [0,0,0],
                [1,1,1],
                [0,0,0]      ]
        ]
    ]
    curBrick = None              # 当前的方块
    arr = None                   # 当前方块数组
    shape = -1                   # 当前方块形状
    curRow = -10                 # 当前方块的行和列(最左上角)
    curCol = -10
    back = list()                # 背景
    gridBack = list()            # 格子

    # 初始化
    def init(self):
        for i in range(0, self.rows):
            self.back.insert(i, list())
            self.gridBack.insert(i, list())
        for i in range(0, self.rows):
            for j in range(0, self.cols):
                self.back[i].insert(j, 0)
                self.gridBack[i].insert(j, self.canvas.create_rectangle(30 * j, 30 * i, 30 * (j + 1),
30 * (i + 1), fill = "black"))

    # 绘制游戏的格子
    def drawRect(self):
        for i in range(0, self.rows):
            for j in range(0, self.cols):
                if self.back[i][j] == 1:
```

```
            self.canvas.itemconfig(self.gridBack[i][j],fill = "red",outline = "white")
        elif self.back[i][j] == 0:
            self.canvas.itemconfig(self.gridBack[i][j],fill = "white",outline = "black")
    #绘制当前正在运动的方块
    if self.curRow!= -10 and self.curCol!= -10:
        for i in range(0,len(self.arr)):
            for j in range(0,len(self.arr[i])):
                if self.arr[i][j] == 1:
                    self.canvas.itemconfig(self.gridBack[self.curRow + i][self.curCol + j],fill =
"blue",outline = "white")

    #判断方块是否已经运动到达底部
    if self.isDown:
        for i in range(0,3):
            for j in range(0,3):
                if self.arr[i][j]!= 0:
                    self.back[self.curRow + i][self.curCol + j] = self.arr[i][j]
        #判断整行消除
        self.removeRow()

    #获得下一个方块
        self.getCurBrick()

#判断是否有整行需要消除
    def removeRow(self):
        for i in range(0,self.rows):
            tag1 = True
            for j in range(0,self.cols):
                if self.back[i][j] == 0:
                    tag1 = False
                    break

            if tag1 == True:
                #从上向下挪动
                for m in range(i - 1,0, - 1):
                    for n in range(0,self.cols):
                        self.back[m + 1][n] = self.back[m][n]

#获得当前的方块
    def getCurBrick(self):
        self.curBrick = randint(0,len(self.brick) - 1)
        self.shape = 0
        #当前方块数组
        self.arr = self.brick[self.curBrick][self.shape]
        self.curRow = 0
        self.curCol = 1
        self.isDown = False                    #是否到底部为 False

    #监听键盘输入
    def onKeyboardEvent(self,event):
        if self.start == False:                #未开始,不必监听键盘输入
            return
        #记录原来的值
        tempCurCol = self.curCol
        tempCurRow = self.curRow
```

```python
        tempShape = self.shape
        tempArr = self.arr
        direction = -1
        if event.keycode == 37:                    #左移
          self.curCol -= 1
          direction = 1
        elif event.keycode == 38:                  #向上键变化方块的形状
          self.shape += 1
          direction = 2
          if self.shape >= 4:
            self.shape = 0
          self.arr = self.brick[self.curBrick][self.shape]
        elif event.keycode == 39:                  #右移
          direction = 3
          self.curCol += 1
        elif event.keycode == 40:                  #下移
          direction = 4
          self.curRow += 1
        if self.isEdge(direction) == False:
          self.curCol = tempCurCol
          self.curRow = tempCurRow
          self.shape = tempShape
          self.arr = tempArr
        self.drawRect()
        return True
    #判断当前方块是否到达边界
    def isEdge(self,direction):
        tag = True
        #向左,判断边界
        if direction == 1:
          for i in range(0,3):
            for j in range(0,3):
              if self.arr[j][i]!= 0 and (self.curCol + i < 0 or self.back[self.curRow + j][self.
curCol + i]!= 0):
                tag = False
                break
        #向右,判断边界
        elif direction == 3:
          for i in range(0,3):
            for j in range(0,3):
              if self.arr[j][i]!= 0 and (self.curCol + i >= self.cols or self.back[self.curRow +
j][self.curCol + i]!= 0):
                tag = False
                break
        #向下,判断底部
        elif direction == 4:
          for i in range(0,3):
            for j in range(0,3):
              if self.arr[i][j]!= 0 and (self.curRow + i >= self.rows or self.back[self.curRow +
i][self.curCol + j]!= 0):
                tag = False
                self.isDown = True
                break
        #进行变形,判断边界
        elif direction == 2:
```

```
        if self.curCol < 0:
            self.curCol = 0
        if self.curCol + 2 > = self.cols:
            self.curCol = self.cols - 3
        if self.curRow + 2 > = self.rows:
            self.curRow = self.curRow - 3


    return tag
    #方块向下移动
    def brickDown(self):
        while True:
            if self.start == False:
                print("exit thread")
                break
            tempRow = self.curRow
            self.curRow += 1
            if self.isEdge(4) == False:
                self.curRow = tempRow
            self.drawRect()
            sleep(1)                          #每一秒下降一格
            if 1 in self.back[0]:
                print('GameOver')
                self.start == False
                showinfo('showinfo', 'Gameover')
                break
    #运行
    def __init__(self):
        self.window = Tk()
        self.window['bg'] = 'white'
        self.window.title(self.title)
        self.window.minsize(self.width, self.height)
        self.window.maxsize(self.width, self.height)
        self.frame1 = Frame(self.window, width = 300, height = 600, bg = "black")
        self.frame1.place(x = 22, y = 30)
        self.canvas = Canvas(self.frame1, width = 301, height = 601, bg = "black")
        self.init()
        self.getCurBrick()                    #获得当前的方块
        self.drawRect()                       #按照数组,绘制格子
        self.canvas.pack()
        #监听键盘事件
        self.window.bind("< KeyPress >", self.onKeyboardEvent)
        #启动方块下落线程
        downThread = threading.Thread(target = self.brickDown, args = ())
        downThread.start()
        self.window.mainloop()
        self.start = False
    pass
if __name__ == '__main__':
    brickGame = BrickGame()
```

运行效果如图 9-7 所示。

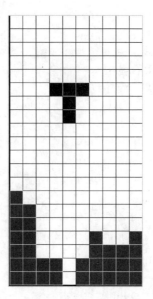

图 9-7　俄罗斯方块运行图

习题

1. 用面向对象的继承方法创建多线程,编写多线程与事件机制实现暴力破解密码的程序。

2. 用传递函数的方式,创建线程,改写案例 9-4 红绿灯通行。

3. 用传递函数的方式,创建线程,改写案例 9-5 窗口卖票。

4. 模拟银行的叫号系统,用多线程实现排队与叫号过程。

5. 利用多线程爬取豆瓣电影 Top250 的图片（url = 'https://movie. douban. com/top250?start＝'）。每个线程爬取的图片保存到对应线程名称的文件夹中。

第10章

图形化用户界面

知识导图

本章知识导图如图 10-0 所示。

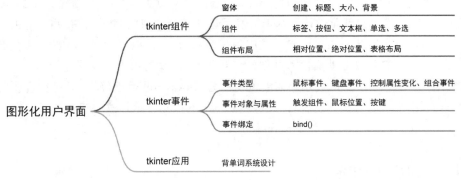

图 10-0　第 10 章知识导图

问题导向

- 如何将用户与计算机的交互以图形用户界面呈现？
- 图形界面的各种元素如何创建？
- 多种图形界面元素如何布局？
- 界面操作如何与后台数据关联？

重点与难点

- 图形化用户界面的基本操作。
- tkinter 模块中基本组件的使用方法。
- ttk 子模块下组件的使用方法。
- 应用图形化界面进行系统设计。

图形用户界面(Graphical User Interface，GUI)，又称图形用户接口，是一套工具集，可以结合各种计算机语言进行界面开发。

在主流计算机环境中常有三种软件操作界面，一是以 DOS 操作系统为代表的二维界面，以命令符方式进行交互；二是以 Windows 操作系统为代表的三维图形化用户界面，以各类窗口与按钮等元素进行交互；三是以网页为代表的 Web 用户界面。

Python 作为一门优秀的语言，自诞生之日起，已经结合了许多优秀的 GUI 工具集编写出了许多的应用程序。Python 提供了多种图形开发界面的库，几个常用 Python GUI 库如下。

tkinter：tkinter 模块（Tk 接口）是 Python 的标准 Tk GUI 工具包的接口。Tk 和 tkinter 可以在大多数的 UNIX 平台下使用，同样可以应用在 Windows 和 macOS 系统中。Tk8.0 的后续版本可以实现本地窗口风格，并良好地运行在绝大多数平台中。

wxPython：wxPython 是一款开源软件，是 Python 语言的一套优秀的 GUI 图形库，允许 Python 程序员很方便地创建完整的、功能健全的 GUI 用户界面。

PyQt：PyQt 是 Qt 公司 Qt 应用程序框架的一组 Python V2 和 V3 的绑定，可在 Qt 支持的所有平台上运行，包括 Windows、macOS、Linux 和 Android。部分免费。

Kivy：Kivy 是一个开源的 Python GUI 应用程序框架，它允许开发人员在多个平台上创建跨平台的应用程序，这个框架使用 Python 语言和多点触摸输入来创建大型的、复杂的用户界面。Kivy 的用户界面设计是基于自然手势和动画效果的，提供了一些内置的三维图形库和工具，可以帮助开发人员创建三维应用程序和游戏，同时还提供了一些内置的数据可视化工具和库，它们可以帮助开发人员创建交互式的、美观的数据可视化应用程序。

本章主要介绍 tkinter 的使用。需要说明的是，tkinter 虽然很好用，但是它提供的功能还是太少了，许多功能需要开发者自己去实现。wxPython、PyQt 这些第三方库也各有自己的优势，可以在实际的 GUI 编程中选择适合自己的工具包。

10.1 tkinter 概述

tkinter 基于的 Tk 技术最初是为 TCL 语言设计的。由于 Tk 技术非常灵活，很快被应用在很多计算机语言中，包括 Python(tkinter)、Perl(Perl/Tk)、Tuby(Ruby/Tk)等。

tkinter 是 Python 默认的 GUI 库。Python 使用 tkinter 可以快速地创建 GUI 应用程序。由于相对于其他 Python GUI 库，tkinter 简单易学，可以使用少量的代码编写功能强大的 GUI 界面。tkinter 是内置到 Python 的安装包中，只要安装好 Python 之后就能通过 import tkinter 导入库直接使用。下列两种导入方法都可用。

方法一：

```
import tkinter
```

方法二：

```
from tkinter import *
```

10.1.1 tkinter 窗体

1. 创建

图形用户界面程序都需要一个根窗口，也称主窗口。图形用户界面的主窗口就像在绘画时需要的画纸一样。主窗口是承载图形用户界面各种组件的载体，一个应用程序只能有一个主窗口。Tk 类提供了创建主窗口的构造函数，方法如下。

```
root = Tk()
```

2．窗体属性与方法

如果想要在创建窗口时还对窗口的大小进行设置，则可以调用窗口对象的方法 geometry()来设置。geometry()方法需要传入一个字符串，如要设置窗口宽为 100px，高为 50px，形成一个长方形的窗口，写法是 geometry()。

还可以通过 title()方法为窗口设置标题，如 title("图形化用户窗口")。

如果还要设置特有的窗体图标，则可使用 iconbitmap()，如 iconbitmap('exampl/Tool. ick')。

窗体的背景颜色可以通过背景属性进行修改，格式为

窗体['background'] = 'color'

创建窗口后，要让窗口运行并能及时响应用户交互操作，需要不断检测事件，刷新组件，用到方法 mainloop()。mainloop()用来启动窗体事件循环，并等待接收各种事件信息，不停地告诉 GM(Geometry Manager)有一个组件产生。

例如，创建一个 200px×100px 大小的窗体，如图 10-1 所示，运行的代码如下。

```
import tkinter
root = tkinter.Tk()
root.geometry('200x100')
root.title('图形用户界面')
root['background'] = 'yellow'
root.mainloop()
```

图 10-1 创建窗口

10.1.2 tkinter 组件

Python 中 tkinter 的组件主要存放在 tkinter、tkinterr. ttk、tkinter. tix、tkinter. scrolledtext 模块下。

1．常用组件

tkinter 提供了非常多的组件，表 10-1 列出了使用频率较高的组件。

表 10-1 tkinter 组件说明

组 件	说 明
Button	按钮组件，在应用程序中显示按钮
Canvas	画布组件，用于显示图形元素
Checkbutton	多选框组件，用于在程序中提供多项选择框
Entry	输入组件，用于显示简单的文本内容
Frame	框架组件，用于在屏幕上显示一个矩形区域

组　　件	说　　明
Label	标签组件，可以显示文本和位图
Listbox	列表框组件，显示一个字符串列表给用户
Menubutton	菜单按钮组件，显示菜单项
Menu	菜单组件，显示菜单项、下拉菜单和弹出菜单
Message	消息组件，用于显示多行文本
Radiobutton	单选按钮组件，用于显示一个单选的按钮状态
Scale	范围组件，用于显示一个数值刻度
Scrollbar	滚动组件，当内容超过可视化区域时使用
Text	文本组件，显示多行文本
Toplevel	容器组件，与 Frame 组件类似
Spinbox	输入组件，与 Entry 类似，但是可以指定输入范围值
PanedWindow	窗口布局管理的插件，可以包含一个或多个子组件
LabelFrame	一个简单的容器组件，常用于复杂的窗口布局
tkMessageBox	用于显示应用程序的消息框

例如，如图 10-2 所示，在窗口上添加一个按钮组件，其代码如下。

```
import tkinter
root = tkinter.Tk()
root.geometry('200x100')
root.title('图形用户界面')
root['background'] = 'yellow'
button = tkinter.Button(root,text = '确定')
button.pack()
root.mainloop()
```

图 10-2　添加按钮组件

2. 组件标准属性

标准属性是所有组件共有的属性，如大小、颜色等。具体属性如表 10-2 所示。

表 10-2　组件标准属性

属　　性	说　　明
background(bg)	设置背景颜色
foreground(bg)	设置字体颜色
highlightcolor	组件框架高亮显示
highlightbackground	高亮显示背景
highlightthickness	设置高亮框架线粗

属　　性	说　　明
relief	设置组件 3D 外观（flat，raised，sunken，groove，solid，ridge）
takefocus	决定窗口在键盘遍历时是否接收焦点（如 Tab、Shift-Tab）
width	设置组件横向宽度
font	设置组件显示的字体样式
cursor	指定鼠标指针格式
anchor	设置组件停靠位置，即所在区域的方位（center，n，ne，e，se，s，sw，w，nw）

例如，如图 10-3 所示，在窗口中设置按钮与标签，代码如下。

```
import tkinter
root = tkinter.Tk()
root.geometry('300x100')
root.title('图形用户界面')
root['background'] = 'yellow'
label1 = tkinter.Label(root,text = '登录界面',bg = 'yellow',fg = 'blue',font = ('宋体',24))
label1.pack(anchor = 'n')
button = tkinter.Button(root,text = '登录',width = '10',relief = 'groove')
button.pack(anchor = 'e')
root.mainloop()
```

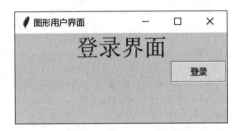

图 10-3　组件显示

组件的属性设置有以下三种方式。

（1）在创建组件对象时，使用构造函数来创建组件并设置属性，例如：

button = Button(root,text = '登录',width = '10')

在创建按钮对象时，给它设置了文本属性和宽度属性。

（2）在组件创建后，使用字典索引的方式设置属性值，例如：

button['fg'] = 'blue'

通过字典索引的方式将按钮上的文本设置为蓝色。

（3）使用 config()方法更新多个属性对象，例如：

button.config('fg' = 'blue','bg' = 'green')

同时设置按钮上文本的颜色以及按钮的背景色。

10.1.3　tkinter 组件布局

tkinter 支持三种几何布局管理器，分别是 pack、grid、place。它们主要决定组件的排列位置。不管哪一种几何布局管理器，在同一个父窗口中，都不可以混合使用。

1. pack(parameter)几何布局管理器

pack 可以使组件定位到窗体或其他组件指定的位置,parameter 为 pack()的可选参数,常用可选项有如下几个

(1) side：决定组件的排列方式,默认值为 side＝"top",表示在顶端放置组件。还可以显式设置为 buttom（在下端）、left（在左端）、right（在右端）。pack()省略参数时表示 side＝"top"。

(2) padx、pady：可以为它们指定组件之间 x、y 方向上间隔的大小,默认单位为 px。也可设置成单位 c（厘米）、m（毫米）、i（英寸）、p（打印机的点,即 1/27 英寸）,如 pack(padx＝20, pady ="3m")。

(3) anchor：组件之间对齐方式,值可设置为 w（左对齐/靠西方向）、e（右对齐/靠东方向）、n（顶对齐/靠北方向）、s（底对齐/靠南方向）、nw（左上对齐/靠西北方向）、sw（左下对齐/靠西南方向）、se（右下对齐/靠东南方向）、ne（右上对齐/靠东北方向）、center（中间对齐）。默认的是 center。

2. grid()几何布局管理器

grid()几何布局管理器是将组件放置在一个二维表格里,主组件被分割成一系列的行与列,表格中的单元格都可以放置组件。可选参数如表 10-3 所示。

表 10-3　grid()的参数

参　　数	作　　用
column	指定组件插入的列（0 表示第 1 列）,从 0 开始,默认值是 0
columnspan	指定用多少列（跨列）显示该组件
row	指定组件插入的行（0 表示第 1 行）,默认为未放组件的下一个值
rowspan	指定用多少行（跨行）显示该组件
in_	将该组件放到该选项指定的组件中,指定的组件必须是该组件的父组件
ipadx	水平方向上的内边距,在组件内部,左右方向各填充指定长度的空间
ipady	垂直方向上的内边距,在组件内部,上下方向各填充指定长度的空间
padx	水平方向上的外边距,在组件外部,左右方向各填充指定长度的空间
pady	垂直方向上的外边距,在组件外部,上下方向各填充指定长度的空间
sticky	控制组件在 grid 分配的空间中的位置。 可以使用 "N"、"E"、"S"、"W" 以及它们的组合来定位（E、W、S、N 代表东、西、南、北）。 使用加号（＋）表示拉长填充,例如,"N"＋"S" 表示将组件垂直拉长填充网格,"N"＋"S"＋"W"＋"E" 表示填充整个网格。 不指定该值,则居中显示选项含义

在组件外部,左右方向各填充指定长度的空间。

如果没有声明 sticky 属性,默认将插件居中于单元中。

通过设置 sticky＝tk. E（靠右上方）、sticky＝tk. SE（靠右下方）、sticky＝－tk. SW（靠左下方）、sticky＝tk. NW（靠左上方）,可以将插件布置在单元的某个角落。

通过设置 sticky＝tk. W（靠上方）、sticky＝tk. E（靠右方）、sticky＝tk. S（靠下方）、sticky＝tk. W（靠左方）,可以将插件布置在单元的某个方向上。

通过设置 sticky＝tk. N＋tk. S,在垂直方向上延伸插件,并保持水平居中。

通过设置 sticky＝tk.E＋tk.W,在水平方向上延伸插件,并保持垂直居中。

通过设置 sticky＝tk.N＋tk.E＋tk.W,在水平和垂直方向上延伸插件,填满单元。

也可以使用其他的组合。例如,sticky＝tk.N＋tk.S＋tk.W,在垂直方向上延伸插件,并靠左放置。

下面通过一个表格来理解 grid()布局。具体布置如表 10-4 所示。

表 10-4 布局格式效果

label1		
label2	entry1	label4
label3	entry2	
button1		

用 grid()几何布局管理器将整个窗体分成 4 行 3 列,包含 7 个组件。

label1 在第 0 行,第 0 列,跨三列显示。

label2 在第 1 行,第 0 列,左右两侧间距 40px。

entry1 在第 1 行,第 1 列。

label3 在第 2 行,第 0 列,左右两侧间距 40px、上下方间距 20px。

entry2 在第 2 行,第 1 列。

label4 在第 1 行,第 2 列,跨两行显示,左右两侧间距 10px。

button1 在第 3 行,第 1 列,跨两列显示。

实现表 10-4 的布局代码如下。

```python
import tkinter
root = tkinter.Tk()
root.geometry('400x200')
root.title('登录界面')
root['background'] = 'yellow'
label1 = tkinter.Label(root,text = '登录界面',bg = 'yellow',fg = 'blue',font = ('宋体',24))
label1.grid(row = 0,column = 0,columnspan = 3)
label2 = tkinter.Label(root,text = '账号')
label2.grid(row = 1,column = 0,padx = 40)
entry1 = tkinter.Entry(root)
entry1.grid(row = 1,column = 1)
label3 = tkinter.Label(root,text = '密码')
label3.grid(row = 2,column = 0,padx = 40,pady = 20)
entry2 = tkinter.Entry(root)
entry2.grid(row = 2,column = 1)
label4 = tkinter.Label(root,text = '验证码')
label4.grid(row = 1,column = 2,rowspan = 2,padx = 20)
button1 = tkinter.Button(root,text = '登录',width = '10',relief = 'solid')
button1.grid(row = 3,column = 1,rowspan = 2)
root.mainloop()
```

运行效果如图 10-4 所示。

3. place()几何布局管理器

place()几何布局管理器是可以指定组件放在一个特定的位置,分为绝对布局和相对布局。常用的属性如表 10-5 所示。

图 10-4 grid()布局效果

表 10-5 place()常用属性

属　　　性	说　　　明
anchor	组件的对齐方式
relx	相对窗口宽度的位置,取值范围是[0,1.0]
rely	相对窗口高度的位置,取值范围是[0,1.0]
x	绝对布局的 x 坐标,单位是 px
y	绝对布局的 y 坐标,单位是 px

relx 和 rely 在相对布局时使用,例如,relx＝0,rely＝0 的位置是左上角;relx＝0.5, rely＝−0.5 的位置是屏幕中心。

使用 place()几何布局实现如图 10-4 所示效果的代码如下。

```python
import tkinter
root = tkinter.Tk()
root.geometry('400x200')
root.title('登录界面')
root['background'] = 'yellow'
label1 = tkinter.Label(root,text = '登录界面',bg = 'yellow',fg = 'blue',font = ('宋体',24))
label1.place(relx = 0.3,rely = 0)
label2 = tkinter.Label(root,text = '账号')
label2.place(x = 40,y = 50)
entry1 = tkinter.Entry(root)
entry1.place(x = 120,y = 50)
label3 = tkinter.Label(root,text = '密码')
label3.place(x = 40,y = 100)
entry2 = tkinter.Entry(root)
entry2.place(x = 120,y = 100)
label4 = tkinter.Label(root,text = '验证码')
label4.place(x = 280,y = 80)
button1 = tkinter.Button(root,text = '登录',width = '10',relief = 'solid')
button1.place(x = 150,y = 150)
root.mainloop()
```

观看视频

10.2 tkinter 事件

10.2.1 tkinter 事件类型

事件就是触发的一些动作,如单击菜单、单击鼠标等。根据不同的动作,想要让程序执行不同的功能，就需要对事件进行处理，也就是调用不同的函数来完成相应的功能。

tkinter 中的事件都是用字符串来描述的，基本格式是：

`<modifier-type-detail>`

其中，modifier 和 detail 可以提供一些附加信息，modifier 为组合键的定义，例如，同时按下 Ctrl 和 Shift 键；detail 用于具体信息，如按下 B 键；type 指示的是事件的类型，type 为通用类型，例如，键盘按键(KeyPress)。

常见的事件类型如表 10-6 所示。

表 10-6　事件类型

type	说　明
Activate	组件从未激活到激活触发的事件
Destroy	当组件被销毁的时候触发该事件
Button	单击鼠标触发的事件，通过 detail 可以指定具体按哪个键。 <Button-1> 鼠标左键 <Button-2> 鼠标中键 <Button-3> 鼠标右键 <Button-4> 鼠标滚轮上滚 <Button-5> 鼠标滚轮下滚
ButtonRelease	用户释放鼠标按键触发的事件，如<ButtonRelease-1>是松开鼠标左键，鼠标指针的当前位置会以事件实例的 x,y 坐标成员的形式传递给回调函数
KeyPress	用户按键触发的事件
Configure	组件尺寸发生变化时触发的事件，用 detail 指定按下哪一个键
Enter	鼠标指针接触组件触发事件。注意，不是指用户按下回车键
Leave	鼠标指针从当前组件离开时触发事件
FocusIn	(1) 当组件获得焦点的时候触发该事件； (2) 用户可以用 Tab 键将焦点转移到该组件上(需要该组件的 takefocus 选项为 True)； (3) 也可以调用 focus_set() 方法使该组件获得焦点
Motion	鼠标在组件内移动的整个过程都会触发的事件

常见的< modifier-type-detail >格式组合的事件类型如下。

(1) 鼠标单击事件。

<Button-1>：单击鼠标左键。

<Button-2>：单击鼠标中间键(如果有)。

<Button-3>：单击鼠标右键。

<Button-4>：向上滚动滑轮。

<Button-5>：向下滚动滑轮。

(2) 鼠标双击事件。

<Double-Button-1>：鼠标左键双击。

<Double-Button-2>：鼠标中键双击。

<Double-Button-3>：鼠标右键双击。

（3）鼠标释放事件。

<ButtonRelease-1>：鼠标左键释放。

<ButtonRelease-2>：鼠标中键释放。

<ButtonRelease-3>：鼠标右键释放。

（4）鼠标按下并移动事件（即拖动）。

<B1-Motion>：左键拖动。

<B2-Motion>：中键拖动。

<B3-Motion>：右键拖动。

（5）鼠标其他操作。

<Enter>：鼠标进入控件（放到控件上面）。

<FocusIn>：控件获得焦点。

<Leave>：鼠标移出控件。

<FocusOut>：控件失去焦点。

（6）键盘按下事件。

<Key>：键盘按下，事件 event 中的 keycode、char 都可以获取按下的键值。

<Return>：键位绑定，回车键。其他还有<BackSpace>、<Escape>、<Left>、<Up>、<Right>、<Down>等。

（7）控件属性改变事件<Configure>：控件大小改变，新的控件大小会存储在事件 event 对象中的 width 和 height 属性中传递，部分平台上该事件也代表控件位置改变。

（8）组合使用：如<Control-Shift-Alt-KeyPress-A>，表示同时按下 Ctrl＋Shift＋Alt＋A 这 4 个键；<KeyPress-A>表示按下 A 键。

10.2.2　事件对象及属性

事件对象是一个标准的 Python 对象类，拥有大量的属性用于描述事件。事件对象的常用属性如表 10-7 所示。

表 10-7　事件对象的常用属性

属　　性	说　　明
widget	触发事件的组件
x,y	当前鼠标的位置，x,y 坐标，单位：px
x_root,y_root	当前鼠标位置相对于屏幕左上角的位置，单位：px
char	字符代码（仅键盘事件）字符串的格式
keysym	按键符号（仅键盘事件）
keycode	按键代码（仅键盘事件）
num	按钮数字（仅鼠标按键事件）
width	组件的新形状，宽度（仅 configure 事件）
height	组件的新形状，高度（仅 configure 事件）
type	事件类型

10.2.3　tkinter 事件绑定

将组件与事件关联起来就是事件绑定。在 Python 中，tkinter 允许将事件绑定在组件上,格式如下。

```
widget.bind(event,handler)
```

widget 表示组件,bind()方法将指定的事件绑定到组件上,event 参数接收要绑定的事件,handler 表示处理事件的函数。

当被触发的事件满足该组件绑定的事件时,tkinter 就会带着事件对象(event)去调用 handler() 方法。

例如,想要获取鼠标在窗口上单击时的坐标,则可将事件< ButtonRelease-1 > 与窗体绑定,再设置一个函数,用于处理鼠标单击事件。实现代码如下。

```
import tkinter as tk
def callback(event):
    print('第 % d 次单击,x 坐标: % d,y 坐标: % d' % (i, event.x, event.y))
root = tk.Tk()
root.title('绑定事件')
root.bind("< ButtonRelease - 1 >",callback)
root.mainloop()
```

运行结果:

```
第 1 次单击,x 坐标:23,y 坐标:39
第 2 次单击,x 坐标:79,y 坐标:41
第 3 次单击,x 坐标:132,y 坐标:54
第 4 次单击,x 坐标:48,y 坐标:91
第 5 次单击,x 坐标:88,y 坐标:93
第 6 次单击,x 坐标:154,y 坐标:97
```

如果希望将一个事件绑定到程序所有的组件上,则可以使用 bind_all()函数,格式如下。

```
widget.bind_all('widget', event, handler)
```

【案例 10-1】 剪刀石头布游戏。

剪刀石头布游戏是日常生活中常见的一种猜拳游戏,又称"猜丁壳",古老而简单。这个游戏的主要目的是解决争议,因为三者相互制约,因此不论平局几次,总会有胜负的时候。游戏规则中,石头克剪刀,剪刀克布,布克石头。现在设计一个图形化界面的猜拳游戏,实现玩家与计算机比拼,五局三胜,决出最后比分。

案例分析:

游戏可分为以下三个模块。

窗口布局:创建窗口,创建要在窗口中显示的字符串变量以及各种在方法中要用到的其他变量。将三张图片的名称存为一个列表,以便后续选取。

布局设置:在窗口上显示标签、比分、图片按钮。按钮上的图片即为剪刀、石头、布三种图。玩家方用三个按钮显示,以便玩家选择,当玩家单击相应图片时,调用判断方法并传递选项值过去。计算机方只显示一个按钮图片,图片从三张图片中随机显示。

结果判断:当玩家单击按钮选项时调用判断方法,接收玩家传递过来的选择值,将该值与计算机中随机生成的值进行对比,判断是玩家赢,则玩家积分加 1;计算机赢,则计算机积分加 1；平局则两方积分都加 1。并累计判断次数，当次数为 5 时，给出最后胜负判断结果，并弹出对话框询问是否重玩游戏，或是退出游戏。

实现代码：

```python
import random
from tkinter import *
import tkinter.messagebox
from PIL import Image, ImageTk
class Game():
    def __init__(self):
        self.root = Tk()
        self.root.geometry('500x500')
        self.root.title('剪刀石头布')
        self.user = StringVar()
        self.computer = StringVar()
        self.prompt = StringVar()
        self.result = StringVar()
        self.score_u = 0
        self.score_c = 0
        self.computer.set(0)
        self.user.set(0)
        self.pic = ['xx.gif','stone.gif','bu.gif']
        self.root['bg'] = 'royalblue'
        self.count = 0
        self.layout()
        self.root.mainloop()

    def layout(self):
        lab1 = Label(self.root,text='剪刀石头布',font=('黑体',28),fg='white',bg='royalblue')
        lab1.place(x=180,y=20)
        lab2 = Label(self.root,text='玩家',font=('宋体',22),fg='white',bg='royalblue')
        lab2.place(x=80,y=100)
        labu = Label(self.root,textvariable=self.user,font=('黑体',25), fg='yellow',bg='royalblue')
        labu.place(x=180,y=100)
        lab3 = Label(self.root,text='计算机',font=('宋体',22),fg='white',bg='royalblue')
        lab3.place(x=330,y=100)
        labc = Label(self.root,textvariable=self.computer,font=('黑体',25), fg='yellow',bg='royalblue')
        labc.place(x=400,y=100)
        image = Image.open("stone.gif")
        self.photo = ImageTk.PhotoImage(image)
        but_stone = tkinter.Button(self.root,text='石头', image=self.photo,font=('宋体',15), command=lambda:self.judge('1'))
        but_stone.place(x=100,y=150)
        image2 = Image.open("xx.gif")
        self.photo2 = ImageTk.PhotoImage(image2)
        but_scissors = tkinter.Button(self.root,text='剪刀',image=self.photo2,font=('宋体',15), command=lambda:self.judge('0'))
        but_scissors.place(x=100,y=250)
        image3 = Image.open("bu.gif")
        self.photo3 = ImageTk.PhotoImage(image3)
```

```
        but_paper = tkinter.Button(self.root,text = '布',image = self.photo3,font = ('宋体', 15),
command = lambda:self.judge('2'))
        but_paper.place(x = 100,y = 350)
        self.r = random.randint(0,2)
        tu = self.pic[self.r]
        image4 = Image.open(tu)
        self.photo4 = ImageTk.PhotoImage(image4)
        self.but_computer = tkinter.Button(self.root,text = '布',image = self.photo4,font = ('宋
体', 15),command = '')
        self.but_computer.place(x = 350,y = 250)
        labs = Label(self.root,textvariable = self.prompt,font = ('宋体',22),fg = 'yellow',bg =
'royalblue')
        labs.place(x = 200,y = 150)
        labr = Label(self.root,textvariable = self.result,font = ('宋体',22),fg = 'yellow',bg =
'royalblue')
        labr.place(x = 240,y = 220)

    def judge(self,s):
        self.count += 1
        self.r = random.randint(0,2)
        tu = self.pic[self.r]
        image5 = Image.open(tu)
        self.photo5 = ImageTk.PhotoImage(image5)
        self.but_computer.configure(image = self.photo5)
        self.but_computer.image = self.photo5
        if int(s) == self.r:
            self.score_u += 1
            self.score_c += 1
            self.computer.set(self.score_c)
            self.user.set(self.score_u)
            self.prompt.set('本局打成平手')
        elif (s == '0'and self.r == 1) or (s == '1'and self.r == 2) or (s == '2'and self.r == 0):
            self.prompt.set('本局计算机赢')
            self.score_c += 1
            self.computer.set(self.score_c)
        else:
            self.prompt.set('本局玩家赢')
            self.score_u += 1
            self.user.set(self.score_u)
        result = str(self.score_u) + ":" + str(self.score_c)
        self.result.set(result)
        if self.count == 5:
            if self.score_c > self.score_u:
                self.prompt.set('最终计算机赢')
            elif self.score_u > self.score_c:
                self.prompt.set('最终玩家赢')
            else:
                self.prompt.set('双方势均力敌')

            res = messagebox.askyesnocancel('提示', '本轮游戏结束,是否重新挑战?')
            if res == True:
                self.computer.set(0)
                self.user.set(0)
                self.score_u = 0
```

```
            self.score_c = 0
            self.count = 0
        else:
            messagebox.showinfo('警告!', '游戏结束!')
            self.root.destroy()
if __name__ == '__main__':
    Game()
```

运行结果如图 10-5 所示。

图 10-5　游戏运行效果

10.3　tkinter 实践应用

【**案例 10-2**】　背单词系统。

实践目的：

- 熟悉并掌握软件开发的基本方法及流程。
- 熟悉并掌握 Python 面向对象特性及在项目中的使用。
- 熟悉并掌握图形化界面的设计与应用。
- 熟悉应用系统设计的分层体系架构。

观看视频

10.3.1　需求分析

1. 功能需求

设计单词练习系统，建立一个单词库，可以从单词库中随机抽取单词进行练习。练习方式有英译中、中译英、拼写填空。对于显示出来的单词可单击"声音"按钮，系统给出读音。练习时，对于回答正确的会给出提示，并增加积分；错误的只有提示，不加积分。练习完成后可以查看出错的单词，并对错误的单词能进行次数统计。

单词库的单词也能进行查看、增加、删除、修改等操作。

2. tkinter 组件需求

涉及的 tkinter 组件如下。

变量：在其他组件中要显示的变量需要先声明，如 tkinter. StringVar()。

标签：如 tkinter. Label(self. wt,text='英文',font=('宋体',12),bg='yellow')。

文本框：如 tkinter. Entry(self. root,width=15,font=('宋体',20))。

按钮：如 tkinter. Button(self. root,text='查看错词表',width=10,font=('宋体',15),command=self. wrong_word)。

单选按钮：先创建一个组，再创建单选按钮，将属性 variable 设置为组名，则可实现一组单选按钮的设计。例如：

```
self. radiolist = tkinter. IntVar()
r1 = tkinter. Radiobutton(self. root, variable = self. radiolist, value = 0, text = "英译中",
command = self. select1,bg = 'yellow')
r2 = tkinter. Radiobutton(self. root, variable = self. radiolist, value = 1, text = "中译英",
command = self. select2,bg = 'yellow')
r3 = tkinter. Radiobutton(self. root, variable = self. radiolist, value = 2, text = "拼写填空",
command = self. select3,bg = 'yellow')
```

表格：先创建表格组件，再设置列属性 column 的列名称，可设置每一列的列宽，不设置，则会自动按窗口宽度平分各列。表格标题可用 heading 属性进行设置。

将内容加入到表格中，使用 insert()方法；响应鼠标单击事件可用 bind()方法；获取表格中选中内容可用 item()方法。例如：

```
tree = ttk. Treeview(self. wt,show = 'headings',height = 15)
    tree = ttk. Treeview(self. wt,show = 'headings',height = 15)
tree['columns'] = ('1','2','3')
tree. column('1',width = 110)
tree. column('2',width = 110)
tree. column('3',width = 100)
tree. heading('1',text = '英文',anchor = 'center')
tree. heading('2',text = '中文',anchor = 'center')
tree. heading('3',text = '错误次数',anchor = 'center')
tree. insert("",'end',values = (self. wrong[w-1][0],self. wrong[w-1][1],c))
获取表格内容：
self. tree. item(self. row,"values")
表格单击事件：
self. tree. bind('<Button-1>', self. click)'<Button-1>': 按下左键。
'<ButtonRelease>': 按下左键后松开。
```

3. 需要的标准库

涉及的标准库先用 import 方式导入到头部，代码如下。

```
import tkinter
import math
import tkinter. messagebox
import random
import time
from tkinter import ttk
from tkinter import ttk
from tkinter import *
```

```
import tkinter.messagebox
import win32com.client
from PIL import Image, ImageTk
```

10.3.2　模块设计

1. 模块划分

将整个单词系统划分成以下几个模块。

1）登录模块

包含两种登录方式，一种是用已存在账户登录，另一种是以游客身份登录。

2）界面设计

即各个模块需要用到的图形化界面，各种元素的排版布局。

登录：用户登录输入信息界面。

单词练习：积分显示，练习选择，单词显示，单词输入框，提交按钮，链接按钮，读音按钮等。

错词查看：表格控件，链接按钮。

排行榜：表格控件，链接按钮。

单词汇总：表格控件，链接及操作按钮，中英文输入框。

3）单词练习

显示练习积分，提供练习选项，输入相应中英文，提交输入信息，判断输入信息，实现单词读音语音播放，进入其他界面的按钮功能实现。

4）错词查看

将练习出错的单词显示出来，并统计显示出错次数。

5）单词汇总

显示所有单词，并能对单词进行增、删、改、查等操作。

6）排行榜

显示用户名、积分，以及排名信息。

具体模块划分如图 10-6 所示。

2. 设计流程

设计流程如图 10-7 所示。

10.3.3　模块实现

使用 tkinter 进行 GUI 图形界面设计，界面可参考图 10-8。

1. 登录设计

观看视频

创建登录界面，在初始化方法中构建好登录界面，通过按钮实现页面跳转。登录界面如图 10-9 所示。

在登录模块，首先要创建窗口，在窗口中放置如图 10-9 所示的组件：三个标签，两个文本输入框，两个按钮。其中，"密码"输入框中需要设置密码不可见，可通过将 show 属性设为" * "实现。两个按钮需要实现界面的跳转与链接交互，可通过设置 command 属性实现。

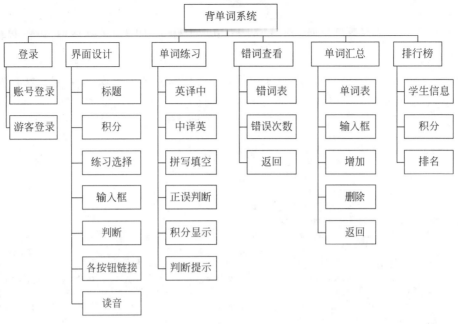

图 10-6 背单词模块划分

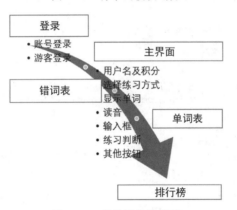

图 10-7 背单词设计流程

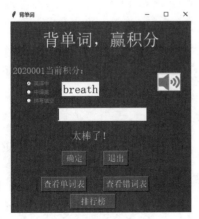

图 10-8 主界面

图 10-9 登录界面

当用户输入账号和密码通过按钮提交请求时，需要将接收到的输入信息与文件中存储的用户信息进行匹配。通过设置一个方法专门从文件中获取用户账号信息，将获取到的信息存储到列表中。

再通过一个方法来判断输入内容与列表中的用户信息是否一致，一致则跳转页面并传递用户信息过去，不一致则弹出对话框。

```python
class StartPage:
  def __init__(self):
    self.window = tkinter.Tk()
    self.window.title('背单词系统')
    self.window.geometry('450x500')
    # img = tk.PhotoImage(file = 'bg.gif')
    self.window['bg'] = 'royalblue'
    label = Label(self.window , bg = 'royalblue',text = "背单词练习系统", fg = 'white',font = ("Verdana", 30))
    label.pack(pady = 30)                    # pady = 100 界面的长度
    Label(self.window, text = '账号:',bg = 'royalblue',  fg = 'white',font = ('宋体', 16)).pack(pady = 10)
    self.username = tkinter.Entry(self.window, width = 10, font = ('宋体', 20), bg = 'Ivory')
    self.username.pack(pady = 5)
    Label(self.window, text = '密码:', bg = 'royalblue', fg = 'white', font = ('宋体', 16)).pack(pady = 5)
    self.psw = tkinter.Entry(self.window, width = 10, font = ('宋体', 20), bg = 'Ivory', show = ' * ')
    self.psw.pack(pady = 10)

    Button(self.window, text = "学生登录", font = ('宋体', 20),  width = 10,command = self.login, fg = 'white',bg = 'dodgerblue', activebackground = 'black', activeforeground = 'white').pack(pady = 10)
    # command = lambda: Recite(self.window),
    Button(self.window, text = "游客登录", font = ('宋体', 20),  width = 10,command = lambda: Recite(self.window, '游客'), fg = 'white', bg = 'dodgerblue', activebackground = 'black', activeforeground = 'white').pack()

    self.user = [ ]
    self.get_user()
    self.window.mainloop()                    # 主消息循环

  def get_user(self):
    f = open('stu_login.txt','r',encoding = 'utf - 8')
    t = f.read().split('\n')
    for d in t:
      if len(d)> = 2:
        self.user.append(d.split(','))
    f.close()

  def login(self):
    for u in self.user:
      if self.username.get() == u[0] and self.psw.get() == u[1]:
        Recite(self.window,self.username.get())
        break
    else:
      messagebox.showinfo('提示!', '用户名不存在或密码错误!')
```

2．主界面设计

1）构造方法

在主界面设计中，将背单词系统设计成一个类，在类的构造方法中先将前一个窗口，即登录界面的窗口关闭，再创建主界面窗口。在构造方法中，设置各种初始化变量和方法调用。具体步骤如下。

观看视频

（1）关闭登录窗口。可用 destroy()方法实现。

（2）创建 tkinter 窗口对象作为主界面窗口，并设置窗口的相关属性，如大小、标题、背景等。

（3）设置窗口中需要使用并能自动刷新的字符串变量 tkinter.StringVar，如积分、用户名、显示的随机单词、回答提示信息等。

（4）用字符串变量.set()方法为字符串设置初始显示值。

（5）设置各方法模块需要使用的属性，如单词列表变量、错词列表变量、积分、拼写填空的变量等。设置为对象属性，则所有类中所有的方法均可访问。

（6）创建单选按钮组号。用 tkinter.IntVar()实现。

（7）创建随机数，数值用来表示单词表的索引号，用于从单词表中随机抽取单词。

（8）调用各种方法，如界面设置布局、窗体运行方法等。

```python
class Recite():
    def __init__(self,pwindow,username):
        pwindow.destroy()
        self.root = tkinter.Tk()
        self.root.geometry('450x500')
        self.root.title('背单词')
        self.root['bg'] = 'royalblue'
        self.word = tkinter.StringVar()              #显示单词
        self.score = tkinter.StringVar()             #显示积分
        self.username = tkinter.StringVar()          #显示用户名
        self.prompt = tkinter.StringVar()            #提示信息
        self.eng = tkinter.StringVar()               #设置英语输入框的默认值
        self.chn = tkinter.StringVar()
        self.chn.set("")
        self.name = username                         #接收登录页面传递过来的用户信息
        self.username.set(username + '当前积分:')
        self.fen = 0
        self.score.set(0)
        self.prompt.set('你最棒')
        self.wrong = []                              #错词表
        self.dic = []
        self.word_list()
        self.fill = ''
        self.space = ''
        self.radiolist = tkinter.IntVar()
        self.r = random.randint(0,len(self.dic) - 1)  #随机产生数字表示单词索引号
        self.word.set(self.dic[self.r][0])
        self.speak = self.word.get()                  #用于传递需要朗读的英文单词


        self.layout()
```

```
        self.get_rank()
        self.root.protocol("WM_DELETE_WINDOW", self.back)  ♯捕捉右上角关闭按钮的单击事件
        self.root.mainloop()
```

2）单词读取

从单词库文件中将单词读取出来。单词可以用文件存储，也可以用数据库存储。此处用的是文本文件。文件中一行为一个单词的中英文。

打开文件读取数据，先对数据进行清洗，按换行符将它们分离成列表，一个单词为一个元素。

再对列表进行遍历，对于遍历到的每一个元素即单词再次进行分离，即每个单词分成中文和英文两个元素，将分离得到的列表追加到初始化设置中创建的单词列表变量中。

实现代码：

```
def word_list(self):
    f = open('words.txt','r',encoding = 'utf-8')
    t = f.read().split('\n')
    for d in t:
        if len(d)>= 2:
            self.dic.append(d.split())
        f.close()
```

3）主界面布局

主界面的布局如图 10-10 所示。

参照主界面图进行界面元素的创建与布局。

（1）标题：为标签，放置到顶部。

（2）积分：用户名标签＋积分标签。用户名标签中的文本属性为"用户名"＋"当前积分"，积分标签中的内容为文本变量，显示为初始设置的积分变量。

（3）单词显示：标签，文本为初始设置的单词变量。

（4）答案输入：输入文本框。

（5）练习方式：单选按钮组，根据选择通过command 属性调用不同的方法。

（6）回答提示：标签，文本为初始设置中的提示变量。

（7）判断（确定）：按钮，通过 command 属性调用判断方法。

图 10-10　主界面

（8）退出：按钮，通过 command 属性调用退出方法。

（9）查看错词表：按钮，通过 command 属性调用错词显示方法。

（10）查看单词表：按钮，通过 command 属性调用单词显示方法。

（11）排行榜：按钮，通过 command 属性调用排行信息显示方法。

（12）读音：按钮，背景图，通过 command 属性调用读音方法。

布局代码：

```
def layout(self):
    lab1 = tkinter.Label(self.root,text = '背单词,赢积分',fg = 'white',font = ('宋体', 30),bg
= 'royalblue')
    lab1.pack(pady = 20)
    lab_score = tkinter.Label(self.root,textvariable = self.score,font = ('宋体', 30),fg = 'red',bg =
'royalblue')
    lab_score.pack()
    lab_2 = tkinter.Label(self.root,textvariable = self.username,fg = 'yellow',font = ('宋体',
16),bg = 'royalblue')
    lab_2.place(x = 10,y = 100)
    lab_word = tkinter.Label(self.root,textvariable = self.word,font = ('宋体', 20),bg = 'white')
    lab_word.place(x = 130,y = 140)
    self.entry = tkinter.Entry(self.root,width = 15,font = ('宋体', 20))
    self.entry.place(x = 120,y = 200)

    r1 = tkinter.Radiobutton(self.root, variable = self.radiolist, value = 0, fg = 'orange',
text = "英译中",
                command = self.select1,bg = 'royalblue')
    r2 = tkinter.Radiobutton(self.root, variable = self.radiolist, value = 1, fg = 'orange',
text = "中译英",
                command = self.select2,bg = 'royalblue')
    r3 = tkinter.Radiobutton(self.root, variable = self.radiolist, value = 2, fg = 'orange',
text = "拼写填空",
                command = self.select3,bg = 'royalblue')
    self.radiolist.set(0)
    r1.place(x = 40,y = 130)
    r2.place(x = 40,y = 150)
    r3.place(x = 40,y = 170)

    image = Image.open("g1.gif")
    self.photo = ImageTk.PhotoImage(image)

    but1 = tkinter.Button(self.root,text = '确定',fg = 'white',bg = 'dodgerblue',width = 5,font =
('宋体', 15),command = self.judge)
    but1.place(x = 130,y = 300)
    but2 = tkinter.Button(self.root,text = '退出',fg = 'white',bg = 'dodgerblue',width = 5,font =
('宋体', 15),command = self.exit)
    but2.place(x = 230,y = 300)
    buts = tkinter.Button(self.root, text = '读音', image = self.photo, font = ('宋体', 15),
command = self.say)
    buts.place(x = 360,y = 120)

    lab_prompt = tkinter.Label(self.root,textvariable = self.prompt,font = ('宋体', 18),fg =
'yellow',bg = 'royalblue')
    lab_prompt.place(x = 150,y = 250)

    but3 = tkinter.Button(self.root,text = '查看错词表',width = 10,bg = 'dodgerblue',fg = 'white',font
= ('宋体', 15),command = self.wrong_word)
    but3.place(x = 230,y = 360)
    but4 = tkinter.Button(self.root,text = '查看单词表',width = 10,bg = 'dodgerblue',fg = 'white',font
= ('宋体', 15),command = self.list_word)
```

```
    but4.place(x = 80,y = 360)
    but5 = tkinter.Button(self.root,text = '排行榜',width = 10,bg = 'dodgerblue',fg = 'white',
font = ('宋体', 15),command = self.rank)
    but5.place(x = 150,y = 400)

    self.entry.bind("< Return >",self.judge_enter)              ♯将输入框绑定回车键
```

4）单词练习方式模块

三个单选按钮对应不同的练习方式。选择不同的单选按钮时，标签显示不同的内容。练习用户根据标签显示的内容在文本输入框中输入单词对应的中英文，单击"确定"按钮调用相应方法进行判断。方法的调用由各单选按钮的 command 属性触发，将 command 属性链接到对应的处理方法中。

单击"英译中"单选按钮：标签显示英文，随机显示单词表中一个单词，同时传递单词的英文给朗读变量。

```
def select1(self):
    self.r = random.randint(0,len(self.dic) - 1)
    self.word.set(self.dic[self.r][0])
    self.speak = self.word.get()
```

单击"中译英"单选按钮：随机显示单词表中一个单词，标签显示中文，传递单词的英文给朗读变量。

```
def select2(self):
    self.r = random.randint(0,len(self.dic) - 1)
    self.word.set(self.dic[self.r][1])
    self.speak = self.dic[self.r][0]
```

单击"拼写填空"单选按钮：单词字母随机缺少一个。利用随机数生成一个数字，遍历英文单词的字母，数字应对的位置替换为下画线，其他的字母正常显示，传递单词的英文给朗读变量。

```
def select3(self):
  self.r = random.randint(0,len(self.dic) - 1)
  word = self.dic[self.r][0]
  k = random.randint(0,len(word) - 1)
  self.space = ''
  for i in range(len(word)):
    if i!= k:
      self.space += word[i]
    else:
      self.space += '_'
      self.fill = word[i]
  self.space = self.space + ' ' + self.dic[self.r][1]
  self.word.set(self.space)
  self.speak = self.dic[self.r][0]
```

5）正误判断

先判断练习方式是哪一种，再获取文本框中输入的内容，将获取内容与对应的单词表内容进行比配，若相同，则增加积分，给出表扬提示；若不同，给出鼓励提示，将对应单词加到错词表。

若为拼写填空模式，判断过程如下。

（1）获取文本框中的输入内容（不区分大小写，统一变成小写）。

（2）如果输入内容与空缺内容相同，则给出表扬提示，增加积分，并将积分变量进行更新显示在标签中。

（3）如果输入内容与空缺内容不同，则给出鼓励提示，将单词追加到错词列表。

（4）再次生成随机数，用于下一轮的单词抽取。

（5）调用拼写填空方法。

（6）将文本输入框中的内容清空。

若为中译英或英译中模型，判断过程如下。

（1）如果为中译英模式，设 $c=1$，即与文本框内容匹配的是列表中的索引号为 1，提取单词中的中文。

（2）如果为中译英模式，设 $c=0$，即与文本框内容匹配的是列表中的索引号为 0，提取单词中的英文。

（3）将文本框内容与提取到的内容进行匹配。

（4）如果相同，则给出表扬提示，增加积分，更新积分显示。

（5）如果不同，则给出鼓励提示，将单词追加到错词表。

（6）再次生成随机数，用于下一轮单词抽取。

（7）将抽取到的单词更新显示出来。

（8）清空文本框中的内容。

如果想让输入内容之后按键盘的回车键响应，即按回车键时调用 judge()方法，可用如下代码实现。

```
def judge_enter(self,entry):          #响应回车键时调用 judge 方法
    self.judge()
```

6）退出

单击"退出"按钮，退出程序，实现代码如下：

```
def exit(self):
    self.root.destroy()
```

7）单词读音

当单击界面上的"读单词"按钮时，能对界面上显示的单词进行语音朗读。具体操作如下。

（1）导入声音库：import win32com.client。

（2）传递单词的英文部分给 Speak()方法，实现单词的朗读。

实现代码如下。

```
def say(self):
    speaker = win32com.client.Dispatch('SAPI.SpVoice')
    speaker.Speak(self.speak)
```

3. 错词表

观看视频

单击"查看错词表"按钮调用 wrong_word()方法，则会打开新的窗口，进入错词表界面，原窗口隐藏。在新窗口中将错词表中的内容以表格的形式列出来，并显示错误次数。

具体设计步骤如下。

（1）隐藏原窗口，创建新窗口。

（2）显示标题：标签。

（3）创建表格：设置表格位置，列数目为 3，设置列标题。

（4）遍历错词表，统计错词出现的次数。

① 对错词表进行排序，让相同的单词相邻。

② 在错词表末尾追加一个符号，用于遍历结束，便于统计次数。

③ 获取错词中的第一个单词，并设出现次数为 1。

④ 从第二个单词开始对单词表进行遍历。

⑤ 如果单词与第一个单词相同，则将次数加 1。

⑥ 如果不同，则将单词的英文、中文、次数写入到表格中显示，同时将次数修改为 1，第一个单词的变量值改为当前单词。

⑦ 将添加的符号删除，以防止下次对它进行统计。

（5）返回主界面：单击"返回"按钮，返回主界面，设置 command 事件为 back 方法，即可返回主界面。

实现代码：

```
def wrong_word(self):
    self.root.withdraw()
    # self.root.destroy()
    self.wt = tkinter.Tk()
    self.wt.title('错词表')
    self.wt.geometry('450x500')
    self.wt['bg'] = 'royalblue'
    lab_wr = tkinter.Label(self.wt, text = '本次练习错词表', fg = 'white', font = ('宋体', 20), bg
= 'royalblue')
    lab_wr.place(x = 100, y = 10)
    tree = ttk.Treeview(self.wt, show = 'headings', height = 15)
    tree.place(x = 30, y = 50)
    tree['columns'] = ('英文', '中文', '错误次数')
    tree.column('英文', width = 110)
    tree.column('中文', width = 110)
    tree.column('错误次数', width = 100)

    for col in tree['columns']:                    # 绑定函数，使表头可排序
        tree.heading(col, text = col,
            command = lambda _col = col: self.tree_sort_column(tree, _col, False))
```

```
    but_re = tkinter.Button(self.wt,text = '返回',bg = 'dodgerblue',fg = 'white',font = ('宋体',
15),command = self.back)
    but_re.place(x = 150,y = 400)
    self.wrong.sort(key = lambda x:x[0])
    self.wrong.append(['',''])
    p = self.wrong[0][0]
    c = 1
    for w in range(1,len(self.wrong)):
      if self.wrong[w][0] == p:
        c += 1
      else:
        tree.insert("",'end',values = (self.wrong[w-1][0],self.wrong[w-1][1],c))
        c = 1
        p = self.wrong[w][0]
    del self.wrong[-1]
    self.wt.protocol("WM_DELETE_WINDOW", self.back)    ＃捕捉右上角关闭按钮单击事件
```

　　"返回"按钮的功能：关闭（销毁前一个）窗口，使用 destroy()方法。同时更新、显示原隐藏主界面，使用 update()和 deiconify()来实现。

```
def back(self):
  self.wt.destroy()
  self.root.update()
  self.root.deiconify()
```

　　运行效果如图 10-11 所示。

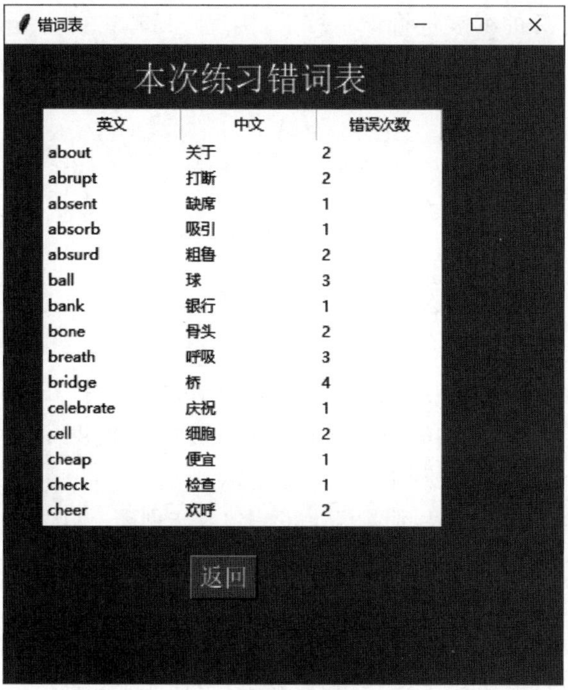

图 10-11　错词表

　　如果想要单击表格的标题能对错词表进行排序，如单击标题"错误次数"，可以按次数降

序或升序排序，如图 10-12 所示。

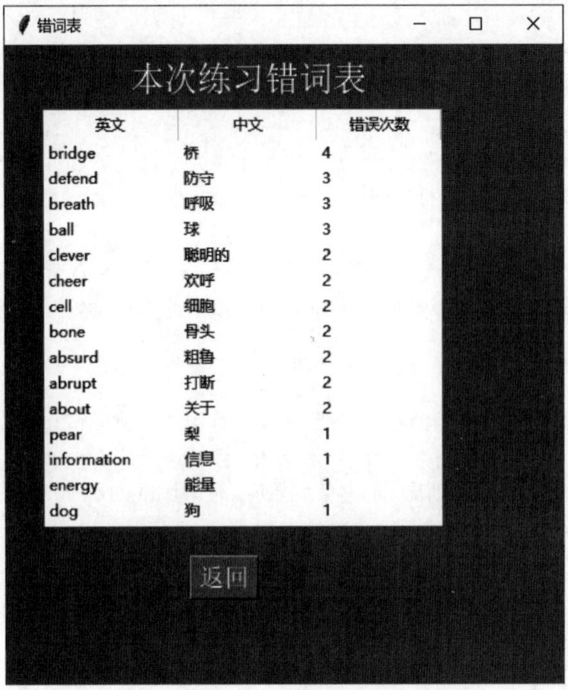

图 10-12　错词表排序

　　需要先创建列表，对表格中获取到的数据进行遍历，存放到创建的列表中，然后对列表进行排序，再对排序过后的列表进行索引移动，实现按所单击的标题进行排序显示。实现代码：

```
def tree_sort_column(self, tv, col, reverse):              #Treeview、列名、排序方式
    ls = [(tv.set(k, col), k) for k in tv.get_children('')]
    ls.sort(reverse = reverse)                             #排序方式
    for index, (val, k) in enumerate(ls):                  #根据排序后索引移动
        tv.move(k, '', index)
    tv.heading(col, command = lambda: self.tree_sort_column(tv, col, not reverse))
```

4．单词表显示

　　在主界面单击"查看单词表"按钮调用单词表显示方法，会打开新的窗口，并将原窗口隐藏。在新窗口中将单词表中的内容以表格的形式列出来，并提供"添加""删除""返回"按钮，单击按钮调用相关方法。具体过程如下。

　　（1）隐藏原窗口，创建新窗口，使用 Toplevel() 方法创建。

　　（2）显示标题：标签。

　　（3）创建表格：设置表格位置，列数目为 2，设置列标题。

　　（4）创建两个文本框，分别用于输入单词的中文和英文。

　　（5）创建 4 个按钮，分别对应添加、修改、删除、返回 4 个功能。

　　（6）遍历单词表，将单词的英文、中文显示在窗口的表格中。

　　（7）调用表格组件的左键单击响应事件，当单击表格中某个单词时，对应的中英文会显

示在文本输入框中,可对其进行修改。

　　注意:使用 tk.Tk()方法来新建窗口,这样得到的是一个新的根窗口,无法与原来的根窗口进行有效交互。

　　因此需要使用 Toplevel 组件新建顶级窗口,Toplevel 组件是一个独立的顶级窗口,这种窗口通常拥有标题栏、边框等部件,和 Tk()创建出来的根窗口是一样的,共享着一样的方法。

　　具体代码如下。

```
def list_word(self):
    self.root.withdraw()
    self.wt = tkinter.Toplevel()
    self.wt.title('单词表')
    self.wt.geometry('450x500')
    self.wt['bg'] = 'royalblue'
    lab_wr = tkinter.Label(self.wt, text = '单词表', fg = 'white', font = ('宋体', 20), bg =
'royalblue')
    lab_wr.place(x = 180, y = 10)
    lab_en = tkinter.Label(self.wt, text = '英文', fg = 'white', font = ('宋体', 12), bg = 'royalblue')
    lab_en.place(x = 10, y = 50)
    self.ent_en = tkinter.Entry(self.wt, width = 15, textvariable = self.eng, font = ('宋体', 12))
    self.ent_en.place(x = 50, y = 50)
    lab_ch = tkinter.Label(self.wt, text = '中文', fg = 'white', font = ('宋体', 12), bg = 'royalblue')
    lab_ch.place(x = 10, y = 90)
    self.ent_ch = tkinter.Entry(self.wt, width = 15, textvariable = self.chn, font = ('宋体', 12))
    self.ent_ch.place(x = 50, y = 90)
    but_add = tkinter.Button(self.wt, text = '添加单词', bg = 'dodgerblue', fg = 'white', font = ('宋
体', 15), command = self.add_word)
    but_add.place(x = 50, y = 130)

    self.tree = ttk.Treeview(self.wt, show = 'headings', height = 15)
    self.vbar = ttk.Scrollbar(self.wt, orient = VERTICAL, command = self.tree.yview)
    self.tree.configure(yscrollcommand = self.vbar.set)
    self.tree.place(x = 200, y = 50)
    self.tree['columns'] = ('英文', '中文')
    self.tree.column('英文', width = 100)
    self.tree.column('中文', width = 100)

    for w in range(1, len(self.dic)):
        self.tree.insert("", 'end', values = (self.dic[w - 1][0], self.dic[w - 1][1]))
    self.tree.bind('< Button - 1 >', self.click)              # 左键获取位置
    for col in self.tree['columns']:                          # 绑定函数,使表头可排序
        self.tree.heading(col, text = col,
            command = lambda _col = col: self.tree_sort_column(self.tree, _col, False))
    but_up = tkinter.Button(self.wt, text = '  修改  ', bg = 'dodgerblue', fg = 'white', font = ('宋
体', 15), command = self.update)
    but_up.place(x = 50, y = 180)
    but_re = tkinter.Button(self.wt, text = '  删除  ', bg = 'dodgerblue', fg = 'white', font = ('宋
体', 15), command = self.delete)
    but_re.place(x = 50, y = 230)
    but_re = tkinter.Button(self.wt, text = '  返回  ', bg = 'dodgerblue', fg = 'white', font = ('宋
体', 15), command = self.back)
    but_re.place(x = 50, y = 280)
```

```
    but_re = tkinter.Button(self.wt,text = '  保存  ',bg = 'dodgerblue',fg = 'white',font = ('宋
体',15),command = self.save)
    but_re.place(x = 50,y = 330)

    self.wt.protocol("WM_DELETE_WINDOW", self.back)    ♯捕捉右上角关闭按钮的单击事件
```

运行效果如图 10-13 所示。

图 10-13　单词表

用鼠标单击单词，被单击单词中英文出现在界面的中英文输入框中，如图 10-14 所示。单击单词 advise，在英文和中文的文本输入框中自动出现相应的英文和中文。

图 10-14　单击事件效果图

定义响应单击事件时,需要传递事件参数 event。具体操作如下。

(1) 获取列:使用 identify_column(event.x)。

(2) 获取行:使用 identify_row(event.y)。

(3) 将行或行中的元素信息获取到,可使用 item(行\列,"values")方法,此处需要获取的是行中的信息。

(4) 将行中的第一个元素设为文本框中英文部分显示(以便于单击修改、删除时传递数据)。

(5) 将行中的第二个元素显示为文本框中的中文部分。

实现代码:

```python
def click(self, event):
    self.col = self.tree.identify_column(event.x)          # 列
    self.row = self.tree.identify_row(event.y)             # 行
    self.row_info = self.tree.item(self.row, "values")
    if self.row >= 'I001':
        self.eng.set(self.row_info[0])
        self.chn.set(self.row_info[1])
```

接下来,定义单击各按钮时响应的事件。

单击"添加单词"按钮实现以下操作。

(1) 获取文本框中输入的单词的中文和英文。

(2) 将中英文组合成一个列表,即一个单词。

(3) 判断这个单词是否已在单词表中,如果已存在,则给出提示信息。

(4) 如果不存在,则将它追加到单词表中,显示在窗口表格的末尾。

具体代码如下。

```python
def add_word(self):
    add_en = self.ent_en.get()
    add_ch = self.ent_ch.get()
    add_word = [add_en, add_ch]
    if add_word in self.dic or add_en == '' or add_ch == '':
        messagebox.showinfo('警告!', '该单词已存在或为空')
    else:
        self.dic.append(add_word)
        self.tree.insert("", 'end', values=(add_en, add_ch))
```

单击"删除"按钮时,从单词列表及显示窗口中将单词删除。具体操作如下。

(1) 先弹出警告框,让用户选择是否确定删除单词。

(2) 如果确定删除,将单词从单词表中删除,也从窗口表格中删除,同时弹出删除成功的提示框。

实现代码:

```python
def delete(self):
    res = messagebox.askyesnocancel('警告!', '是否删除所选单词?')
    if res == True:
```

```
            self.tree.delete(self.tree.selection()[0])    ♯删除所选行
            self.dic.remove(list(self.row_info))
            messagebox.showinfo('提示!', '删除成功!')
```

单击"修改"按钮时，能对指定单词进行修改。具体操作如下。

（1）获取到文本框中输入的英文和中文。

（2）弹出警告框，让用户选择是否确定修改单词。

（3）如果确定修改，则查看输入的英文和中文是否与原单词相同。

（4）如果相同，则弹出提示框。

（5）如果不同，但是输入的英文或中文为空，也弹出提示框。

（6）否则就将输入的单词替换为原单词表中的单词，并在窗口的表格中进行更新，给出修改成功的弹出框提示。

实现代码：

```
def update(self):
    up_en = self.ent_en.get()
    up_ch = self.ent_ch.get()
    res = messagebox.askyesnocancel('警告!', '是否更新所选数据?')
    if res == True:
        if up_en == self.row_info[0] and up_ch == self.row_info[1]:
            messagebox.showinfo('警告!', '单词未改变!')
        elif up_en == '' or up_en == '':
            messagebox.showinfo('警告!', '单词不完整!')
        else:
            self.dic[self.dic.index(list(self.row_info))] = [up_en, up_ch]
            self.tree.item(self.tree.selection()[0], values = (up_en, up_ch))
            messagebox.showinfo('提示!', '修改成功')
```

单击"保存"按钮时，将修改过的单词信息保存到单词文件中。具体操作如下。

（1）打开文件，以覆盖写的方式打开。

（2）遍历单词列表，逐行写入单词信息。

（3）关闭文件。

代码如下。

```
def save(self):
    f = open('wordss.txt', 'w', encoding = 'utf - 8')

    for d in self.dic:
        f.writelines(' '.join(d) + '\n')
    f.close()
```

5. 排行榜

在排行榜中，利用表格控件显示所有用户的积分，以及排名信息。

首先要获取到排名文件中的排名信息。具体操作如下。

（1）创建列表，用来存储用户的积分信息。

（2）打开文件，将文件中的用户积分信息读取出来。需要对读取到的信息进行清理，去掉换行符,按逗号分隔用户名和积分。

实现代码如下。

```
def get_rank(self):
    self.user_score = []
    f = open('rank.txt', 'r', encoding = 'utf - 8')
    t = f.read().split('\n')
    for d in t:
      if len(d) >= 2:
        self.user_score.append(d.split(','))
    f.close()
```

创建排行榜窗口,用列表控件显示排名信息。具体操作如下。

(1) 隐藏主界面窗口,创建新窗口,设置窗口属性。

(2) 设置标签,用来显示"排行榜"标题信息。

(3) 设置表格控件,用三列来分别显示用户名、积分、排名。并将表格绑定单击事件,实现单击表头可进行按表标题排序。

(4) 遍历用户积分列表,如果用户名在列表中存在,则用本次练习的积分替换原有积分。

(5) 若不存在,则将新用户的信息及积分添加到列表中。

(6) 对列表按积分降序排序。

(7) 遍历排序之后的列表,将信息显示在表格控件中。

实现代码:

```
def rank(self):
  self.root.withdraw()
  #self.root.destroy()
  #self.get_rank()
  self.wt = tkinter.Tk()
  self.wt.title('排行榜')
  self.wt.geometry('450x500')
  self.wt['bg'] = 'royalblue'
  lab_wr = tkinter.Label(self.wt, text = '排行榜', fg = 'white', font = ('宋体', 20), bg = 'royalblue')
  lab_wr.place(x = 100, y = 10)
  tree = ttk.Treeview(self.wt, show = 'headings', height = 15)
  tree.place(x = 30, y = 50)
  tree['columns'] = ('用户名', '积分', '排名')
  tree.column('用户名', width = 110)
  tree.column('积分', width = 110)
  tree.column('排名', width = 100)

  for col in tree['columns']:                        #绑定函数,使表头可排序
    tree.heading(col, text = col,
      command = lambda _col = col: self.tree_sort_column(tree, _col, False))
  but_re = tkinter.Button(self.wt, text = '返回', bg = 'dodgerblue', fg = 'white', font = ('宋体', 15), command = self.back)
  but_re.place(x = 150, y = 400)
  for s in self.user_score:
```

```
      if self.name in s:
        s[1] = self.score.get()
        break
    else:
      self.user_score.append([self.name,self.score.get()])
    self.user_score.sort(key = lambda x:int(x[1]),reverse = True)
    for i in range(len(self.user_score)):
      tree.insert("",'end',values = (self.user_score[i][0],self.user_score[i][1],i + 1))
    self.wt.protocol("WM_DELETE_WINDOW", self.back)    #捕捉右上角关闭按钮的单击事件
```

运行效果如图 10-15 所示。

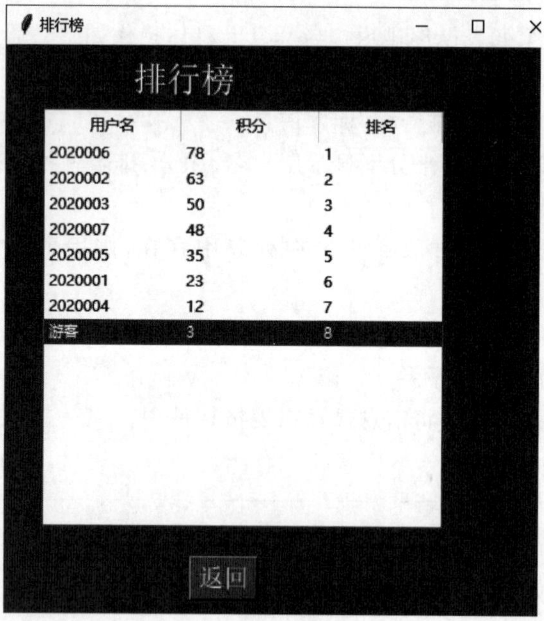

图 10-15　排行榜

习题

1. 设计一个图形化用户界面的学生成绩管理系统。

2. 设计一个界面化的小学生四则运算练习系统。具体要求如下。

用户可以从菜单中选择某种运算进行练习；每次练习 10 道题；选择某项练习完毕后给出做对的题数，每小题练习后直接给出是否正确；用户可以反复选择练习，直到退出为止。由于是小学生，程序不能产生诸如不够减的减法、不能整除的除法、分母为 0 的除法等题目。

系统设计如下。

功能：执行一道题的练习，并计分。

输入：用户的选择（0-退出，1-加，2-减，3-乘，4-除）。

返回值：本道题的得分（做对 10 分，做错 0 分）。

模块内部逻辑如下。

（1）随机产生两个操作数。

注意：分母不能为 0，被减数要大于减数，被除数必须是除数的倍数。

（2）产生题目。

（3）接收用户的输入答案。

（4）判断正确与否，计分。

（5）退出时给出再见信息。